面向对象遥感影像分析理论与方法

马　磊　李满春　程　亮　叶　粟　著

U0168132

科学出版社

北　京

内 容 简 介

　　本书是一本全面系统论述面向对象遥感影像分析的不确定性及其模型优化的基础理论著作。本书共 12 章，包括两大部分内容。第一部分：第 1~6 章及第 12 章为不确定性分析。重点阐述面向对象遥感影像分析在分割、特征选择、监督分类、变化检测等方面的不确定性机理，并介绍面向对象遥感影像分析的研究进展，定量分析相关的监督分类文献。第二部分：第 7~11 章为分类模型优化方法。主要阐述主动学习、深度学习等前沿技术在面向对象监督分类中的应用，并介绍精度评估方法和面向对象非监督分类方法。

　　本书可作为高等院校地理学、测绘科学与技术等学科的参考书，也可供从事相关研究的学者和工作人员参考使用。

图书在版编目(CIP)数据

面向对象遥感影像分析理论与方法/马磊等著. —北京：科学出版社，2020.3

ISBN 978-7-03-064509-8

Ⅰ.①面…　Ⅱ.①马…　Ⅲ.①遥感图象–图象分析　Ⅳ.①TP751

中国版本图书馆 CIP 数据核字 (2020) 第 031196 号

责任编辑：李秋艳　白　丹/责任校对：樊雅琼
责任印制：吴兆东/封面设计：图阅社

科 学 出 版 社 出版
北京东黄城根北街 16 号
邮政编码：100717
http://www.sciencep.com

北京虎彩文化传播有限公司 印刷
科学出版社发行　各地新华书店经销
*
2020 年 3 月第 一 版　开本：787×1092　1/16
2020 年 11 月第二次印刷　印张：14 1/2
字数：340 000

定价：119.00 元
(如有印装质量问题，我社负责调换)

前　言

　　面向对象遥感影像分析(object-based image analysis, OBIA)是近年来发展起来的、针对高空间分辨率遥感影像处理的技术范式，受到国内外学者的广泛关注。早在2011年，作者在德阳市住房和城乡建设局工作期间，由于工作需要，开始接触无人机高空间分辨率影像数据的采集，以及相关高空间分辨率影像分析的工作，并开始学习和使用面向对象遥感影像分析技术，在实际工作期间，对该项技术产生了各种疑问。作者后考入南京大学攻读博士学位，在此期间，得以有机会深入地开展面向对象遥感影像分析范式的研究，并在国家留学基金管理委员会支持下，在萨尔茨堡大学的OBIA国际知名学者Thomas Blaschke教授的团队学习一年，本书不少研究成果和结论也得到了Thomas Blaschke教授的指点和认可。经过多年研究，作者对OBIA有了一定的认识，并形成了一些研究成果，故此，希望通过书籍的形式将相关成果进行总结，并与广大同行分享，为促进高空间分辨率遥感影像处理技术的发展贡献自己的一份力量。根据作者的调研，目前除了在2008年的OBIA国际会议基础上出版的会议论文集，在国外还未见专门针对该技术范式研究的书籍，尽管有不少与遥感科学相关的书籍将OBIA作为独立章节进行了介绍。近年来，国内学者陆续尝试出版相关书籍，相对于已出版书籍，本书研究内容更加全面，特别是对于近年来十分流行的面向对象监督分类的研究更加深入和系统，能够帮助相关学者和工作人员更加深入地理解面向对象影像分析的不确定性产生机理，并在相关研究和应用中选择有利的参数和方法。值得一提的是，本书也首次将面向对象变化检测的相关理论和研究成果以书籍的形式呈现在国内读者面前。本书主要特色：①本书主要包括不确定性研究和模型优化研究两大部分，结构体系更加清晰、合理；②研究思路也更加开阔，创新地将分类过程看作一系列误差积累过程，在先进的统计测试方法支持下，基于分类误差实现各阶段的定量分析，进而揭示相关规律；③每一章均从OBIA面临的具体研究问题出发，科学问题明确，几乎每一章都涵盖作者对面向对象影像分析不同阶段的理论和方法的理解；④在系统的基础理论研究和长期积累的基础上，作者实现对面向对象监督分类已发表论文的萃取分析，从前人研究这一独特视角认知面向对象监督分类，在客观数据支持下，为面向对象遥感影像分析范式的未来发展提出意见。

　　相对传统的基于像素的遥感影像处理范式，面向对象遥感影像分析范式的最小处理单元从像素变成由分割产生的对象，导致分类或变化检测过程中出现一系列不确定性问题，本书针对这一问题，深入地开展面向对象遥感影像分析各阶段的不确定性研究，包括面向对象分类与面向对象变化检测两个方面，并探索针对分割对象的高效分类技术和优化模型。除第 1 章为研究综述以外，本书的主要研究内容包括：①第 2～6 章，系统研究面向对象遥感影像分析的不确定性。揭示面向对象影像分析不同处理过程对 OBIA 结果的不确定性影响，包括不确定性参数和方法的影响。②第 7 章，提出一种面向对象高分遥感影像非监督耕地信息提取方法。利用分割对象提供的上下文信息，研究典型耕地信息的提取方法，克服不确定性因素对分类的影响。③第 8～11 章，提出一系列基于机器学习的面向对象分类优化模型。在 OBIA 的不确定性分析和认知的基础上，联合机器学习的优势，针对 OBIA 的不同阶段，提出不同的优化模型，包括样本采样、特征选择、分类方法等。另外，介绍和总结了面向对象影像分析的精度评估理论与方法。④第 12 章，率先在国际上统计面向对象遥感影像监督分类的文献，利用已发表的相关国际学术论文，提取不同研究的基础信息并构建数据库，实现对已发表成果的萃取分析，进而从全新的角度认识和分析面向对象监督分类的不确定性，并对 OBIA 的未来发展趋势进行分析。

　　本书的研究获得国家重点研发计划项目(2017YFB0504200)、国家自然科学基金项目(41701374)、江苏省青年基金项目(BK20170640)、中国博士后科学基金项目(2017T10034、2016M600392)、国家建设高水平大学公派研究生项目(201406190107)等国家级和省部级项目支持。同时，本书使用了多种高空间分辨率遥感影像数据进行相关理论方法的测试，在此，感谢德阳市勘察测绘设计院提供了无人机影像数据，以及国际摄影测量与遥感学会共享了航空影像数据。

　　由于作者水平有限，书中难免存在疏漏和不足之处，敬请广大读者批评和指正。

马　磊

2019 年 9 月

于南京大学昆山楼

目　　录

第1章 绪 论

1.1 高分遥感数据的发展及传统像素方法的问题

1.1.1 高分遥感影像数据及其应用增加

近年来，随着遥感数据获取技术的发展和遥感应用需求的增加，高空间分辨率(简称高分)遥感影像数据日益增加(Belward and Skøien, 2015)。国外主要包括IKONOS(1999)、QuickBird(2001)、SPOT-5(2002)、GeoEye-1(2006)、RapidEye(2008)、WorldView-2(WV2)(2009)、Pleiades-1(2011)、Pleiades-2(2012)、SPOT-6(2012)、WorldView-3(2014)。随着我国"高分辨率对地观测系统"专项的实施，我国的高分遥感影像数据获取技术也得到了长足发展(李德仁等, 2012)，例如资源3号(2012)、高分1号(2013)、高分2号(2014)陆续投入使用。随着低空航空设备的发展，无人机(unmanned aerial vehicle, UAV)低空影像数据获取和处理技术得到了更多关注(Laliberte et al., 2010)。海量高分遥感影像数据的不断积累对影像处理技术提出了挑战(李德仁等, 2012)。

本节介绍两种具有代表性的高分影像的应用发展趋势，包括无人机影像与 WV2 影像。无人机低空影像被广泛应用于测绘、土地覆盖/土地利用监测、资源环境监测中，各种无人机低空数据处理和分析模型也相继被建立(Laliberte and Rango, 2011; 李冰等, 2012; Zhang and Kovacs, 2012; 李隆方等, 2013; Ma et al., 2013; Gomez-Candon et al., 2014)。无人机更加灵活，其时间分辨率可自定义，且空间分辨率高，因此受到了学者和生产商的广泛关注，其遥感影像已经被应用于森林资源管理和监测(Dunford et al., 2009)、植被与河流监测(Sugiura et al., 2005)、遗址监测(Patias et al., 2007)、自然灾害管理、地震监测(Dong and Shan, 2013)及精细农业(Primicerio et al., 2012)等诸多方面。无人机遥感影像的广泛应用，主要是由于当前无人机遥感影像数据获取技术的突破，以及遥感领域的技术与思想的飞跃(Blaschke et al., 2014)。WV2 影像数据自 2009 年投入使用以来，也受到国内外学者的广泛关注。Novack 等(2011)和 Belgiu 等(2014)利用该数据进行了城区土地覆盖分类研究，Eckert(2012)完成了森林生物量和碳估算，Fernandes 等(2014)、Ghosh 和 Joshi(2014)实现了植被(芦竹和斑竹)覆盖提取。以上关于无人机与WV2 影像数据的信息提取都充分利用了影像的高空间分辨率优势，采用面向对象遥感分析(object-based image analysis, OBIA)技术。

不难发现，目前针对高分遥感影像的处理，很多学者关注 OBIA 技术。同时，发展和研究针对高分遥感影像的处理技术，是当前遥感影像解译领域面临的典型技术问题(李德仁等, 2012)，而 OBIA 技术的发展恰逢其时。本书的研究将对两种典型的高分遥感影像进行分析，包括 UAV 低空影像(0.2m)和 WV2 卫星遥感影像(0.5m)。

1.1.2 像素遥感影像分析发展中遇到的瓶颈

自 1972 年 Landsat MSS 传感器获取第一景对地观测遥感影像以来,遥感影像已经被广泛应用于社会经济各个领域,例如地图制图、植被覆盖、环境监测、空间规划等。传统的影像分析方法主要是基于像素的方法,其使用不同像素的光谱差异区分不同地物的属性。过去 30 年,基于像素的遥感影像分析方法在遥感影像应用中扮演着重要角色,学者主要发展了两大类分类方法,包括监督的方法(例如最大似然分类器和决策树)和非监督的方法(例如 K-mean 和 ISODATA 算法),随着技术的进步,机器学习、模式识别及统计学相关方法也被引入遥感影像分析领域中,发展了支持向量机、人工神经网络、随机森林、KNN 及贝叶斯等(Pal, 2005; Mountrakis et al., 2011; Addink et al., 2012)。然而,随着遥感数据获取技术手段的多样化,越来越多的高分遥感影像[小于 10m(Khatami et al., 2016)]出现,单纯的分类算法改进已经不能适应高分遥感影像中出现的新问题,例如在高分遥感影像中,地物的细节能够更容易被可视化表达出来,使得地物的光谱域更加复杂,类别内部的光谱差异性增强(Blaschke et al., 2014),特别是在地物类别更加精细的区域——城区(Myint et al., 2011),这就要求更多地关注像素间的关系,从空间域来考虑地物对象之间的差异,而不局限于光谱信息。一般地,对于人眼能够容易识别的复杂地物类别,因为仅仅考虑像素的光谱属性,传统的基于像素的分类方法难以区分相似的像素,例如区分房屋和道路的像素时,由于两者的像素具有相似的光谱特征,从而不能有效识别房屋和道路。为此,面向对象的遥感影像分析技术被提出,不少学者比较了两种方法,Myint 等(2011)用超高分影像(QuikBird)比较了 OBIA 与基于像素的方法在城区信息提取中的表现,Costa 等(2014)用 SPOT 影像和 IRS-P6 影像比较大场景下像素方法与 OBIA 的信息提取情况,Duro 等(2012a)利用 SPOT 影像比较两种方法在农用地提取中的精度表现。他们几乎达成共识,OBIA 在高分影像中的信息提取精度一般优于基于像素的方法。

OBIA 作为一种新的遥感影像处理范式受到广泛关注,包括面向对象影像分类与面向对象变化检测两个方面(Hussain et al., 2013),本书的不确定性研究主要从这两个方面展开,同时开展分类方法的研究。和基于像素的方法不一样,OBIA 的最小处理单元从像素变成由分割产生的对象,会带来一系列新的问题,例如什么分割尺度最合适;怎样采样最合适;特征选择怎样影响分类结果;不同监督分类器是否适用于分割后的地理对象;怎样有效地利用分割后的地理对象提供的语义信息。所以,针对高分遥感影像处理开展 OBIA 的不确定性研究,具有重要的理论与实际意义。

1.2 面向对象遥感影像分析的相关理论与方法研究

在系统地进行国内外研究综述前,我们首先通过 Web of Science 搜索关键词"object based image analysis",并精炼研究方向为"remote sensing",获取了 562 篇相关文章的作者、标题、出版物及摘要等信息(截至 2015 年 5 月 12 日)。用 CiteSpace 软件进行聚类(Chen, 2014),获取出现频率较高的词组,随后根据出现频率大小制作标签云图。图 1.1 显示的分类是 OBIA 领域最重要的研究课题,其次是分割;精度评估是该领域不可忽视的问题，纹理特征和尺度问题也扮演着重要角色；同时也能看到，变化检测逐渐受到重视。虽然图 1.1 忽略了国内相关研究信息，仅包含 Web of science 上发表的文章信息，但一定程度上能够反映面向对象影像分析领域的热门研究课题。下文针对这些专题分别进行了详细论述。

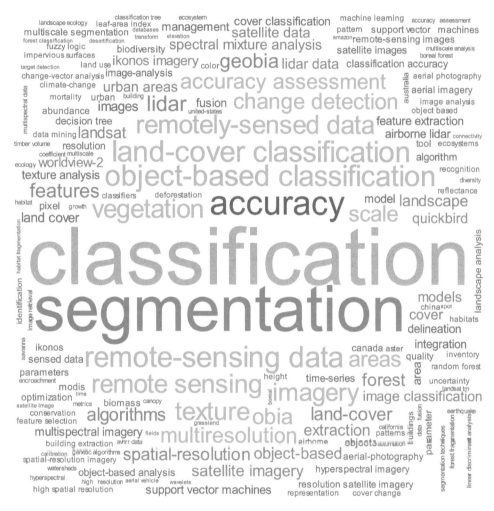

图 1.1 标签云图

1.2.1 面向对象遥感影像分析的发展现状与挑战

OBIA 是近年来发展的一种将具有相同语义信息的像素进行组合(例如同一块耕地的所有像素被识别进入同一矢量图斑中)，从而形成地理对象(图 1.2)，利用 GIS 空间分析和成熟的分类算法，对形成的完整地理对象进行识别的技术框架。它是针对高分遥感影像数据而产生的，是一种有别于基于像素的方法的新遥感影像数据处理范式(Liu et al., 2006; Blaschke, 2010; Myint et al., 2011; Addink et al., 2012; Duro et al., 2012a; Blaschke et al., 2014)，包括面向对象影像分类与面向对象变化检测两个方面(Hussain et al., 2013)。

当前，OBIA 已经成为土地覆盖和土地利用分类领域比较流行的方法之一（Radoux and Bogaert, 2014）。自 2008 年第一届 OBIA 技术国际会议在加拿大卡尔加里举办以来，OBIA 以其独特的优势，受到了全世界遥感领域学者的广泛关注（Hay and Castilla, 2008; Powers et al., 2012; Arvor et al., 2013; Costa et al., 2014; Blaschke et al., 2014）。随着 OBIA 技术的广泛应用，相关的科学文献数量也骤增（Blaschke et al., 2014）。OBIA 作为近年来蓬勃发展的新技术，虽然它有诸多优势，例如与 GIS 技术结合，为 GIS 分析提供完整的土地利用类型图等（Arvor et al., 2013）。然而，其受分割结果的影响，且分割往往不能将属于相同对象的像素完全准确地归为该对象，从而出现过分割（over-segmentation）和欠分割（under-segmentation）现象（Kim et al., 2011），其受分割参数的影响很大，特别是尺度参数（Witharana and Civco, 2014），这也导致很多基于像素的影像分析技术中已经较成熟的技术在 OBIA 中成为主要问题，例如：①样本选择策略。采样时，应该将欠分割的地理对象归为哪一类。②特征选择。地理对象的构建使得更多的特征能够用于分类，主要包括光谱、纹理、几何、语义等特征，以及哪种特征更合适或者哪种特征筛选方法更合适。③精度评价。分割后的影像为面状矢量图层，应当将面看作单个对象开展精度评价，还是对其进行面积的叠加，回到像素层面进行评价；基于点的精度评价方式更合适还是基于面积的精度评价方式更合适；它们之间的相互关系，受分割尺度的影响效应如何。这些都是当前面向对象遥感影像分析亟须解决的问题。

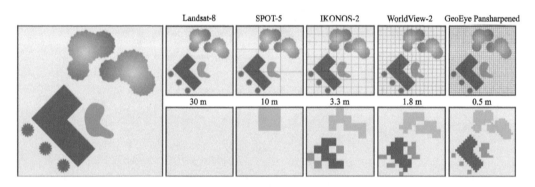

图 1.2　对象与影像分辨率的关系——高分影像中的对象更易被识别（Blaschke et al., 2015）

另外，关于分割方法的研究已经有很多，传统的有基于像素的、基于边缘的及基于区域的分割方法。也有很多专门针对 OBIA 的分割研究，使得针对 OBIA 技术的分割得到了长足发展，并能够很好地满足信息提取的需要（Baatz and Schäpe, 2000; Lang et al., 2010; Tiede et al., 2010; Zhang et al., 2013b），特别是 eCognition 中使用的多尺度分割算法（Baatz and Schäpe, 2000）已被广泛接受，用以产生分割对象，并用于后续分类。很多学者更加倾向于对高分遥感影像的图像处理技术进行研究，由此遥感影像分割技术得到了很大发展，然而针对遥感领域的特定分割研究较少，完美的对象提取仍然是当前面向对象遥感影像处理领域的难题，大部分遥感领域的分割研究主要集中在分割尺度优化探索方面（Espindola et al., 2006; Johnson and Xie, 2011; Belgiu and Drăguţ, 2014; Zhang et al., 2015）。然而，针对单个尺度的优化并不合适，因为不同地物的大小往往不同（Ma et al.,

2015)。

同时，针对 OBIA 技术关键的分类和精度评价环节的研究相对较少，当前，关于面向对象的遥感影像分类，很多研究还是直接采用基于像素分类方法的研究成果，例如随机森林分类器(Puissant et al., 2014)、支持向量机分类器(Heumann, 2011)、决策树分类器(Laliberte and Rango, 2009)，然而这些方法是否适用于 OBIA，哪些方法更好，在不同分割尺度、特征、训练样本大小等条件下的表现有什么不同，学术界一直没有统一的认识和系统研究，而这些问题迫切需要在 OBIA 中被解决。过分割和欠分割现象的存在使得分割对象具有很大的不确定性，模糊规则集分类方法因其对不确定性问题有独特优势，因此受到面向对象影像分类的青睐(Benz et al., 2004; Sebari and He, 2013; Belgiu et al., 2014)。然而，研究更多地还是根据分类人员的经验构建规则集，对于模糊规则集的构建及分析研究较少(Stavrakoudis et al., 2012)，且本质上还是利用衍生的特征的经验值识别地物。分割后的对象不仅具有光谱与丰富的纹理特征，还提供了形状与上下文特征，有必要探索针对特定语义信息的分类方法。面对大量可用的对象特征(Laliberte et al., 2012)，为减少特征计算量，同时提高分类精度，也有必要评估和研究合适的特征选择方法。

面向对象的变化检测(object-based change detection, OBCD)是 OBIA 的重要研究分支，其不同于传统的基于像素的变化检测。传统的遥感变化检测技术的最小分析单元是单个像素，已成功应用于各种分辨率的遥感影像(Lunetta et al., 2006)，各种遥感新技术表现出了很强的发展前景，例如结合时间序列的变化检测分析(Salmon et al., 2011)。不少学者已经对基于像素的变化检测方法进行了综述(Singh, 1989; Lu et al., 2004; Coppin et al., 2004; Hussain et al., 2013)，它一般应用于中低分辨率影像，然而面对日益增加的高分遥感影像，基于像素的变化检测方法受到诸多限制。这主要表现在：①几何配准精度的影响；②较大的反射率变化；③不同的影像获取特征，主要包括传感器几何视角、阴影和光照角度等的影响(Hussain et al., 2013)。这些因素一般会导致更多不确定的变化结果，降低检测精度。虽然面向对象的影像分析技术能够弱化这些因素的影响(Hussain et al., 2013；Chen et al., 2014)，然而分割尺度等参数的不同导致分割对象的产生具有不确定性，特别是由于分割策略不同，往往得到不同的对象单元，常见的分割策略包括单时相分割与多时相分割(Tewkesbury et al., 2015)。综上所述，面向对象变化检测也面临不确定性的挑战。

对于 OBCD，一方面，可以将基于像素的方法直接应用于 OBCD 中；另一方面，由于影像分割步骤产生了地理对象，它又有与基于像素的方法不同的分类体系。根据 Chen 等(2012a)和 Hussain 等(2013)对 OBCD 的综述，他们将 OBCD 技术主要分为分类后处理(object classification comparison, OCC)方法、直接多时相影像分类(direct multi-date classification, DMC)方法及差分影像分析(difference image analysis, DIA)方法(Hussain et al., 2013)。DMC 方法将两时相的影像进行简单叠合，并将其看作一幅影像，波段信息增加一倍，随后采用和常规监督分类相同的步骤(Volpi et al., 2013)；DIA 方法将两组影像作差，没有变化对象的所有特征值差值为 0，随后进行采样分类。容易理解，DMC 方法增加了参与分类的信息，容易导致维数灾难，然而也保留了更多完整的信息参与分类，从而避免信息缺失的现象。而对于 DIA 方法，当光谱过多时，容易出现不同的变化具有相同的差值结果的情况，即二义性问题(Volpi et al., 2013)，当需要检测不同变化类型时，容易出现混淆或难以区分的现象。随着高分数据的增多，与面向对象影像分类一样，OBCD 也迎来了前所未有的机遇与挑战，这主要来自分割策略、检测方法及特征选择等不确定性因素的影响。所以，本书也将 OBIA 中的重要分支——OBCD 技术作为重要研究内容，期望能够促进 OBIA 领域的研究。

1.2.2　面向对象遥感影像分析中不确定性因素的相关研究

1. 影像分割尺度相关研究

多尺度分割方法(multi-resolution segmentation, MRS)已经被证明是面向对象影像分析中相当成功的分割算法之一(Witharana and Civco, 2014; Witharana et al., 2014)。这种算法十分复杂，且对用户要求较高，尺度、形状、精致度等变量是其主要参数，这些参数都由用户自定义(Witharana and Civco, 2014)。然而很多研究已经证明尺度参数更加重要，因为它控制着分割后的对象的尺寸大小，能够对后续分类直接产生影响(林先成和李永树, 2010; Smith, 2010; Kim et al., 2011; Myint et al., 2011; Hussain et al., 2013; Drăguţ et al., 2014)。所以，尺度问题已经成为当前 OBIA 中的突出问题，特别是针对多尺度分割方法开展的 OBIA 研究。Arbiol 等(2006)也指出语义显著的区域往往存在不同的尺度，使得求取合适的分割尺度，并获取优化的分割结果相当重要。然而很多具体的地物提取应用研究中都依靠反复试验，根据经验决定分割尺度参数(Laliberte and Rango, 2009)，显然这是不可取的(Johnson and Xie, 2011)，所以不少学者提出确定最优尺度参数的方法(黄慧萍, 2003; Zhang et al., 2008; Kim et al., 2008; Drăguţ et al., 2010; Johnson and Xie, 2011; Martha et al., 2011; Drăguţ and Eisank, 2012; Chen et al., 2012b; Drăguţ et al., 2014)。

分割尺度优化方法研究比较成功的有，Drăguţ 等(2010)利用局部方差(local variance, LV)，联合不同尺度的 LV 和 LV 变化率(rates of change of LV, ROC-LV)确定合适的分割尺度，并公开了优化尺度参数的工具集(estimate scale parameter, ESP)。然而该方法仅能处理单个波段影像。所以，Drăguţ 等(2014)改进了该方法，使其能够同时处理 30 个波段影像，开发了工具集 ESP2，该工具已经成功应用于 eCognition 软件。Ming 等(2013)也在 Drăguţ 等(2010)基础上提出修正平均局部方差的方法，实现多个波段影像的最优分割尺度参数获取，分别通过计算所有波段均值或进行主成分分析确定部分波段并求取均值。Martha 等(2011)利用空间自相关和分段分析构建高原目标函数，从而实现基于地理对象的滑坡检测。Johnson 和 Xie(2011)发展了一种基于加权方差和 Moran's I 测度的分割尺度优化方法。Witharana 和 Civco(2014)提出一种利用欧几里得距离(Euclidean distance 2, ED2)度量的方法，确定各地物类别的优化分割尺度，并取得了较好的效果，同时考虑了分割对象与参考对象的几何分布及距离差异。Yang 等(2014)提出了一种利用光谱角的非监督多波段选择优化尺度的方法。

但是这些方法全是针对影像特征提出的，没有人从实际地物特征出发，考虑地物之间大小的差别来确定最优尺度，即它们几乎都属于非监督的尺度优化方法，这对地物复杂的区域不可靠，而有时需要获取更加可靠的监督识别优化的尺度参数。另外，根据当前流行的多尺度分层分类方法可知，提取不同的地物通常需要设置不同的分割参数，以保证提取出完整的不同大小的地物对象(Kim et al., 2011; Duro et al., 2012a)，即不同的地物，最优分割尺度不一样。考虑实际地物对象的大小，研究希望能够发现最优尺度与地物的某种特征的特定关系，并探索分割优化方法，使得不同大小的地物尽可能获得最好的分割结果。

2. 特征选择技术相关研究

在面向对象的遥感影像分类研究中，多尺度面向对象的影像分析一般能够产生几十个甚至成百个特征用于影像分类(Duro et al., 2012b)。由于高分遥感影像提供了更多影像的细节信息，用 eCognition 分割后生成的每个尺度下的分割对象的特征超过 200 个，对于多个分割尺度，需要分析的特征数将成倍增加(张秀英等, 2009; Laliberte et al., 2012; 王贺等, 2013)。大量的特征不仅对分类模型的训练造成困难，也容易导致维数灾难(Bishop, 1995; Pacifici et al., 2009)。因此，特征选择是提高分类精度和提高分类效率的重要步骤。特征选择一方面能够获取更全面的理解底层过程的数据(Pal and Foody, 2010)，另一方面能够确定代表性的特征并对其进行分类和预测(Caruana and de Sa, 2003; Guyon and Elisseeff, 2003)。

基于像素的影像特征分析工作开展得相对较早，而针对 OBIA 的特征分析研究较少(Van Coillie et al., 2007; Novack et al., 2011)。基于像素的影像特征分析中常用的方法包括信息增益(Tso and Mather, 2009)、Relief-F 算法(Hall, 1999)、随机森林算法(Pal and Foody, 2010)、基于相关关系的特征选择(correlation-based feature selection, CFS)(Hall, 1999; Pal and Foody, 2010)、主成分分析(principal component analysis, PCA)(Pal and Foody, 2010)、遗传算法(genetic algorithm, GA)(Van Coillie et al., 2007)等。CFS 方法是一种滤波算法，基于相关关系的启发式评价函数选择最优的特征子集(Hall and Smith, 1997)，能够提供最优的特征子集(Pal and Foody, 2010)。而随机森林算法信息增益等方法仅能评估单个特征。Van Coillie 等(2007)在利用 IKONOS 影像数据进行面向对象的遥感影像分类时，采用遗传算法进行特征选择，随后利用神经网络方法分类，发现包含特征选择的分类精度高于使用全部特征的分类精度。Laliberte 和 Rango(2009)利用无人机航空影像数据，采用 GINI 指标评估不同尺度下的纹理特征的重要性，并用决策树方法进行后续分类，发现"熵"在大部分尺度中都表现出较高的重要性分值。同时也分析了其他纹理特征的尺度效应。Yue 等(2013)利用改进的 Relief-F 算法从提取的结构变异函数特征中移除冗余的特征，随后加入光谱或纹理特征，并利用支持向量机(support vector machines, SVM)分类器对其进行分类，然而参与优化的特征并不多，仅有结构变异函数特征。肖艳等(2016)针对 Landsat 8 影像进行多尺度分割，联合 Relief-F 和粒子群优化算法进行对象的特征选择，并利用 SVM 分类器进行分类。

虽然零星的特征选择研究取得了较好效果，然而在 OBIA 技术体系下，还没有针对常用特征选择方法的系统评估分析，仅 Laliberte 等(2012)进行了专门的比较研究，但选择的方法不具有代表性。综上所述，OBIA 中针对高分遥感影像的特征选择技术研究相对较少。

3. 样本选择方法相关研究

在利用 OBIA 技术进行遥感影像分类时，由于最小处理单元是分割后的矢量对象图层，这使得 OBIA 存在和基于像素的方法类似的问题，即多大的训练样本集合适，以及选择的训练样本是否能够代表分类类别。在基于像素的遥感影像分析中，已经有很多关于该问题的研究(Pal and Mather, 2003; Foody et al., 2006; Congalton and Green, 2009; Congalton, 2009; Radoux et al., 2011; Lein, 2012; Hussain et al., 2013)。对于遥感影像监督分类，一方面，选择的各类别的样本数量需要足够多，才能全面地描述研究区的土地利用/覆盖情况；另一方面，各类别的训练样本需要对该类别具有代表性(Pal and Mather, 2003)，例如对于最邻近分类器，要求每一个类别的训练样本集的像素数量应该达到参与分类的特征数量的 10～30 倍(Mather, 1999)。基于像素的遥感影像分析研究表明，训练样本集的大小对分类精度有本质的影响(Foody et al., 1995; Foody and Arora, 1997; Pal and Mather, 2003)。同时，在传统的基于像素的遥感影像分析中，已经有很多关于训练集大小的研究(Jia, 2003; Van Niel et al., 2005; Foody et al., 2006; Rodriguez-Galiano et al., 2012)。然而关于训练集大小对 OBIA 的影响机制的研究相对较少，仅有薄树奎和丁琳(2010)、Zhen 等(2013)针对 WV2 数据进行了简单评估，其主要不足在于精度评估方式采用了基于点的评估方式，而不是最近学者针对 OBIA 推荐的更合理的评估方式——基于面积(area-based)或基于多边形(polygon-based)(Whiteside et al., 2014; Radoux and Bogaert, 2014)，在基于像素的遥感影像分析中，虽然精度评估样本单元可以选择单个像素(single pixel)、区域(blocks)、多边形(polygons)(Stehman and Wickham, 2011)，然而对于人工解译的或通过影像分割获取的多边形地图，Congalton 和 Green(2009)推荐使用多边形作为精度评估采样单元。另外，Zhen 等(2013)也没有考虑不同分割尺度下训练样本集的大小对分类精度的影响。所以，在利用分类精度对分割尺度进行评估前，研究首先综合分析了训练样本大小对分类精度的影响，并希望发现 OBIA 中不同分割尺度下训练样本集的大小对精度的影响规律。

4. 精度评估方法相关研究

在面向对象的高分遥感影像分类中，由于基于点的精度评估方式(将单个分割对象看作独立的点)简单、直接，学者更加倾向于直接将对象看作单个点，即该对象分类要么正确，要么错误，例如 Laliberte 和 Rango(2009)将分割对象看作独立的点，在 WEKA 软件中使用了十折交叉验证方法，然而其分类精度随着尺度的增大而提高，这在粗糙尺度上实际上是不合理的。随着 OBIA 技术体系的发展，OBIA 的精度评价方法逐渐成为新兴的研究领域(Blaschke, 2010; Radoux et al., 2011; Whiteside et al., 2014; Radoux and Bogaert, 2014)。实际上，为评估建筑物提取的专题精度，基于面积的验证方法已经被广泛应用于建筑物的精度评价中(Shan and Lee, 2005; Freire et al., 2014)。基于面积的验证方法本质上是根据特征的范围和空间分布评估分类精度(Freire et al., 2014)。在面向对象的精度评估方法的使用和研究中，Liu 和 Xia(2010)率先发现了尺度增大、精度降低的趋势，由此引发了学术界对 OBIA 精度评估方式的思考。Stehman 和 Wickham(2011)评估了像素、区域、多边形的采样方式对精度评估的影响。MacLean 和 Congalton(2012)指出了 OBIA 中精度评估与基于像素方法中精度评估的不同,即精度评估单元不再是规则的像素单元,每个对象都是大小不一的地理对象。Whiteside 等(2014)系统地提出基于面积的精度评估方法,并对该方法建立了模型,这是目前为止对 OBIA 中精度评估具有实践意义的一套理论体系。Radoux 和 Bogaert(2014)也提出了通过参考图层对不同分割对象进行标签的一些规则,例如对于城市或农用地,参考图层的对象与分割对象的重叠率只需大于 25%,即可将分割对象标签为城市用地或农用地,而自然植被或水体需要大于75%,这是目前对 OBIA 精度评估理论进行深入研究后得出的结论。

考虑到面向对象分类的尺度问题,即随着尺度无限增大,出现混合对象的情况会逐渐增多(黄慧萍,2003),导致分类误差,而这种误差不能通过基于点的精度评估方法表征,所以本书拟使用针对面积的评价指标统计混淆矩阵(Foody,2002;Congalton and Green,2009;Whiteside et al.,2014),计算每个尺度的不同地物的用户精度,即正确率。

1.2.3 面向对象的信息提取技术相关研究

OBIA 范式在遥感影像分类领域被广泛接受(Liu et al.,2006;Blaschke,2010;Powers et al.,2012;Arvor et al.,2013;Blaschke et al.,2014),大量成熟的分类方法应用于 OBIA 分类框架,特别是基于模糊规则集的分类方法取得了较好的效果,研究认为模糊规则集建模技术能够克服分割对象的不确定性(Benz et al.,2004)。然而常用的基于统计和机器学习的监督分类方法仍然很重要。随着面向对象的影像分析各步骤关键技术的突破,未来常规监督分类方法在 OBIA 中将扮演更加重要的角色,所以本节除了综述面向对象的分类应用研究,还将重点综述这些方法的比较研究;也会介绍利用语义特征从高分影像中进行信息提取的相关研究。

1. 面向对象的分类方法应用研究

随着 OBIA 的发展,大量学者都尝试使用统计和机器学习分类技术,包括线性判别分析(linear discriminant analysis, LDA)(Pu and Landry,2012)、随机森林(random forest,RF)(Stumpf and Kerle,2011;Zhang et al.,2013a;Shruthi et al.,2014;Puissant et al.,2014)、决策树(decision tree, DT)(Mallinis et al.,2008;Laliberte and Rango,2009)、K 最邻近算法(K-nearest neighbor, KNN)(Tsai et al.,2011;Lucieer et al.,2013;Fernández Luque et al.,2013)、简单贝叶斯(naive Bayes)(Dronova et al.,2012)、支持向量机(support vector machines, SVM)(Heumann,2011)。2010 年以来,集成分类方法 Adaboost(adaptive boosting, Adaboost)由于精度高而受到了广泛关注(Chan and Paelinckx,2008;龚健雅等,2010;Du et al.,2012)。截至目前,除了 RF 分类器,OBIA 的应用研究很少采用集成分类器。仅 Zhang(2015)联合 RF、SVM 和 KNN 三种分类器的结果,对目标对象进行标签,但由于单个分类器本身的复杂性,其效率并不高。另外,虽然以上提到的方法在特定的研究或应用中都有较好的表现,但这些方法或参数的选择主要依靠专家经验和先验知识,相同分类器的表现也并不一致。

近年来,随着遥感技术的发展,模糊理论更多地被应用于遥感影像分析(Wang,1990;

陈云浩等, 2006), 一方面, 模糊规则分类系统能够提供每个对象属于特定类别的隶属程度, 这使得混合对象能够容易被识别; 另一方面, 面向对象的影像分析领域代表软件 eCognition 提倡构建模糊规则完成对象的分类, 模糊规则构建在该软件中有一套详细技术框架支撑, 以至于很多应用也倾向于使用模糊规则分类。模糊规则的构建能够有针对性地突出对象特征的使用效率。Bouziani 等(2010)对高分影像分割后的光谱、几何、纹理、上下文信息构建规则集, 完成了城区主要信息提取, 其分类精度至少大于最大似然方法 17 个百分点。Sebari 和 He(2013)提出一种基于模糊规则集提取分割后的地理对象的方法, 其模糊规则是, 其根据人类的先验知识和影像解译获取模糊规则, 对于与影像高度相关的特征阈值, 提出一种根据频率来自动获取阈值的方法, 例如亮度特征和面积特征。而对于独立于影像的紧致度和延伸率特征, 其阈值仍然根据已有研究成果和样本数据确定。Benz 等(2004)结合面向对象的方法, 实现了航空遥感影像在 eCognition 中的模糊规则分类, 整套流程完成了遥感影像到 GIS 制图的所有过程。这也是面向对象的技术和模糊规则分类在高分遥感影像中的经典成功应用案例。值得注意的是, 关于模糊规则的建立, 有很多依靠人工经验或反复尝试的方法建立合适的模糊规则集或获取规则阈值等, 相似地, 当前关于 OBIA 中模糊规则分类的研究也多为人工干预的构建规则(李莉, 2012; 林潭, 2012; Belgiu et al., 2014), 分类效果很大程度上依靠专家经验。模糊规则构建技术的研究是该领域的重要研究方向。

2. 遥感影像监督分类方法比较

基于像素的分类研究较早, 其分类表现主要受分类技术的影响(Rogan et al., 2008; Duro et al., 2012a), 为系统比较其在 OBIA 中的表现, 本书首先综述了常用方法在基于像素分类中的相关研究。Chan 和 Paelinckx(2008)利用航空高光谱影像评估了 RF 和 Adaboost 集成树分类方法, 发现了相似的精度结果。Brenning(2009)用地形数据和遥感数据比较了 11 种分类算法在岩石冰川探测中的表现, 发现惩罚线性判别分析(penalized linear discriminant analysis, PLDA)显著优于所有其他的分类器, 包括 SVM 和 RF。对于土地覆盖分类, Shao 和 Lunetta(2012)用 MODIS 时间序列数据比较了 SVM、神经网络和分类回归树(classification and regression trees, CART), 发现 SVM 是最好的分类算法。Xu 等(2014)用 RADARSAT-1 影像数据比较了七种分类技术在海洋石油泄漏识别中的表现, 结果显示集成技术(例如 Bundling 与 Bagging)能够明显改善分类精度。Fassnacht 等(2014)用遥感数据测试了多种预测方法在森林生物量估算中的表现, 包括 SVM、KNN、高斯过程(Gaussian processes)、逐步线性回归(stepwise linear regression)和 RF 共 5 种方法, 他们发现 RF 表现最好。以上例子都证明了选择优化的分类器对于遥感分类或预测的重要性。根据对前人研究的总结, 基于 OBIA 框架的分类方法比较研究一般可分为两大类: ①面向对象的方法和传统的基于像素的方法比较; ②OBIA 框架下不同的分类方法比较。经过大量的研究(Yan et al., 2006; Dingle Robertson and King, 2011; Ouyang et al., 2011; Myint et al., 2011; Duro et al., 2012a; Ghosh and Joshi, 2014), 发现对高分影像进行分类, 面向对象的方法能够在一定程度上克服"椒盐"效应, 所以学术界对于前者已经有广泛共识。但后者由于数据源、训练集大小、特征选择不同, 特别是分割尺度参数的不同，合适的监督分类方法的选择仍然是很大的问题。

当前的关于分类器选择的分析研究在 OBIA 中不充分，不能全面地代表各分类器的真实表现，因为 OBIA 框架下的分类精度受到分割尺度、特征选择和光谱混合对象的影响(Ma et al., 2015; Li et al., 2016)。对于当前的 OBIA 比较研究，除了分类器的比较以外，也有分割方法的比较研究(Yang and Kang, 2009; Zhang et al., 2015)，但是缺乏系统地考虑多因子的分析。因此，对特定的应用案例难以给出一般性建议，例如哪种分类算法在某个尺度表现最好，同时，对当前存在的分类算法比较研究的结果往往不能给出一致的建议。Laliberte 等(2006)用 QuickBird 影像比较了 KNN 和 DT 算法，发现 DT 的分类总体精度(overall accuracy, OA)优于 KNN 算法；Mallinis 等(2008)用 QuickBird 影像比较了 CART 和 KNN 算法，发现分类树的表现优于 KNN 算法；Duro 等(2012a)用 SPOT 影像比较了 RF、SVM 和 DT 算法，发现 RF 和 SVM 的分类精度优于 DT；Fernández Luque 等(2013)比较了 CART、NN 和 SVM，发现 SVM 和 NN 的分类精度更好；Ghosh 和 Joshi(2014)利用 WV2 影像比较了 SVM、RF 和 ML 在竹林图斑制图中的表现，发现 SVM 比 RF 的分类精度表现更好；Dronova 等(2012)比较了 6 种统计或机器学习分类器在湿地植物景观分析中的表现，这是目前为止 OBIA 中最全面的分类器比较研究，因为相比之前仅考虑单个影响因子(例如尺度)的研究，该研究考虑了更多的影响因子和相对更多的分类算法。研究结论认为 SVM、KNN 和人工神经网络(artificial neural network, ANN)在不同的测试尺度上频繁地达到最高的精度，而 RF 算法总是表现较差，然而 RF 算法在很多研究中已经表现出强大的优势。尽管 Dronova 等(2012)的工作很有价值，但其仍然没有考虑训练集大小对分类精度的影响，这也是其他研究共同存在的问题。对于监督分类器的比较研究，训练集大小在很大程度上影响分类结果。因此，针对 OBIA 的分类器综合比较分析是面向对象的影像分类中迫切需要解决的问题。

3. 高分遥感影像信息提取相关研究

虽然高分遥感影像能提供更多地物的细节特征信息(张良培和黄昕, 2009)，然而不同类别的对象易产生相同的光谱响应(Herold et al., 2003; Sebari and He, 2013)，例如道路和建筑使用相同的建筑材料。另外，分割后的对象能表达地物间的上下文信息和形状特征，例如建筑和道路虽然有相似的光谱特征，但分割后的建筑一般有较大的紧致度(compactness)，而道路的延伸率(elongation)较大(Bouziani et al., 2010)。所以，对分割后的地理对象进行分类，能够减少对光谱相似类别的误分，并能充分利用地物的语义特征。本书主要针对高分影像中耕地的信息提取提出一种新方法，这里仅对高分影像中耕地的信息提取进行综述。已有不少学者做了相关研究工作，Liu 等(2008)根据航空影像数据，利用边缘检测进行影像分割，根据计算的特征值，利用 C4.5 构建决策树提取了高质量标准农田。Shen 等(2011)针对超高分卫星影像数据，提出了一种基于改进均值漂移算法(mean shift)和一类支持向量机的面向对象的分类方法，从而提取农田信息。Lu 等(2007)利用航空高光谱数据提取复杂农业用地覆盖区域。虽然这些方法都是针对高分数据进行耕地信息提取的研究，但都有一定的局限性，要么没有针对性，要么利用相同方法套用不同数据，并没有充分利用耕地地块信息自身独有的特点，从而提取效果不好。

Sun 和 Xu（2009）针对 QuickBird 全色波段影像，先对影像数据进行分割，结合角特征点所提供的形状信息提取分割后的耕地和坑塘等形状规则的农用地信息，这为高分全色影像耕地信息的提取开辟了一个新的思路，即充分利用高分影像数据中耕地地块的纹理特征，以及耕地地块的独特性质进行算法设计，发展高分影像数据中耕地地块的快速、高效提取方法。

1.2.4　面向对象的变化检测技术相关研究

过去 30 年提出的大多数针对中低几何分辨率的变化检测方法不适用于处理高分遥感影像中存在的复杂几何和纹理信息（Coppin et al., 2004）。多时相高分遥感影像中存在的几何细节、阴影、匹配残差、多尺度对象等各种复杂因素（Dalla Mura et al., 2008），导致使用高分遥感影像进行变化检测的复杂性。Chen 等（2012a）认为高分遥感影像变化检测的主要问题包括：①精细的空间尺度会导致大量的小的错误变化检测；②时间尺度问题；③观测几何角度问题，太阳高度角及传感器观测角度不同导致影像无法传递实际的变化信息，特别是城市高层建筑的变化信息（Jensen, 2005）；④影像匹配问题，高分遥感影像的匹配精度相对于中低分遥感影像的匹配精度较低；⑤辐射纠正或归一化问题，一般地，绝对辐射纠正不能明显改善变化检测精度，相对辐射纠正能够满足大部分变化检测应用（Coppin et al., 2004）。

对于高分遥感影像，相对于基于像素的变化检测，面向对象的方法能够弱化一些不良影响，例如错误匹配导致的影响，Chen 等（2014）发现在城区、郊区、农业区域，面向对象的变化检测精度都高于基于像素的方法，且这种差异在农业区域表现最大，在复杂城区表现最小。所以，OBCD 是高分遥感影像变化检测的首选技术。正如前文所述，随着高分影像数据的增多，OBCD 逐渐受到学者的重视，Chen 等（2012a）和 Hussain 等（2013）等对 OBCD 的相关研究进行了综述。但是都是从检测方法的角度对该技术进行归类或综述。一般将面向对象的变化检测分为两个层次，一是直接将探测信息分为变化和未变化两类，二是将变化的信息进一步详细分为从哪一类变为哪一类。第一个层次只要求简单的二值信息，仅需通过探测阈值对地理对象进行非监督二值分类，其在很多研究中表现出较高的效率。第二个层次要求识别详细的变化信息，常用分类后处理比较法（post-classification comparison）（Hussain et al., 2013），也可选择变化类型样本，随后进行分类，与常规监督分类流程一致。当前，针对前者的研究较多，特别是处于起步阶段的面向对象的变化检测领域。本书的研究希望从新的视角认识面向对象的变化检测，针对非监督变化检测方法，评估面向对象的变化检测中的各不确定性因子，包括对象单元、特征、尺度等。

1. 面向对象的变化检测的对象单元

面向对象的变化检测中，分割策略不同常导致对象单元不一致（Tewkesbury et al., 2015）。常见的两种分割策略为：①分割其中一个时相影像，根据分割对象分别计算不同时相的特征值，识别变化对象；②多时相分割，将多时相的影像波段作为分割波段。也有学者利用后处理方法分别分割两个时相的影像，得到两个不同时相的分割对象后，进行变化对象的识别。然而，由于实际地物的变化和分割的不确定性，两个时相的分割对象很难保持一致，从而导致不能匹配的现象出现，两个时相的对象在叠合时总是产生一些细小的错位图斑(Linke and McDermid, 2012)。所以利用动态的对象实现空间一致的影像对象比较是不可能完成的任务(McDermid et al., 2008)。因此，本书的研究主要针对单时相分割对象和多时相分割对象进行分析。

　　单时相分割和多时相分割能够保持分割对象的拓扑一致性，已广泛应用于面向对象的变化检测研究中(Desclée et al., 2006; Stow et al., 2008; Bontemps et al., 2008; Doxani et al., 2012)。对于单时相分割，Comber 等(2004)将分类的影像对象叠合在另一时相的基于像素的分类结果上，随后在专家经验协助下从错误的分类像素中识别真实的变化对象；Listner 和 Niemeyer(2011)分割一个时相的影像，然后利用对象在两时相上的异质性测度实现变化对象的识别；Lu 等(2011)分割单时相的 QuikBird 影像实现滑坡的快速制图；Aguirre-Gutiérrez 等(2012)分割2006年的Landsat ETM+影像，并构建规则集，实现1999~2006年的土地覆盖变化分析。对于多时相分割，大量研究使用两时相的融合波段堆砌影像直接进行分割(Desclée et al., 2006; Bontemps et al., 2008; Duveiller et al., 2008; Conchedda et al., 2008; Chen et al., 2014; 冯文卿和张永军, 2015)，比较典型的一个例子是，Desclée 等(2006)将多时相的 SPOT 影像进行融合并分割，随后赋予分割对象在不同时相的各波段的光谱特征，包括均值和标准差，然后利用统计学方法识别变化的对象，达到90%的识别精度和 0.8 的卡帕系数。Bontemps 等(2008)应用相似的方法得到多个时相的 SPOT-VEGETATION 数据(由 4 个年份的红波段、近红外波段、短波红外波段12维数据组成)，计算所有对象的光谱属性，并用马氏距离算法进行变化检测，通过赋予一定置信度确定变化阈值，识别变化对象。另外，一些额外的衍生波段也应用于分割过程中，从而改进变化检测精度，例如全色波段、归一化植被指数(normalized difference vegetation index, NDVI)和 PCA 转换波段(Qin et al., 2013)。Im 等(2008)用两时相的全色和多光谱波段分割得到对象单元。Stow 等(2008)用两时相航空多光谱影像的可见光波段，近红外和 NDVI 叠加影像分割得到对象单元实现变化检测。Qin 等(2013)用两个时相 PCA 转换的 6 个主成分波段分割得到对象单元，并实现变化检测。Rasi 等(2013)通过整合多时相分割得到超对象进入单时相分割过程，完成森林覆盖变化检测。

　　2. 面向对象的非监督变化检测方法

　　监督变化检测制图受地面真实样本缺乏和获取地面实测数据困难的限制(Foody, 2010)。本书将致力于探索面向对象变化检测中的非监督变化检测模式。根据以往的研究，OBCD 中频繁使用的非监督变化检测方法主要包括多元变化检测(multivariate alteration detection, MAD)和卡方变换(Chi-square transformation)，偶尔也有一些其他的非监督方法(Duveiller et al., 2008; Conchedda et al., 2008)。对于多元变化检测，Niemeyer 等(2008)用两景 QuickBird 影像实现了变化检测；Doxani 等(2012)利用 QuickBird 影像实现了 MAD 转换方法在城区的变化检测；Listner 和 Niemeyer(2011)应用了一种相似的方法 IR-MAD 转换实现了分割对象的变化标签。对于卡方变换，Desclée 等(2006)用 SPOT-HRV 影像实现了森林变化识别，并获得了较高的精度；Bontemps 等(2008)用 SPOT-VEGETATION

数据探索了一种自然变异的变化对象识别的可靠分析框架；Chen 等(2014)基于 SPOT-5 影像，利用卡方变换方法评估错误匹配对面向对象变化检测的影响；Yang 等(2015)对 SPOT 数据应用卡方变换，实现土地覆盖变化对象的探测。

1.2.5　面向对象遥感影像分析不确定性的本质

不确定性可以包含很多方面，由于信息不完全、语言表述不精确、描述的内容具有可变性等原因，都能产生不确定性(Morgan et al., 1992)。近年来，不确定性的概念也广泛应用于遥感数据处理和质量评估中(Foody and Atkinson, 2002; 柏延臣和王劲峰, 2003; 张景雄, 2008; Olofsson et al., 2013)，遥感数据的获取、处理、分析、转换等过程中，都会产生不同程度和不同类型的不确定性(柏延臣和王劲峰, 2003; 张华, 2012)。在遥感信息提取不确定性研究中，首先需要区分不确定性指标与不确定性过程，其中，不确定性过程是研究对象，很难直接将其量化，不确定性指标能够量化不确定性过程，使得不确定性过程能够被比较(Foody and Atkinson, 2002)。Goodchild(1995)将空间数据中的不确定性简单地看作误差的一般性测量，柏延臣和王劲峰(2003)也认为误差和精度是遥感信息中的不确定性的一种特定表达方式。

本书将以面向对象遥感信息提取的误差作为面向对象遥感数据处理各阶段不确定性的具体度量指标，从而定量评估和比较面向对象遥感信息提取各阶段的不确定性。而面向对象遥感信息提取最终的总不确定性则是各处理阶段不确定性不断积累的结果，图 1.3 展示了典型面向对象遥感影像分析中的误差积累过程。在面向对象遥感影像分析的各阶段，包含的不确定性因素如图 1.3 所示。本书进一步扩展了易俐娜(2011)面向对象遥感影像分类不确定性的研究，详细综述了由于方法多样性、参数设置不同等，在面向对象遥感影像分析中导致分类和变化检测结果的不确定。但必须明确的是，最终的不确定性

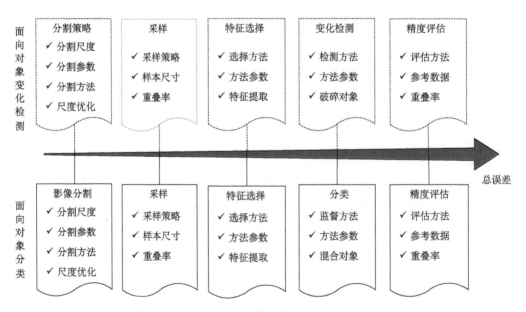

图 1.3　面向对象遥感影像分析中引入不确定性因素

是数据获取、处理和分析等过程不确定性传播和积累的结果,所以,在单独分析面向对象遥感影像分析的某一阶段的不确定性时,只有在数据源和其他各处理步骤完全相同的条件下,才可能得到有效的分析结果。这也是本书探讨 OBIA 不确定性这一复杂问题遵循的重要原则。

1.2.6　研究现状评述及问题的提出

面向对象影像分类作为当前高分辨率遥感影像分类的研究热点,其存在诸多影响分类结果的不确定性因素。虽然众多研究致力于分割尺度、特征空间的评估分析(Laliberte and Rango, 2009; Kim et al., 2011; Witharana and Civco, 2014),却少有研究考虑训练集大小对面向对象分类的影响。因此,在分割尺度、特征空间评估的基础上,综合分析训练集大小对面向对象分类的响应规律,是面向对象分类研究领域较新的课题。现有尺度优化方法大多属于非监督的单尺度优化方法,这对地物复杂的区域并不可靠,针对不同地物的最佳分割尺度,发展一种可靠的监督分割的多尺度优化方法,是值得研究的课题。在特征选择方面,基于像素的影像特征选择工作开展得相对较早,而在 OBIA 范式中,针对高分辨率遥感影像的特征选择技术研究还相对较少(Van Coillie et al., 2007),迫切需要对这些特征选择方法进行系统评估。现有的针对分割对象的监督分类器的研究结论不一致(Duro et al., 2012a; Dronova et al., 2012),且考虑的影响因子不全面(Fernández Luque et al., 2013; Ghosh and Joshi, 2014),因此,需综合考虑训练样本大小、分割尺度、特征选择等不确定性因子,同时,系统地定量评估混合对象对不同监督分类器的影响。

非监督变化检测方法被证明在 OBIA 范式下可行(Doxani et al., 2012; Yang et al., 2015),包括主成分分析、多元变化检测、原始特征差分、均值与标准差等特征变换和差分方法。然而,多时相影像的加入使得分割方案更加多样(Tewkesbury et al., 2015),导致面向对象变化检测过程中的分割对象更加不确定,因此,综合考虑分割方案、分割尺度和特征空间的影响,评估常用的非监督变化检测方法在面向对象变化检测中的响应规律,是面向对象变化检测迫切需要解决的问题。

常用的监督分类算法能够在面向对象的分类中获得较好的分类结果。然而,这些分类方法多属于软分类器,不够灵活,不适宜在语义层次表达信息;另外,这些分类算法都是黑箱操作,仅提供分类影像每个像素或对象的类别标签。而分割后的地理对象更加符合人类认知习惯,衍生的对象特征能够表达实际地物的语义信息,帮助识别分割后的地理对象。虽然模糊规则分类技术因其能处理对象特征的语义信息,使得分类人员能够理解整个分类过程,从而受到面向对象影像分类人员的青睐(Benz et al., 2004; Belgiu et al., 2014),但其对分类人员的专业知识要求较高,分类精度受人为因素的影响较大。因此,有必要进一步发展针对特定地物的、高效的面向对象信息提取技术。

在面向对象分析中,首要问题为分割尺度带来的不确定性,即如何生成并选择适宜的分割尺度,从而得到正确的分割对象以进行后续处理。分割对象的不确定性,直接导致样本选择和精度评估过程的不确定,进一步影响特征选择和分类器的表现,甚至精度评估方法。为此,本书拟从地理对象的分割尺度不确定性入手,开展面向对象影像分类的不确定性因子研究。进一步地,参考基于像素的遥感影像处理范式体系(Foody et al.,

2006; Rodriguez-Galiano et al., 2012)，发展一套成熟的面向对象分类的框架体系，涉及采样方案、特征分析、分类技术、精度评价等，综合考虑各不确定性因子，系统地分析各阶段不同方法在分类过程中的响应机制，为面向对象影像分类范式的应用奠定坚实的理论基础。另外，面向对象的变化检测技术作为 OBIA 的重要方面(Hussain et al., 2013)，一定程度上能够克服高分辨率遥感影像带来的复杂性影响(例如几何细节、阴影、匹配残差、多尺度对象等)(Chen et al., 2014; Tewkesbury et al., 2015)，但是，由于分割对象的不确定性以及多时相影像数据参与分割带来的不确定性，研究也将以分割策略导致的变化检测单元的不一致作为切入点开展面向对象的变化检测的不确定性研究。

1.3　不确定性理论与模型优化方法研究

根据前述可知，OBIA 技术作为近年来蓬勃发展的新技术，虽然其有诸多优势，但是也受到各分析阶段的数据质量、技术参数和处理方法等不确定性因素的影响。因此，本书主要目的是实现面向对象遥感影像分析各阶段的不确定性研究，同时，探索针对分割对象的高效分类技术。首先，系统地研究面向对象遥感影像分析的不确定性，揭示面向对象遥感影像分析各阶段不确定性因素的响应机制，不仅促进面向对象的高分辨率影像处理技术的发展，更有利于当前海量高分辨率遥感影像数据的处理工作。其次，针对面向对象遥感影像分类的特点，充分利用分割对象提供的语义信息，研究特定地物的信息提取方法，最大限度地摆脱不确定性因素对分类的影响，提出一套适用于分割对象单元的非监督分类技术，提高高分辨率遥感影像数据的处理效率。最后，基于机器学习算法，提出系列分类优化模型，涉及采样方法、特征选择、分类方法、精度评估等。具体研究内容如下。

1.3.1　面向对象遥感影像分析不确定性研究

开展多尺度分割不确定性与尺度效应研究，评估多尺度分割结果的质量，测试一致性和异质性指标的敏感性，提出一种自顶向下的多尺度分割优化方案，从而获取不同地物优化分割结果。随后，在多尺度分割结果基础上，以面向对象的特征与尺度效应研究入手，开展分割尺度和特征空间的分析评估，综合分析训练样本大小对面向对象分类的响应规律，测试两种精度评估方法在面向对象影像分类过程中的表现。

开展常用特征选择与分类方法的不确定性研究。首先，系统地考虑常用的监督特征选择方法对面向对象分类过程的影响，揭示常用特征重要性评估方法和特征子集评估方法在不同条件下的响应机制。其次，利用严密的统计测试方法(多重比较分析和协方差分析)，综合考虑训练样本大小、分割尺度、特征选择等因素影响，讨论不同监督分类方法的表现差异，定量评估混合对象对不同监督分类器的影响。最后，综合考虑分割方案、分割尺度和特征空间影响，评估常用非监督变化检测方法在面向对象变化检测中的不确定性。

1.3.2　面向对象高分遥感影像分类模型优化研究

虽然使用常用的监督分类算法能够获得较好的分类效果，但是这些分类方法不能表达语义层次信息。由于分割后的地理对象更符合人类认知习惯，衍生的对象特征能够表达实际地物的语义信息，帮助识别分割后的地理对象。本书在面向对象影像分析的不确定性研究基础上，充分利用不同大小的分割对象提供的语义信息，提出基于三角网的耕地信息提取方法，提高高分遥感影像耕地提取效率。同时，在 OBIA 的不确定性分析和认知的基础上，联合机器学习的优势，针对 OBIA 的不同阶段，提出不同的优化模型，包括采样、特征选择、分类方法等。

参 考 文 献

柏延臣, 王劲峰. 2003. 遥感信息的不确定性研究 分类与尺度效应模型. 北京: 地质出版社

薄树奎, 丁琳. 2010. 训练样本数目选择对面向对象影像分类方法精度的影响. 中国图象图形学报, 15(7): 1106-1111

陈云浩, 冯通, 史培军, 等. 2006. 基于面向对象和规则的遥感影像分类研究. 武汉大学学报(信息科学版), 31(4): 316-320

冯文卿, 张永军. 2015. 利用多尺度融合进行面向对象的遥感影像变化检测. 测绘学报, 44(10): 1142-1151

龚健雅, 姚璜, 沈欣. 2010. 利用 AdaBoost 算法进行高分辨率影像的面向对象分类. 武汉大学学报(信息科学版), 35(12): 1440-1443

黄慧萍. 2003. 面向对象影像分析中的尺度问题研究. 北京: 中国科学院研究生院

李德仁, 童庆禧, 李荣兴, 等. 2012. 高分辨率对地观测的若干前沿科学问题. 中国科学:地球科学, 42(6): 805-813

李冰, 刘镕源, 刘素红, 等. 2012. 基于低空无人机遥感的冬小麦覆盖度变化监测. 农业工程学报, 28(13): 160-165

李隆方, 张著豪, 邓晓丽, 等. 2013. 基于无人机影像的三维模型构建技术. 测绘工程, 22(4): 85-89

李莉. 2012. 面向对象的高分辨率遥感影像信息提取研究. 成都: 成都理工大学

林先成, 李永树. 2010. 面向对象的成都平原高分辨率遥感影像分类研究. 西南交通大学学报, 45(3): 366-372

林潭. 2012. 基于 SPOT 影像的面向对象分类方法应用研究. 长春: 东北师范大学

王贺, 陈劲松, 余晓敏. 2013. 面向对象分类特征优化选取方法及其应用. 遥感学报, 17(4): 822-829

肖艳, 姜琦刚, 王斌, 等. 2016. 基于 ReliefF 和 PSO 混合特征选择的面向对象土地利用分类. 农业工程学报, 32(4): 211-216

易俐娜. 2011. 面向对象遥感影像分类不确定性分析. 武汉: 武汉大学

张华. 2012. 遥感数据可靠性分类方法研究. 徐州: 中国矿业大学

张秀英, 冯学智, 江洪. 2009. 面向对象分类的特征空间优化. 遥感学报, 13(4): 664-669

张景雄. 2008. 空间信息的尺度、不确定性与融合. 武汉: 武汉大学出版社

张良培, 黄昕. 2009. 遥感影像信息处理技术的研究进展. 遥感学报, 13(4): 559-569

Addink E A, Van Coillie F, De Jong S M. 2012. Introduction to the GEOBIA 2010 special issue: From pixels to geographic objects in remote sensing image analysis. International Journal of Applied Earth Observation and Geoinformation, 15: 1-6

Aguirre-Gutiérrez J, Seijmonsbergen A C, Duivenvoorden J F. 2012. Optimizing land cover classification accuracy for change detection, a combined pixel-based and object-based approach in a mountainous area in Mexico. Applied Geography, 34: 29-37

Arvor D, Durieux L, Andres S, et al. 2013. Advances in Geographic Object-Based Image Analysis with ontologies: A review of main contributions and limitations from a remote sensing perspective. ISPRS

Journal of Photogrammetry and Remote Sensing, 82: 125-137

Arbiol R, Zhang Y, Palà V. 2006. Advanced classification techniques: A review. Enschede: ISPRS Commission VII Mid-term Symposium Remote Sensing: From Pixels to Processes

Baatz M, Schäpe M. 2000. Multiresolution segmentation-an optimization approach for high quality multi-scale image segmentation. In: Strobl J, Blaschke T, Griesebner G. Angewandte Geographische Informations Verarbeitung XII. Karlsruhe: Wichmann Verlag

Belgiu M, Drăguţ L, Strobl J. 2014. Quantitative evaluation of variations in rule-based classifications of land cover in urban neighbourhoods using WorldView-2 imagery. ISPRS Journal of Photogrammetry and Remote Sensing, 87: 205-215

Belgiu M, Drăguţ L. 2014. Comparing supervised and unsupervised multiresolution segmentation approaches for extracting buildings from very high resolution imagery. ISPRS Journal of Photogrammetry and Remote Sensing, 96: 67-75

Belward A S, Skøien J O. 2015. Who launched what, when and why; trends in global land-cover observation capacity from civilian earth observation satellites. ISPRS Journal of Photogrammetry and Remote Sensing, 103: 115-128

Benz U C, Hofmann P, Willhauck G, et al. 2004. Multi-resolution, object-oriented fuzzy analysis of remote sensing data for GIS-ready information. ISPRS Journal of Photogrammetry and Remote Sensing, 58: 239-258

Bishop C. 1995. Neural Networks for Pattern Recognition. New York: Oxford University Press

Blaschke T. 2010. Object based image analysis for remote sensing. ISPRS Journal of Photogrammetry and Remote Sensing, 65(1): 2-16

Blaschke T, Hay G J, Kelly M, et al. 2014. Geographic object-based image analysis—towards a new paradigm. ISPRS Journal of Photogrammetry and Remote Sensing, 87: 180-191

Blaschke T, Kelly M, Merschdorf H. 2015. Object-based image analysis: Evolution, history, state of the art, and future vision. In: Thenkabail P. Taylor and Francis Remotely Sensed Data Characterization, Classification, and Accuracies. Boca Raton: CRC Press

Bontemps S, Bogaert P, Titeux N, et al. 2008. An object-based change detection method accounting for temporal dependences in time series with medium to coarse spatial resolution. Remote Sensing of Environment, 112: 3181-3191

Bouziani M, Goita K, He D C. 2010. Rule-based classification of a very high resolution image in an urban environment using multispectral segmentation guided by cartographic data. IEEE Transactions on Geoscience and Remote Sensing, 48(8): 3198-3211

Brenning A. 2009. Benchmarking classifiers to optimally integrate terrain analysis and multispectral remote sensing in automatic rock glacier detection. Remote Sensing of Environment, 113: 239-247

Caruana R, de Sa V R. 2003. Benefitting from the variables that variable selection discards. The Journal of Machine Learning Research, 3: 1245-1264

Chan J C, Paelinckx D E. 2008. Evaluation of Random Forest and Adaboost tree-based ensemble classification and spectral band selection for ecotope mapping using airborne hyperspectral imagery. Remote Sensing of Environment, 112(6): 2999-3011

Chen C. 2014. The CiteSpace Manual. http://cluster.ischool.drexel.edu/~cchen/citespace/CiteSpaceManual. pdf. [2017-08-08]

Chen G, Hay G J, Carvalho L, et al. 2012a. Object-based change detection. International Journal of Remote Sensing, 33: 4434-4457

Chen G, Zhao K, Powers R. 2014. Assessment of the image misregistration effects on object-based change detection. ISPRS Journal of Photogrammetry and Remote Sensing, 87: 19-27

Chen J, Li J, Pan D, et al. 2012b. Edge-Guided multiscale segmentation of satellite multispectral imagery. IEEE Transactions on Geoscience and Remote Sensing, 50(11): 4513-4520

Comber A, Fisher P F, Wadsworth R. 2004. Assessment of a semantic statistical approach to detecting land cover change using inconsistent data sets. Photogrammetric Engineering and Remote Sensing, 70(8): 931-938

Conchedda G, Durieux L, Mayaux P. 2008. An object-based method for mapping and change analysis in mangrove ecosystems. ISPRS Journal of Photogrammetry and Remote Sensing, 63(5): 578-589

Congalton R G. 2009. Remote Sensing of Global Croplands for Food Security: Accuracy and Error Analysis of Global and Local Maps.New York: CRC Press

Congalton R G, Green K. 2009. Assessing the Accuracy of Remotely Sensed Data: Principles and Practices. New York: CRC/Taylor and Francis Group, LLC

Coppin P, Jonckheere I, Nackaerts K, et al. 2004. Review article digital change detection methods in ecosystem monitoring: A review. International Journal of Remote Sensing, 25: 1565-1596

Costa H, Carrao H, Bacso F, et al. 2014. Combining per-pixel and object-based classifications for mapping land cover over large areas. International Journal of Remote Sensing, 35(2): 738-753

Dalla Mura M, Benediktsson J A, Bovolo F, et al. 2008. An unsupervised technique based on morphological filters for change detection in very high resolution images. IEEE Geoscience and Remote Sensing Letters, 5: 433-437

Desclée B, Bogaert P, Defourny P. 2006. Forest change detection by statistical object-based method. Remote Sensing of Environment, 102(1-2): 1-11

Dingle Robertson L, King D J. 2011. Comparison of pixel- and object-based classification in land cover change mapping. International Journal of Remote Sensing, 32(6): 1505-1529

Dong L, Shan J. 2013. A comprehensive review of earthquake-induced building damage detection with remote sensing techniques. ISPRS Journal of Photogrammetry and Remote Sensing, 84: 85-99

Doxani G, Karantzalos K, Strati M T. 2012. Monitoring urban changes based on scale-space filtering and object-oriented classification. International Journal of Applied Earth Observation and Geoinformation, 15: 38-48

Drăguţ L, Csillik O, Eisank C, et al. 2014. Automated parameterisation for multi-scale image segmentation on multiple layers. ISPRS Journal of Photogrammetry and Remote Sensing, 88: 119-127

Drăguţ L, Eisank C. 2012. Automated object-based classification of topography from SRTM data. Geomorphology, 141-142: 21-33

Drăguţ L, Tiede D, Levick S R. 2010. ESP: A tool to estimate scale parameter for multiresolution imagesegmentation of remotely sensed data. International Journal of Geographical Information Science, 24(6): 859-871

Dronova I, Gong P, Clinton N E, et al. 2012. Landscape analysis of wetland plant functional types: The effects of image segmentation scale, vegetation classes and classification methods. Remote Sensing of Environment, 127: 357-369

Du P, Xia J S, Zhang W, et al. 2012. Multiple classifier system for remote sensing image classification: A review. Sensors, 12(12): 4764-4792

Dunford R, Michel K, Gagnage M, et al. 2009. Potential and constraints of unmanned aerial vehicle technology for the characterization of mediterranean riparian forest. International Journal of Remote Sensing, 30(19): 4915-4935

Duro D C, Franklin S E, Dube M G. 2012a. A comparison of pixel-based and object-based image analysis with selected machine learning algorithms for the classification of agricultural landscapes using SPOT-5 HRG imagery. Remote Sensing of Environment, 118(15): 259-272

Duro D C, Franklin S E, Dube M G. 2012b. Multi-scale object-based image analysis and feature selection of multi-sensor earth observation imagery using random forests. International Journal of Remote Sensing, 33(14): 4502-4526

Duveiller G, Defourny P, Desclée B, et al. 2008. Deforestation in Central Africa: Estimates at regional, national and landscape levels by advanced processing of systematically-distributed Landsat extracts. Remote Sensing of Environment, 112(5): 1969-1981

Eckert S. 2012. Improved forest biomass and carbon estimations using texture measures from WorldView-2 satellite data. Remote Sensing, 4(4): 810-829

Espindola G M, Camara G, Reis I A, et al. 2006. Parameter selection for region-growing image segmentation algorithms using spatial autocorrelation. International Journal of Remote Sensing, 27: 3035-3040

Fassnacht F E, Hartig F, Latifi H, et al. 2014. Importance of sample size, data type and prediction method for remote sensing-based estimations of aboveground forest biomass. Remote Sensing of Environment, 154: 102-114

Fernandes M R, Aguiar F C, Silva J M N, et al. 2014. Optimal attributes for the object based detection of giant reed in riparian habitats: A comparative study between Airborne High Spatial Resolution and WorldView-2 imagery. International Journal of Applied Earth Observation and Geoinformation, 32: 79-91

Fernández Luque I, Aguilar F J, Álvarez M F, et al. 2013. Non-parametric object-based approaches to carry out ISA classification from archival aerial orthoimages. IEEE Journal of Selected Topics in Applied Earth Observations and Remote Sensing, 6(4): 2058-2071

Foody G M. 2002. Status of land cover classification accuracy assessment. Remote Sensing of Environment, 80(1): 185-201

Foody G M. 2010. Assessing the accuracy of land cover change with imperfect ground reference data. Remote Sensing of Environment, 114: 2271-2285

Foody G M, Atkinson P M. 2002. Uncertainty in Remote Sensing and GIS. Chichester U K: John Wiley and Sons Ltd.

Foody G M, Mathur A, Sanchez-Hernandez C, et al. 2006. Training set size requirements for the classification of a specific class. Remote Sensing of Environment, 104(1): 1-14

Foody G M, McCulloch M B, Yates W B. 1995. The effects of training set size and composition on artificial neural network classification. International Journal of Remote Sensing, 16(9): 1707-1723

Foody G M, Arora M K. 1997. An evaluation of some factors affecting the accuracy of classification by an artificial neural network. International Journal of Remote Sensing, 18: 799-810

Freire S, Santos T, Navarro A, et al. 2014. Introducing mapping standards in the quality assessment of buildings extracted from very high resolution satellite imagery. ISPRS Journal of Photogrammetry and Remote Sensing, 90: 1-9

Ghosh A, Joshi P K. 2014. A comparison of selected classification algorithms for mapping bamboo patches in lower Gangetic plains using very high resolution WorldView 2 imagery. International Journal of Applied Earth Observation and Geoinformation, 26: 298-311

Gomez-Candon D, De Castro A I, Lopez-Granados F. 2014. Assessing the accuracy of mosaics from unmanned aerial vehicle(UAV) imagery for precision agriculture purposes in wheat. Precision Agriculture, 15(1): 44-56

Goodchild M F. 1995. Attribute accuracy. In: Guptill S C, Morrison J L. Elements of Spatial Data Quality.

Oxford: International Cartographic Association, Ergamon

Guyon I, Elisseeff A. 2003. An introduction to variable and feature selection. The Journal of Machine Learning Research, 3: 1157-1182

Hall M A. 1999. Correlation-based feature selection for machine learning. Hamilton: Deptartment of Computer Science, Univiversity of Waikato

Hall M A, Smith L A. 1997. Feature Subset Selection: A Correlation-based Filter Approach. Berlin: 1997 International Conference on Neural Information Processing and Intelligent Information Systems

Hay G J, Castilla G. 2008. Geographic Object-Based Image Analysis (GEOBIA): A new name for a new discipline. In: Blaschke T, Lang S, Hay G J. Object-Based Image Analysis: Spatial Concepts for Knowledge-Driven Remote Sensing Applications. Heidelberg: Springer: 75-89

Heumann B W. 2011. An object-based classification of mangroves using a hybrid decision tree—support vector machine approach. Remote Sensing, 3: 2440-2460

Herold M, Gardner M E, Roberts D A. 2003. Spectral resolution requirements for mapping urban areas. IEEE Transactions on Geoscience and Remote Sensing, 41 (9): 1907-1919

Hussain M, Chen D M, Cheng A, et al. 2013. Change detection from remotely sensed images: From pixel-based to object-based approaches. ISPRS Journal of Photogrammetry and Remote Sensing, 80: 91-106

Im J, Jensen J R, Tullis J A. 2008. Object-based change detection using correlation image analysis and image segmentation. International Journal of Remote Sensing, 29: 399-423

Jensen J R. 2005. Introductory Digital Image Processing. 3rd ed. Upper Saddle River, NJ: Pearson Prentice Hall

Jia X P. 2003. On training sample selection using gaussian maximum likelihood classification techniques for Hyperspectral remote sensing image data. Journal of Remote Sensing, 7: 160-164

Johnson B, Xie Z. 2011. Unsupervised image segmentation evaluation and refinement using a multi-scale approach. ISPRS Journal of Photogrammetry and Remote Sensing, 66 (4): 473-483

Khatami R, Mountrakis G, Stehman S V. 2016. A meta-analysis of remote sensing research on supervised pixel-based land-cover image classification processes: General guidelines for practitioners and future research. Remote Sensing of Environment, 177: 89-100

Kim M, Madden M, Warner T. 2008. Estimation of optimal image object size for the segmentation of forest stands with multispectral IKONOS imagery. In: Blaschke T, Lang S, Hay G J. Object-Based Image Analysis: Spatial Concepts for Knowledge-Driven Remote Sensing Applications. Heidelberg: Springer 291-307

Kim M, Warner T A, Madden M, et al. 2011. Multi-scale GEOBIA with very high spatial resolution digital aerial imagery: Scale, texture and image objects. International Journal of Remote Sensing, 32 (10): 2825-2850

Laliberte A S, Browning D M, Rango A. 2012. A comparison of three feature selection methods for object-based classification of sub-decimeter resolution UltraCam-L imagery. International Journal of Applied Earth Observation and Geoinformation, 15: 70-78

Laliberte A S, Herrick J E, Rango A, et al. 2010. Acquisition, orthorectification, and object-based classification of Unmanned Aerial Vehicle (UAV) imagery for rangeland monitoring. Photogrammetric Engineering and Remote Sensing, 76 (6): 661-672

Laliberte A S, Koppa J S, Fredrickson E L, et al. 2006. Comparison of nearest neighbor and rule-based decision tree classification in an object-oriented environment. Denver: IEEE international Geoscience and Remote Sensing Symposium Proceedings

Laliberte A S, Rango A. 2011. Image processing and classification procedures for analysis of sub-decimeter imagery acquired with an unmanned aircraft over arid rangelands. GIScience and Remote Sensing, 48(1): 4-24

Laliberte A S, Rango A. 2009. Texture and scale in Object-based analysis of subdecimeter resolution Unmanned Aerial Vehicle(UAV)imagery. IEEE Transactions on Geoscience and Remote Sensing, 47(3): 761-770

Lang S, Albrecht F, Kienberger S, et al. 2010. Object validity for operational tasks in a policy context. Journal for Spatial Science, 55(1): 9-22

Lein J K. 2012. Object-Based Analysis, Environmental Sensing: Analytical Techniques for Earth Observation. London: Springer: 259-278

Li M, Ma L, Blaschke T, et al. 2016. A systematic comparison of different object-based classification techniques using high spatial resolution imagery in agricultural environments. International Journal of Applied Earth Observation and Geoinformation, 49: 87-98

Linke J, McDermid G J. 2012. Monitoring landscape change in multi-use west-central Alberta, Canada using the disturbance-inventory framework. Remote Sensing of Environment, 125: 112-124

Listner C, Niemeyer I. 2011. Recent advances in object-based change detection. Vancouver: IEEE International Geoscience and Remote Sensing Symposium(IGARSS): 110-113

Liu D, Xia F. 2010. Assessing object-based classification: Advantages and limitations. Remote Sensing Letters, 1(4): 187-194

Liu Y X, Li M C, Chen Z J, et al. 2008. High quality prime farmland extraction pattern based on object-oriented image analysis. Canterbury Geoinformatics 2008 and Joint Conference on GIS and Built Environment: Classification of Remote Sensing Images: 71470-71471

Liu Y X, Li M C, Mao L, et al. 2006. Review of remotely sensed imagery classification patterns based on object-oriented image analysis. Chinese Geographical Science, 16(3): 282-288

Lu D, Mausel P, Brondízio E, et al. 2004. Change detection techniques. International Journal of Remote Sensing, 25(12): 2365-2407

Lu P, Stumpf A, Kerle N, et al. 2011. Object-Oriented change detection for landslide rapid mapping. IEEE Geoscience and Remote Sensing Letters, 8: 701-705

Lu S, Oki K, Shimizu Y, et al. 2007. Comparison between several feature extraction/classification methods for mapping complicated agricultural land use patches using airborne hyperspectral data. International Journal of Remote Sensing, 28: 963-984

Lucieer V, Hilla N A, Barretta N S, et al. 2013. Do marine substrates 'look' and 'sound' the same? Supervised classification of multibeam acoustic data using autonomous underwater vehicle images. Estuarine, Coastal and Shelf Science, 117: 94-106

Lunetta R S, Knight J F, Ediriwickrema J, et al. 2006. Land-cover change detection using multi-temporal MODIS NDVI data. Remote Sensing of Environment, 105: 142-154

Ma L, Cheng L, Li M, et al. 2015. Training set size, scale, and features in Geographic Object-Based Image Analysis of very high resolution unmanned aerial vehicle imagery. ISPRS Journal of Photogrammetry and Remote Sensing, 102: 14-27

Ma L, Li M C, Tong L H, et al. 2013. Using unmanned aerial vehicle for remote sensing application. Kaifeng: 2013 21st International Conference on Geoinformatics: 1-5

MacLean M G, Congalton R G. 2012. Map accuracy assessment issues when using an object-oriented approach. California: ASPRS 2012 Annual Conference Sacramento: 19-23

Mallinis G, Koutsias N, Tsakiri-Strati M, et al. 2008. Object-based classification using Quickbird imagery for delineating forest vegetation polygons in a Mediterranean test site. ISPRS Journal of Photogrammetry and Remote Sensing, 63(2): 237- 250

Martha T R, Kerle N, van Westen C J, et al. 2011. Segment optimization and data-driven thresholding for knowledge-based landslide detection by object-based image analysis. IEEE Transactions on Geoscience and Remote Sensing, 49: 4928-4943

Mather P M. 1999. Computer Processing of Remotely-Sensed Images: An Introduction.2nd ed. Chichester: Wiley

McDermid G J, Linke J, Pape A D, et al. 2008. Object-based approaches to change analysis and thematic map update: Challenges and limitations. Canadian Journal of Remote Sensing, 34(5): 462-466

Ming D, Du J, Zhang X, et al. 2013. Modified average local variance for pixel-level scale selection of multiband remote sensing images and its scale effect on image classification accuracy. Journal of Applied Remote Sensing, 7: 73565

Morgan M G, Henrion M, Small M. 1992. Uncertainty: A Guide to Dealing with Uncertainty in Quantitative Risk and Policy Analysis. Cambridge: Cambridge University Press

Mountrakis G, Im J, Ogole C. 2011. Support vector machines in remote sensing: A review. ISPRS Journal of Photogrammetry and Remote Sensing, 66(3): 247-259

Myint S W, Gober P, Brazel A, et al. 2011. Per-pixel vs. object-based classification of urban land cover extraction using high spatial resolution imagery. Remote Sensing of Environment, 115(5): 1145-1161

Niemeyer I, Marpu P R, Marpu P R. 2008. Change detection using object features. In: Blaschke T, Lang S, Hay G J. Object-Based Image Analysis: Spatial Concepts for Knowledge-Driven Remote Sensing Applications. Berlin Heidelberg: Springer Verlag: 185-201

Novack T, Esch T, Kux H, et al. 2011. Machine learning comparison between WorldView-2 and QuickBird-2-Simulated imagery regarding Object-Based urban land cover classification. Remote Sensing, 3(10): 2263-2282

Olofsson P, Foody G M, Stehman S V, et al. 2013. Making better use of accuracy data in land change studies: Estimating accuracy and area and quantifying uncertainty using stratified estimation. Remote Sensing of Environment, 129: 122-131

Ouyang Z, Zhang M, Xie X, et al. 2011. A comparison of pixel-based and object-oriented approaches to VHR imagery for mapping saltmarsh plants. Ecological Informatics, 6: 136-146

Pacifici F, Chini M, Emery W J. 2009. A neural network approach using multi-scale textural metrics from very high-resolution panchromatic imagery for urban land-use classification. Remote Sensing of Environment, 113(6): 1276-1292

Pal M. 2005. Random forest classifier for remote sensing classification. International Journal of Remote Sensing, 26(1): 217-222

Pal M, Foody G M. 2010. Feature selection for classification of Hyperspectral data by SVM. IEEE Transactions on Geoscience and Remote Sensing, 48(5): 2297-2307

Pal M, Mather P M. 2003. An assessment of the effectiveness of decision tree methods for land cover classification. Remote Sensing of Environment, 86(4): 554-65

Patias P, Saatsoglou-Paliadeli C, Georgoula O, et al. 2007. Photogrammetric documentation and digital representation of the macedonian palace in Vergina-Aegeae. Athens: CIPA, XXI International CIPA Symposium

Powers R P, Hay G J, Chen G. 2012. How wetland type and area differ through scale: A GEOBIA case study in Alberta's Boreal Plains. Remote Sensing of Environment, 117(15): 135-145

Primicerio J, Di Gennaro S F, Fiorillo E, et al. 2012. A flexible unmanned aerial vehicle for precision agriculture. Precision Agriculture, 13(4): 517-523

Pu R, Landry S. 2012. A comparative analysis of high spatial resolution IKONOS and WorldView-2 imagery for mapping urban tree species. Remote Sensing of Environment, 124: 516-533

Puissant A, Rougier S, Stumpf A E. 2014. Object-oriented mapping of urban trees using Random Forest classifiers. International Journal of Applied Earth Observation and Geoinformation, 26: 235-245

Qin Y, Niu Z, Chen F, et al. 2013. Object-based land cover change detection for cross-sensor images. International Journal of Remote Sensing, 34: 6723-6737

Radoux J, Bogaert P. 2014. Accounting for the area of polygon sampling units for the prediction of primary accuracy assessment indices. Remote Sensing of Environment, 142: 9-19

Radoux J, Bogaert P, Fasbender D, et al. 2011. Thematic accuracy assessment of geographic object-based image classification. International Journal of Geographical Information Science, 25(6): 895-911

Rasi R, Beuchle R, Bodart C, et al. 2013. Automatic updating of an object-based tropical forest cover classification and change assessment. IEEE Journal of Selected Topics in Applied Earth Observations and Remote Sensing, 6: 66-73

Rodriguez-Galiano V F, Ghimire B, Rogan J, et al. 2012. An assessment of the effectiveness of a random forest classifier for land-cover classification. ISPRS Journal of Photogrammetry and Remote Sensing, 67: 93-104.

Rogan J, Franklin J, Stow D, et al. 2008. Mapping land-cover modifications over large areas: A comparison of machine learning algorithms. Remote Sensing of Environment, 112(5): 2272-2283

Salmon B P, Olivier J C, Wessels K J, et al. 2011. Unsupervised land cover change detection: Meaningful sequential time series analysis. IEEE Journal of Selected Topics in Applied Earth Observations and Remote Sensing, 4: 327-335

Sebari I, He D. 2013. Automatic fuzzy object-based analysis of VHSR images for urban objects extraction. ISPRS Journal of Photogrammetry and Remote Sensing, 79: 171-184

Shan J, Lee S D. 2005. Quality of building extraction from IKONOS imagery. Journal of Surveying Engineering, 31(1): 27-32

Shao Y, Lunetta R S. 2012. Comparison of support vector machine, neural network, and CART algorithms for the land-cover classification using limited training data points. ISPRS Journal of Photogrammetry and Remote Sensing, 70: 78-87

Shen J, Liu J P, Lin X G, et al. 2011. Cropland extraction from very high spatial resolution satellite imagery by object-based classification using improved mean shift and one-class support vector machines. Sensor Letters, 9(3): 997-1005

Shruthi R B V, Kerle N, Jetten V, et al. 2014. Object-based gully system prediction from medium resolution imagery using Random Forests. Geomorphology, 216: 283-294

Singh A. 1989. Digital change detection techniques using remotely-sensed data. International Journal of Remote Sensing, 10: 989-1003

Smith A. 2010. Image segmentation scale parameter optimization and land cover classification using the Random Forest algorithm. Journal of Spatial Science, 55(1): 69-79

Stavrakoudis D G, Galidaki G N, Gitas I Z, et al. 2012. A genetic fuzzy-rule-based classifier for land cover classification from hyperspectral imagery. IEEE Transactions on Geoscience and Remote Sensing, 50(1): 130-148

Stehman S V, Wickham J D. 2011. Pixels, blocks of pixels, and polygons: Choosing a spatial unit for thematic accuracy assessment. Remote Sensing of Environment, 115(12): 3044-3055

Stow D, Hamada Y, Coulter L, et al. 2008. Monitoring shrubland habitat changes through object-based change identification with airborne multispectral imagery. Remote Sensing of Environment, 112(3): 1051-1061

Stumpf A, Kerle N. 2011. Object-oriented mapping of landslides using Random Forests. Remote Sensing of

Environment, 115(10): 2564-2577

Sugiura R, Noguchi N, Ishii K. 2005. Remote-sensing technology for vegetation monitoring using an unmanned helicopter. Biosystems Engineering, 90(4): 369-379

Sun X D, Xu H Q. 2009. Comer extraction algorithm for high-resolution imagery of agricultural land. Transactions of the CSAE, 25(10): 235-241

Tewkesbury A P, Comber A J, Tate N J, et al. 2015. A critical synthesis of remotely sensed optical image change detection techniques. Remote Sensing of Environment, 160:1-14

Tiede D, Lang S, Albrecht F, et al. 2010. Object-based class modeling for cadastre constrained delineation of geo-objects. Photogrammetric Engineering and Remote Sensing, 76(2): 193-202

Tsai Y H, Stow D, Weeks J. 2011. Comparison of object-based image analysis approaches to mapping new buildings in Accra, Ghana using multi-temporal QuickBird satellite imagery. Remote Sensing, 3(12): 2707-2726

Tso B, Mather P. 2009. Classification Methods for Remotely Sensed Data. 2nd ed. London: CRC Press: 356

van Coillie F, Verbeke L, De Wulf R R. 2007. Feature selection by genetic algorithms in object-based classification of IKONOS imagery for forest mapping in Flanders, Belgium. Remote Sensing of Environment, 110(4): 476-487

Van Niel T G, McVicar T R, Datt B. 2005. On the relationship between training sample size and data dimensionality: Monte Carlo analysis of broadband multi-temporal classification. Remote Sensing of Environment, 98(4): 468-480

Volpi M, Tuia D, Bovolo F, et al. 2013. Supervised change detection in VHR images using contextual information and support vector machines. International Journal of Applied Earth Observation and Geoinformation, 20: 77-85

Wang F J. 1990. Fuzzy supervised classification of remote sensing images. IEEE Transactions on Geoscience and Remote Sensing, 28(2): 194-201

Whiteside T G, Maier S W, Boggs G S. 2014. Area-based and location-based validation of classified image objects. International Journal of Applied Earth Observation and Geoinformation, 28: 117-130

Witharana C, Civco D L, Meyer T H. 2014. Evaluation of data fusion and image segmentation in earth observation based rapid mapping workflows. ISPRS Journal of Photogrammetry and Remote Sensing, 87: 1-18

Witharana C, Civco D L. 2014. Optimizing multi-resolution segmentation scale using empirical methods: Exploring the sensitivity of the supervised discrepancy measure Euclidean distance 2(ED2). ISPRS Journal of Photogrammetry and Remote Sensing, 87: 108-121

Xu L L, Li J, Brenning A. 2014. A comparative study of different classification techniques for marine oil spill identification using RADARSAT-1 imagery. Remote Sensing of Environment, 141: 14-23

Yan G, Mas J F, Maathuis B H P, et al. 2006. Comparison of pixel-based and object-oriented image classification approaches-A case study in a coal fire area, Wuda, Inner Mongolia, China. International Journal of Remote Sensing, 27: 4039-4055

Yang J, Li P J, He Y H. 2014. A multi-band approach to unsupervised scale parameter selection for multi-scale image segmentation. ISPRS Journal of Photogrammetry and Remote Sensing, 94: 13-24

Yang Q Q, Kang W X. 2009. General research on image segmentation algorithms. International Journal of Image, Graphics and Signal Processing, 1(1): 1-8

Yang X T, Liu H, Gao X. 2015. Land cover changed object detection in remote sensing data with medium spatial resolution. International Journal of Applied Earth Observation and Geoinformation, 38: 129-137

Yue A Z, Zhang C, Yang J Y, et al. 2013. Texture extraction for object-oriented classification of high spatial resolution remotely sensed images using a semivariogram. International Journal of Remote Sensing, 34: 3736-3759

Zhang C. 2015. Applying data fusion techniques for benthic habitat mapping and monitoring in a coral reef ecosystem. ISPRS Journal of Photogrammetry and Remote Sensing, 104: 213-223

Zhang C, Selch D, Xie Z, et al. 2013a. Object-based benthic habitat mapping in the Florida Keys from hyperspectral imagery. Estuarine, Coastal and Shelf Science, 134: 88-97

Zhang C H, Kovacs J M. 2012. The application of small unmanned aerial systems for precision agriculture: A review. Precision Agriculture, 13(6): 693-712

Zhang H, Fritts J, Goldman S. 2008. Image segmentation evaluation: A survey of unsupervised methods. Computer Vision and Image Understanding, 110(2): 260-280

Zhang X L, Feng X Z, Xiao P F, et al. 2015. Segmentation quality evaluation using region-based precision and recall measures for remote sensing images. ISPRS Journal of Photogrammetry and Remote Sensing, 102: 73-84

Zhang X L, Xiao P F, Song X Q, et al. 2013b. Boundary-constrained multi-scale segmentation method for remote sensing images. ISPRS Journal of Photogrammetry and Remote Sensing, 78: 15-25

Zhen Z, Quackenbush L J, Stehman S V, et al. 2013. Impact of training and validation sample selection on classification accuracy and accuracy assessment when using reference polygons in object-based classification. International Journal of Remote Sensing, 34(19): 6914-6930

第 2 章　多尺度分割不确定性与分割优化

分割是面向对象遥感影像分析的前提,而分割尺度是 OBIA 的重要影响因子,几乎影响着 OBIA 的每一个阶段。所以,在讨论 OBIA 的不确定性问题之前,本章首先讨论多尺度分割的不确定性,测试不同分割结果评估指标的敏感性,并验证不同分割尺度的分割结果的质量。首先,介绍了本书研究涉及的研究区和数据集。其次,评估衡量分割对象内部一致性(面积加权平均方差)和对象间空间自相关性(Moran's I 和 Geary's C)的指标在不同分割结果下的表现。再次,基于一致性和自相关指标提出一种自顶向下的对象分解方案,使分割对象能够与不同地物的对象重合。最后,利用基于面积的方法计算查准率(Precision)和查全率(Recall)指标,评估多尺度分割结果的质量,同时,验证提出方法的优化分割结果。

2.1　研究区与数据集介绍

开展多尺度分割不确定性与尺度优化研究前,首先介绍本书的研究区与数据集。研究区包括两个,分别为位于四川省的德阳市和江苏省的常州市。德阳市位于成都平原东北部的丘陵地带,分布着大量耕地、林地、农村建筑等(图 2.1),用其开展面向对象遥感影像分类不确定性研究和分类方法研究。常州市为长江三角洲快速发展的城市,土地利用或覆盖类型变化较快,选择该区域进行面向对象的变化检测不确定性研究(图 2.1)。

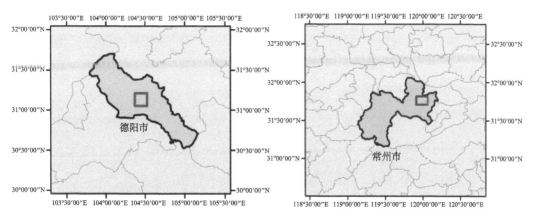

图 2.1　研究区位置

2.1.1　分类研究数据集

2011 年 8 月,我们用固定翼无人机搭载 Canon EOS 5D Mark II 数字相机,以航向 80%和旁向 60%的重叠率以及 750m 的平均航高,在德阳实验区,采集了德阳市建成区及郊区共 400km² 的原始影像数据。单幅影像的大小为 5616 像素×3744 像素，空间分辨率为 0.2m，结果每张影像的实际覆盖范围为 1123m×748m。相机的焦距为 24.5988m，像素大小为 0.0064mm。完成外业影像采集工作后，首先采集外业控制点，航带间隔航带采集一个控制点，航带内一般 3～5 张相片采集一个控制点，随后通过数字摄影测量技术，完成 0.2m 分辨率的数字正射影像（digital orthophoto map, DOM）的制作，并输出 500m×500m 的标准图幅。

研究选取两个标准图幅（500m×500m）的无人机 DOM，包括实验区 1 与实验区 2（图 2.2），这两景实验影像将用于第 2～第 5 章的研究。两景实验影像的地物面积比例不同，实验区 1 影像主要覆盖耕地（38%）、林地（43%）、建筑（6%）、裸地（5%）、道路（2%）。实验区 2 影像主要覆盖耕地（45%）、林地（37%）、建筑（4%）、水体（5%）、道路（1%）。由于两景影像的道路覆盖比例都很小，为了保证分类有足够样本，实验不对道路分类，主要考虑耕地、林地、建筑、裸地与水体。

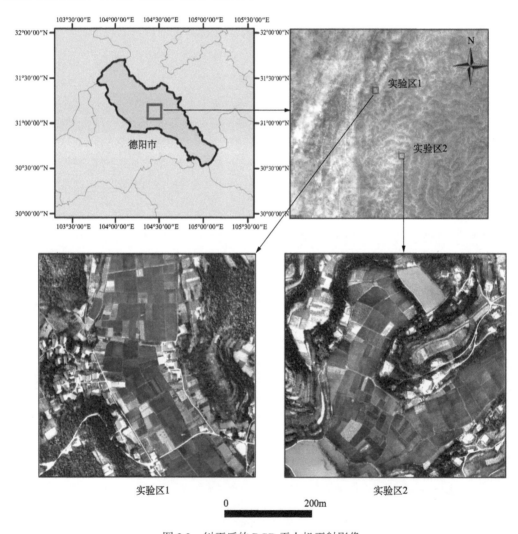

图 2.2 纠正后的 RGB 无人机正射影像

2.1.2 变化检测数据集

变化检测研究采用两个时相的 Level-2A 级 WV2 四波段捆绑数据，数据获取时间分别为 2009 年 12 月 31 日和 2013 年 12 月 12 日。影像由 4 个分辨率为 2m 的多光谱波段(红、蓝、绿、近红外)，以及一个分辨率为 0.5m 的全色波段组成。研究选择两个变化较大的区域作为测试数据集，范围分别为 1km² 左右，如图 2.3 所示，图中展示的实验区 1 与实验区 2 影像是 2009 年两个研究区域的情况。该数据集用在第 6 章面向对象变化检测不确定性研究中，后面的研究中也将详细介绍该数据集的预处理情况。

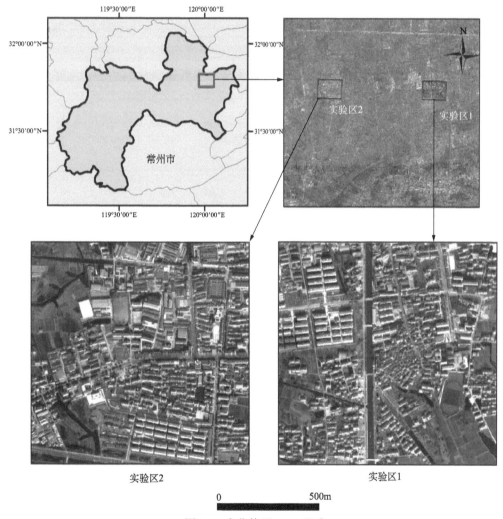

图 2.3 变化检测 WV2 影像

2.2 多尺度分割

遥感影像分割是面向对象信息提取的基础和关键，分割的结果直接关系到后续信息提取结果的精度。所以这部分首先开展多尺度分割的不确定性与尺度优化研究。多尺度分割是当前流行的遥感影像分割算法之一，实际中已得到广泛应用(Neubert et al., 2008; Laliberte and Rango, 2009; Dronova et al., 2012)。所以，本书的所有研究都基于多尺度分割。多尺度分割方法实质上是基于区域融合的技术，它是一种从像素层次开始自底向上的区域融合过程，影像对象逐层融合进入大的影像对象，产生不同分割尺度下的分割结果，且融合后的图层中所有影像对象的光谱平均异质性明显增强。为达到这个目的，每一次单个融合过程必须使得参加融合的两个相邻对象的异质性最小(Baatz and Schäpe, 2000)，使得融合后的对象的异质性相对于原来两个影像对象的面积加权异质性测度的增加量 h_{diff} 最小。然而，异质性的增强 h_{diff} 必须小于一定的阈值(由尺度参数控制)，如果 h_{diff} 小于该阈值，那么融合，反之，则不融合(Benz et al., 2004)。在商业软件 eCognition 中(本书将主要使用该软件实现多尺度分割)，异质性通过考虑光谱和形状特征计算，计算公式为 $f = w_{\mathrm{color}} \cdot \Delta h_{\mathrm{color}} + w_{\mathrm{shape}} \cdot \Delta h_{\mathrm{shape}}$，其中 $w_{\mathrm{color}} \in [0,1]$，$w_{\mathrm{shape}} \in [0,1]$，两者为权重参数，且 $w_{\mathrm{color}} + w_{\mathrm{shape}} = 1$。更详细地，$\Delta h_{\mathrm{shape}}$ 代表分割对象的形状改进测度，由光滑度和紧致度测量，计算公式为 $\Delta h_{\mathrm{shape}} = w_{\mathrm{compt}} \cdot \Delta h_{\mathrm{compt}} + w_{\mathrm{smooth}} \cdot \Delta h_{\mathrm{smooth}}$，其中 $w_{\mathrm{compt}} \in [0,1]$，$w_{\mathrm{smooth}} \in [0,1]$，两者为权重参数，$w_{\mathrm{compt}} + w_{\mathrm{smooth}} = 1$。具体的 $\Delta h_{\mathrm{color}}$ 和 $\Delta h_{\mathrm{shape}}$ 计算公式请参见 Benz 等(2004)。

综上所述，分割参数主要包括尺度参数，以及 $w_{\mathrm{color}}/w_{\mathrm{shape}}$ 和 $w_{\mathrm{compt}}/w_{\mathrm{smooth}}$ 两组参数。一般地，分割尺度参数是导致分割结果变化的最大不确定性因素，所以，本章利用参考数据，主要开展不同分割尺度下的分割结果质量评估，并测试两种分割结果评估指标(包括内部一致性测度和空间自相关指标)的敏感性，另外，基于多尺度分割结果，提出一种自顶向下的对象分解策略。对于多尺度分割，在每个分割尺度上，设置固定的 $w_{\mathrm{color}}/w_{\mathrm{shape}}$ 和 $w_{\mathrm{compt}}/w_{\mathrm{smooth}}$ 参数，分别为 0.9/0.1 和 0.5/0.5。其中 0.9 的光谱权重参数使得光谱信息在分割过程中保持最重要的角色。为了使得分割在光滑度和紧致度之间没有任何偏向，将其权重参数设置为 0.5。另外，将所有参与分割的波段权重都设置为 1。

2.3　分割结果评估指标

2.3.1　内部一致性测度

多尺度分割方法实质上属于基于区域融合/区域生长的技术(Baatz and Schäpe, 2000)，而这种方法往往对融合条件阈值敏感，人工确定的阈值一般存在误差。所以，本章首先测试不同指标对分割结果的敏感性，主要包括两类指标，对象内部一致性指标和对象间的异质性指标，而最好的分割结果应该使得一致性指标最大，异质性指标最小(空间自相关值小)(Espindola et al., 2006)。当前，为了评估分割结果中的对象一致性，很多关于尺度优化的研究都倾向于面积加权平均方差或局部方差，其方程能够表示为(Espindola et al., 2006)

$$v = \frac{\sum_{i=1}^{n} a_i \cdot v_i}{\sum_{i=1}^{n} a_i} \tag{2.1}$$

式中，v_i 表示第 i 个分割对象的方差；a_i 表示第 i 个分割对象的面积；v 表示所有分割对象内部面积加权的平均方差，该值越大，表示各对象一致性越强或总体差别越小，该值越小，说明分割的对象总体差异越大（Kim et al., 2008）。

2.3.2　对象空间自相关

一般地，最好的分割结果能够使得对象间的差异最大，对象能够很好地被区分，而异质性指标则能够表征这种差异。为了评估分割对象间的异质性，本章测试了两种异质性指标，包括 Moran's I 指标和反向 Geary's C 指标，其中 Moran's I 指标在现有的研究中使用较广泛（Espindola et al., 2006; Johnson and Xie, 2011），其主要偏向于指示全局异质性。而 Geary's C 指标使用较少，它更加侧重于表征局部异质性。

1. Moran's I 指标

$$I = \frac{n \sum_{i=1}^{n} \sum_{j=1}^{n} w_{ij} \left(y_i - \overline{y} \right) \left(y_j - \overline{y} \right)}{\left(\sum_{i=1}^{n} \left(y_i - \overline{y} \right)^2 \right) \left(\sum_{i \neq j} \sum w_{ij} \right)} \tag{2.2}$$

式中，n 表示分割对象的个数；y_i 表示第 i 个分割对象 R_i 中的所有像素的平均灰度值；$\overline{y}$ 表示整个影像所有像素的平均灰度值；w_{ij} 表示分割对象间的空间邻接矩阵，每个权重 w_{ij} 表示分割图层中分割对象 R_i 和 R_j 的邻接关系，如果对象 R_i 和 R_j 是相邻的，那么 w_{ij} 等于 1，否则等于 0。值得注意的是，该方程计算的指标都是针对单波段的，其中 I 的取值范围为[-1,1]，I 值越小，分割对象间的自相关性越小，说明对象间存在统计差异；理论上，存在极小值 I，表示较好的分割效果（Espindola et al., 2006）。

2. 反向 Geary's C 指标

Geary's C 指标值的范围为[0,2]，其中 1 表示不存在空间自相关，值小于 1 表示空间正相关，并且值越大，相关性越强，对应地，值大于 1 表示空间负相关（Geary, 1954）。所以，不难看出，Geary's C 与 Moran's I 大致呈负相关关系。为了与 Moran's I 指标一致，这里使用 Geary's C 指标的扩展——反向 Geary's C 指标（C），令 C 等于 1- Geary's C，其表达式为

$$C = 1 - \frac{(N-1) \sum_i \sum_j w_{ij} \left(X_i - X_j \right)^2}{2W \sum_i \left(X_i - \overline{X} \right)} \tag{2.3}$$

式中，N 表示参与计算的分割对象总个数，通过 i 或 j 索引；X 表示参与计算的特征变量；$\overline{X}$ 表示所有分割对象的特征变量的均值；w_{ij} 表示权重矩阵，其值为 1 或 0，1 表示第 i 个对象和第 j 个对象相邻，否则不相邻；W 表示权重矩阵 w_{ij} 的总和；反向 Geary's C 指

标 C 的取值范围为[−1,1]，其与 Moran's I 指标取值范围一致。

2.3.3　指标联合分析

一致性测度与空间自相关指标分别从不同的角度评估分割结果，这一节进一步测试两者的联合效果。为使得一致性测度与自相关测度可比，首先利用方程 $X_{norm} = (X - X_{min})/(X_{max} - X_{min})$，将一致性测度的面积加权方差指标($v$)和两个空间自相关指标分别归一化。随后，联合归一化的加权方差和空间自相关之和(以反向 Geary's C 为例，$LS = v_{norm} + C_{norm}$)，计算优化分割尺度。明显地，优化的单个分割结果应当是 LS 值较低的尺度，因为这时有最低的加权方差和空间自相关联合值，二者处于平衡状态，且二者都倾向于最优(Johnson and Xie, 2011)。然而，这样获得的尺度仅仅是在分割对象内部一致性和对象间异质性都达到最大限度平衡情况下的单个优化尺度。另外，前述的三种指标都是针对单个波段或特征变量的测度，即一次仅能计算一个波段或特征。一般地，分割过程包括多个波段，如前述实验区的无人机数据包含 RGB 三个波段。所以，为同时考虑多个波段，在计算联合值时，简单地取各波段指标的平均值。

2.4　自顶向下对象分解

不同大小的对象类型对应的最佳分割尺度不一致(Ma et al., 2015)，而通过上面的指标简单获取的尺度仅为单个优化尺度，所以分割对象有进一步优化的潜力。这里参考前述三个指标，代替计算全局指标，考虑局部空间自相关指标，提出一种自顶向下的对象分解策略，实现对不同地物类型的分割对象的优化。具体步骤为：①首先实现不同尺度的分割，如 10~300，步长为 10。然后，从尺度 300 开始，搜索尺度 300 中各对象包含的尺度 290 中的对象集 O_i，如果 O_i 的 C 指标的绝对值大于特定的阈值，那么合并集合 O 中的对象为一个对象，并保存更新尺度 290 分割对象图层，直至遍历完尺度 300 的所有对象。②随后从更新的尺度 290 开始，重复步骤①，依次遍历所有图层，直到尺度 10。该方法与 eCognition 多尺度分割策略正好相反(eCognition 软件利用邻接对象同质性测度自底向上合并对象，实现多尺度分割)，能够起到补充的作用。

2.5　分割精度验证方法

实现对分割边界的验证，一方面，验证多尺度分割结果，为后续研究做参考，另一方面，验证这里提出的方法的分割结果。利用人工解译的参考图层，结合基于面积的方法计算查准率和查全率指标，这两个指标已广泛应用于分割边界评估中(Martin et al., 2004; Reich et al., 2013)。其基本原理为，假设原始影像的一个分割结果为 S，对应的地面真实参考图层为 R，那么查准率指标表示分割结果 S 中的对象的大部分像素重叠在对应的地面参考对象中的像素或面积比例，其对过分割相对敏感。查全率指标表示真实地面对象中的大部分像素或面积重叠在分割对象中的比例，其对欠分割很敏感(Reich et al., 2013)。为更清楚地描述基于面积的查准率和查全率指标计算过程，参考 Zhang 等(2015)

的描述，计算 Precision 指标，将分割图层匹配至参考图层，并且遍历分割图层中的对象 S_i，计算每个 S_i 与参考图层重叠面积最大的参考对象 $R_{i\max}$ 的重叠面积，随后将该重叠面积之和与分割图层总面积相除，即有公式：

$$\text{Precison} = \sum_{i=1}^{n}|S_i \cap R_{i\max}| \bigg/ \sum_{i=1}^{n}|S_i| \tag{2.4}$$

式中，计算 Recall 指标，遍历参考图层中的对象 R_i，计算每个 R_i 与分割图层重叠面积最大的参考对象 $S_{i\max}$ 的重叠面积，随后将该重叠面积之和与参考图层总面积相除，即有公式：

$$\text{Recall} = \sum_{i=1}^{n}|R_i \cap S_{i\max}| \bigg/ \sum_{i=1}^{m}|R_i| \tag{2.5}$$

从两个精度指标的原理和计算过程不难看出，和一致性/异质性指标一样，两个指标在某种程度上是负相关的，很难同时使得*两个*精度指标都很大。一般地，仅能获得两个指标的平衡值，所以简单地将两个指标求和，从而衡量分割结果的总体效果，即有公式：

$$\text{Sum} = \text{Precision} + \text{Recall} \tag{2.6}$$

2.6　实　验　讨　论

2.6.1　各指标随尺度变化

1. 面积加权方差

一般地，优化尺度能够通过考虑方差和尺度的关系来测度。图 2.4 和图 2.5 分别展示了实验区 1 和实验区 2 中分割对象的三个波段的平均方差随分割尺度变化情况，即两个区域都表现出一致的趋势，随着尺度增大，分割对象的个数越来越少，对象的平均方差逐渐增大。这是容易理解的，随着分割尺度越来越大，分割对象越来越大，每个分割对象倾向于包含更大范围的影像亮度值(Kim et al., 2008)。因此，在粗糙尺度上，分割对象的平均方差一般会变大。Kim 等(2008)认为随着尺度增大，甚至达到欠分割的情况时，混合对象会包含更多本不属于一个真实对象的像素，从而会使得这些混合对象的方差降低，所以一般认为最佳的分割尺度存在于方差开始趋于平缓之前。然而，实验结果显示，除了尺度 60 附近出现不明显的拐点，从图 2.4 和图 2.5 中都很难发现平缓变化区域，相反，方差随尺度的增大而增大，几乎保持一致的增大幅度。值得一提的是，Drăguţ 等(2010)使用相似的原理发展了 ESP 尺度优化工具，该方法综合使用方差变化率曲线与方差变化曲线识别最优分割尺度。这在方差随尺度变化的幅度并不是很明显的情况下，并不是最好的选择。

2. Moran's I

图 2.6 和图 2.7 显示 Moran's I 平均值随着尺度从精细尺度增大到粗糙尺度而不断减小。对于精细尺度，一般倾向于过度分割，即相邻的分割对象间更加相似，导致 Moran's I 平均值较大，即对象间自相关性更强。相反，尺度增大导致欠分割，分割对象变大，

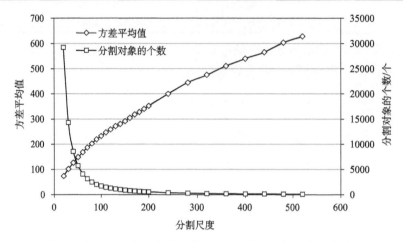

图 2.4 实验区 1 中三个波段的方差平均值随分割尺度变化情况

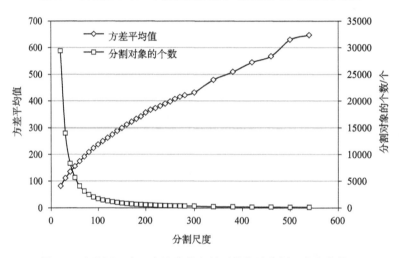

图 2.5 实验区 2 中三个波段的方差平均值随分割尺度变化情况

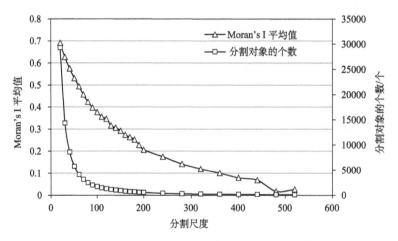

图 2.6 实验区 1 中三个波段的 Moran's I 平均值随分割尺度变化情况

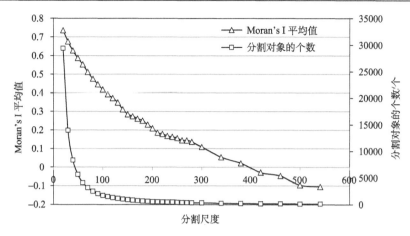

图 2.7　实验区 2 中三个波段的 Moran's I 平均值随分割尺度变化情况

相邻的分割对象差异明显，光谱一致性减弱，所以 Moran's I 平均值较小。因此，考虑自相关指标随分割尺度变化曲线，Kim 等（2008）认为最小的自相关对应着最优分割尺度。然而，实验结果显示（图 2.6 和图 2.7），两个实验区的自相关性随着尺度增大不断减弱，仅用 Moran's I 平均值也很难实现最优尺度的判断。

3. 反向 Geary's C

考虑到自相关指标 Moran's I 的变化不是很明显，笔者测试了另一个对局部异质性更加敏感的反向 Geary's C 自相关指标。图 2.8 和图 2.9 分别展示了两个实验区对应的反向 Geary's C 平均值随分割尺度的变化情况，其随着尺度增大而减小。其在最优分割尺度附近的变化更加敏感，两个实验区的反向 Geary's C 指标分别在尺度 120 和 150 附近开始变平稳，随尺度改变的幅度没有精细尺度大。根据后面实现的优化分割边界验证结果，相比于方差和 Moran's I 指标，反向 Geary's C 指标更能表征优化尺度。

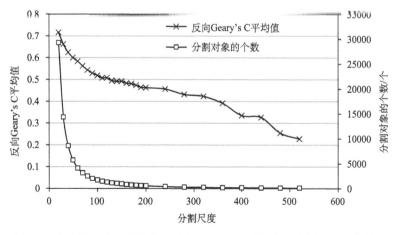

图 2.8　实验区 1 中三个波段的反向 Geary's C 平均值随分割尺度变化情况

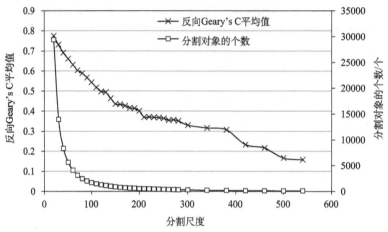

图 2.9　实验区 2 中三个波段的反向 Geary's C 平均值随分割尺度变化情况

4. 归一化联合

　　根据前文对一致性和自相关指标的测试，发现随尺度增大，表征分割对象一致性的方差指标不断增大，表征异质性的自相关指标不断减小，且很难发现开始稳定变化的区间。所以，虽然理论上能够分别单独利用两个指标进行最优分割尺度的识别，Drăguţ 等 (2010) 和 Kim 等 (2008) 也在他们的试验中利用单一指标获得了最优分割尺度，但由于单指标的不稳定变化，他们仍然只能获取局部的优化尺度。另外，通过单一指标识别的最大值或最小值，并没有对应着最优的分割尺度，因为方差达到尺度 500 后仍然增大 (图 2.4 和图 2.5)，Moran's I 和反向 Geary's C 指标达到尺度 500 仍然减小 (图 2.6～图 2.9)，而对于我们的实验区，尺度 500 甚至更大尺度明显不是最优尺度，这也能体现在后文的优化分割边界验证结果中。所以，单一指标并不适用于整体最优尺度的识别。根据前文的描述，联合二者进行优化尺度识别或许是不错的选择，实验区 1 和实验区 2 的测试结果如图 2.10～图 2.13 所示，其中图 2.10 和图 2.11 表示归一化方差 (Var) 和归一化 Moran's I 指标的和，图 2.12 和图 2.13 表示归一化方差和归一化反向 Geary's C 指标的和。结合优化分割边界验证结果 (图 2.14 和图 2.15) 容易发现，归一化方差和归一化 Moran's I 指标之和随尺度改变的曲线，更能突出最佳分割尺度，图 2.10 显示甚至在尺度 200 得到极小值，这与 Johnson 和 Xie (2011) 建议一致性与异质性指标之和对应的最低尺度为最佳尺度的思想吻合。然而，对于不同的实验区，往往不能在最佳尺度获得最低值，如图 2.11 显示实验区 2 的归一化方差和归一化 Moran's I 指标之和并没有在合适的尺度达到极小值。值得注意的是，从尺度 150～200 开始，随着尺度增大，实验区 2 的归一化方差和归一化 Moran's I 指标之和开始出现明显的缓和趋势，该区间恰好对应着实验区 2 的最佳分割尺度。对于最佳分割尺度，假设其存在于欠分割和过分割之间，所以理论上指标值应该在该分割尺度前后出现较明显的变化 (Kim et al., 2008)，但由于实验区分割地物的差异，不是一定会出现极小值，一般将归一化方差和归一化 Moran's I 指标之和出现平稳变化前的分割尺度区间作为最佳分割尺度。另外，归一化方差和归一化反向 Geary's C 指标之和在实验区 1 的效果并不好 (图 2.12)，其在较小尺度出现异常变化，这与反向 Geary's C

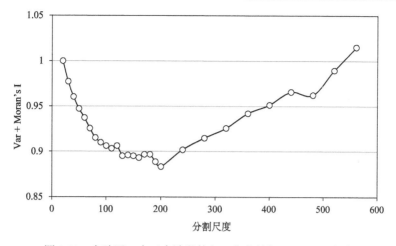

图 2.10　实验区 1 中三个波段的归一化方差与 Moran's I 之和

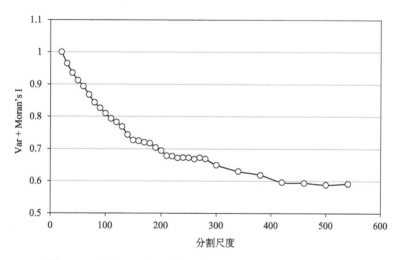

图 2.11　实验区 2 中三个波段的归一化方差与 Moran's I 之和

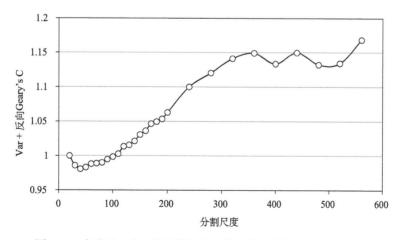

图 2.12　实验区 1 中三个波段的归一化方差与反向 Geary's C 之和

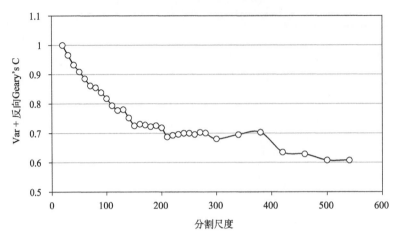

图 2.13   实验区 2 中三个波段的归一化方差与反向 Geary's C 之和

指标过度敏感有关，不推荐两者的联合，用单一指标进行最优分割尺度识别时推荐使用反向 Geary's C，尽管在实验区 2(图 2.13)两者的联合与归一化方差和归一化 Moran's I 指标之和(图 2.11)的表现相似，甚至表征的最佳分割尺度更加明显。

2.6.2   多尺度分割结果精度指标分析

本节主要是参考图斑测试分割结果，评估不同分割尺度的分割质量。同时，验证前述指标的表现，为前述指标提供可靠的参考信息，从而辅助分析哪些指标更适合表征最佳分割尺度。图 2.14 和图 2.15 展示了两个实验区的查准率和查全率指标，以及二者之和随分割尺度的变化情况。能够清晰看出，查准率随尺度增大而减小，相反，查全率随尺度增大而增大。二者之和随尺度增大而增大，且在合适的尺度范围开始变平稳。理想情况下，查准率+查全率的值越大，分割效果越好。由于两个指标分别对过分割和欠分割敏感，这种情况类似于一致性指标与自相关指标，假设取二者开始变平稳时的尺度为最佳分割尺度。所以，对于实验区 1，最佳分割尺度应该在尺度 130 附近区间，实验区 2 应该在尺度 150 附近区间，这正好也与第 3 章的分析结果相似，所以，基于面积的查准率和查全率指标联合结果能够有效指示最佳分割尺度，这也与 Zhang 等(2015)的分析结果一致。更进一步，根据一致性测度和自相关测度的联合值与查准率和查全率指标的联合值作图，能够清晰地发现一致性测度和自相关测度的联合值能表征查准率和查全率指标联合开始变平稳的区域，即一致性与自相关指标之和开始出现明显变化时对应的尺度区间，图 2.16 和图 2.17 显示了两个实验区中最好的组合，实验区 1 为归一化方差与 Moran's I 指标之和(图 2.16)，实验区 2 为归一化方差与反向 Geary's C 指标之和(图 2.17)，图中对应的红色竖线是人工识别的最佳尺度。

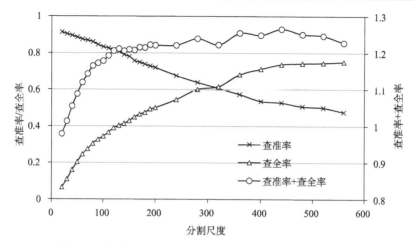

图 2.14　实验区 1 中查准率和查全率随分割尺度的变化情况

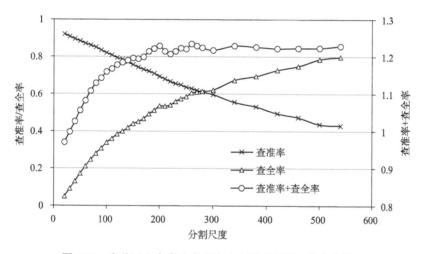

图 2.15　实验区 2 中查准率和查全率随分割尺度的变化情况

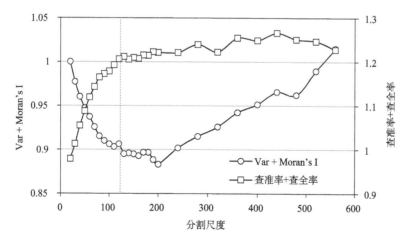

图 2.16　实验区 1 中归一化方差与 Moran's I 之和与查准率和查全率之和

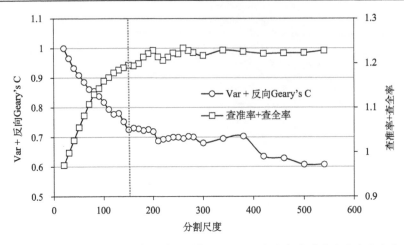

图 2.17   实验区 2 中归一化方差与反向 Geary's C 之和与查准率和查全率之和

2.6.3   基于自相关测度自顶向下分解

当前大部分尺度优化的研究都是以获取单个优化尺度为目标(Johnson and Xie, 2011; Ming et al., 2015),然而,根据 Ma 等(2015)的研究,不同地物的优化尺度并不相同,单纯依靠寻找单个优化尺度的方法本质上不符合面向对象的遥感影像分析的核心思想。这里提出一种自顶向下的多尺度分割思路,目标在于获取不同地物的优化分割结果。其中表 2.1 显示了实验区 1 中不同类别在不同尺度上对应的查准率和查全率指标之和,不同类别的最大或局部极大值并不一定出现在总体最佳分割尺度上。这里使用反向 Geary's C 指标实现自顶向下的欠分割对象的分解,反向 Geary's C 指标为 1 时表示对象存在正自相关,由于自顶向下分解的各层分割对象都是利用邻近对象的一致性判断自底向上融合得到,所以,对象间上层对象包含的下层对象集一般存在较高自相关性。通过测试可知,实验区中上层对象包含的下层对象集的局部反向 Geary's C 指标都较大,接近 1,所以这里测试的阈值包括 0.999、0.997、0.995,若计算的上层对象包含的下层对象间的反向 Geary's C 指标小于该值,则打碎上层对象,即保存上层对象包含的下层对象集。图 2.18 展示了实验区 1 在阈值 0.999 下,从分割尺度 320 到尺度 50 的逐层分解结果,能够看出,其不仅保留了耕地和建筑物的整体特征,更细化了林地的分割。特别地,提出的方法能够更好地表达建筑物,其中图 2.18(a)和图 2.18(b)分别显示了自顶向下的分解结果和最佳分割尺度 130 的结果,图 2.18(c)和图 2.18(d)分别显示了最佳分割尺度 130 的结果和自顶向下的分解结果。通过实验发现,这种方法能够弥补多尺度分割自底向上的仅考虑邻接对象一致性进行融合的缺陷。

表 2.1   实验区 1 对应各尺度上的各类别的查准率和查全率指标之和

尺度	林地	道路	耕地	建筑物	裸地
520	1.434	1.194	1.234	1.242	1.617
480	1.437	1.196	1.236	1.267	1.614
440	**1.443**	1.181	1.259	1.316	1.641

续表

尺度	林地	道路	耕地	建筑物	裸地
400	1.398	**1.200**	1.265	1.338	1.670
360	1.353	1.145	1.329	1.345	1.686
320	1.251	1.140	1.358	1.367	**1.705**
280	1.261	1.154	1.383	1.401	1.702
240	1.216	1.127	1.395	1.409	1.683
200	1.153	1.119	1.456	1.448	1.667
190	1.151	1.131	1.456	**1.459**	1.664
180	1.129	1.127	1.461	1.447	1.659
170	1.122	1.127	1.471	1.430	1.642
160	1.103	1.128	1.466	1.439	1.646
150	1.093	1.132	1.483	1.440	1.634
140	1.081	1.134	1.482	1.446	1.621
130	*1.078*	*1.136*	*1.501*	*1.452*	*1.592*
120	1.073	1.125	1.493	1.451	1.583
110	1.062	1.152	1.471	1.440	1.583
100	1.054	1.151	1.449	1.431	1.526
90	1.044	1.142	1.444	1.421	1.532
80	1.041	1.142	1.425	1.414	1.513
70	1.036	1.133	1.381	1.392	1.454
60	1.026	1.126	1.341	1.375	1.408
50	1.021	1.112	1.278	1.341	1.350
40	1.017	1.107	1.206	1.320	1.285
30	1.012	1.095	1.123	1.284	1.190
20	1.005	1.054	1.055	1.239	1.121

注：斜体表示总体最佳分割尺度下不同类别对应的查准率和查全率指标和，这里表示总体最佳分割尺度为 130，而不同类别上的黑体值表示不同类别的查准率和查全率之和的最大值或局部极大值，其指示着不同类别对应的最佳分割尺度

2.6.4　单尺度与多尺度分解结果比较

假设实验区 1 最优分割尺度为 130，那么对应的各类别的查准率和查全率指标如表 2.2 所示，其显示了利用阈值为 0.999 时从尺度 320 逐层分解到尺度 50 得到的分割结果进行精度验证得到各类别的查准率和查全率指标之和，以及其与前面判断的最佳分割尺度 130 的精度比较。能够看出，这种方法使得林地、道路和耕地的查准率和查全率精度之和比识别的单个最优尺度差，但是很大程度上提高了建筑物的分割精度（图 2.18），同时最大限度地保留了裸地的分割特性，二者的查准率和查全率精度之和都优于尺度 130。能够看出，提出的方法能够有效改进城区或一致性较高的区域的分割效果（例如建筑和裸地），然而却对林地或耕地等光谱相似的区域效果并不好，所以，应当选择性地使用该方法，例如对于城区或一致性区域占统治地位的研究区，该方法适用。

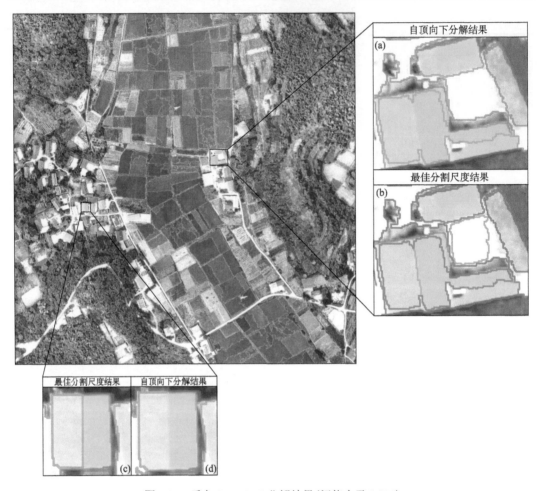

图 2.18　反向 Geary's C 分解结果（阈值小于 0.999）

表 2.2　实验区 1 对应的最佳尺度上的各类别的查准率和查全率指标之和

不同方法	林地	道路	耕地	建筑物	裸地
最佳尺度	1.078	1.136	1.501	1.452	1.592
分解结果	1.060	1.124	1.436	1.478	1.678

2.7　本 章 小 结

　　本章评估多尺度分割质量，测试不同分割质量评估指标的敏感性，并提出一种分割尺度优化方案。利用对象的一致性测度和异质性测度，测试不同指标在多尺度分割结果评估中的敏感性，实验发现，单个指标较难发现优化尺度，联合面积加权方差（一致性）和 Moran'I 空间自相关指标（异质性），能够同时考虑对象内部的一致性与对象之间的异质性，使得优化的分割对象内部达到最大同质性和对象之间达到最大异质性，更有利于发现优化分割尺度。对于归一化联合指标，归一化方差和归一化 Moran's I 的联合效果优于归一化方差和归一化反向 Geary's C 的效果。通过联合归一化查准率和归一化查全率指标，也发现实验区 1 与实验区 2 的最佳分割尺度区间。相比于其他指标，反向 Geary's C 指标对分割尺度更加敏感，提出的自顶向下的对象分解方案能够改进不同地物的分割结果。然而，对光谱一致性较低的林地或耕地效果不好，所以，在当前的研究结论支持下，建议选择性地采用该方法。

参 考 文 献

Baatz M, Schäpe M. 2000. Multiresolution segmentation-an optimization approach for high quality multi-scale image segmentation. In: Strobl J, Blaschke T, Griesebner G. Angewandte Geographische InformationsVerarbeitung XII. Karlsruhe: Wichmann Verlag: 12-23

Benz U C, Hofmann P, Willhauck G, et al. 2004. Multi-resolution, object-oriented fuzzy analysis of remote sensing data for GIS-ready information. ISPRS Journal of Photogrammetry and Remote Sensing, 58: 239-258

Drăguţ L, Tiede D, Levick S. 2010. ESP: a tool to estimate scale parameters for multiresolution image segmentation of remotely sensed data. International Journal of Geographical Information Science, 24(6): 859-871

Dronova I, Gong P, Clinton N E, et al. 2012. Landscape analysis of wetland plant functional types: The effects of image segmentation scale, vegetation classes and classification methods. Remote Sensing of Environment, 127: 357-369

Espindola G M, Camara G, Reis I A, et al. 2006. Parameter selection for region-growing image segmentation algorithms using spatial autocorrelation. International Journal of Remote Sensing, 27: 3035-3040

Geary R C. 1954. The contiguity ratio and statistical mapping. The Incorporated Statistician (The Incorporated Statistician), 5(3): 115-145

Johnson B, Xie Z. 2011. Unsupervised image segmentation evaluation and refinement using a multi-scale approach. ISPRS Journal of Photogrammetry and Remote Sensing, 66(4): 473-483

Kim M, Madden M, Warner T. 2008. Estimation of optimal image object size for the segmentation of forest stands with multispectral IKONOS imagery. In: Blaschke T, Lang S, Hay G J. Object-Based Image Analysis: Spatial Concepts for Knowledge-Driven Remote Sensing Applications. Heidelberg: Springer: 291-307

Laliberte A S, Rango A. 2009. Texture and scale in Object-based analysis of subdecimeter resolution Unmanned Aerial Vehicle (UAV) imagery. IEEE Transactions on Geoscience and Remote Sensing, 47(3): 761-770

Ma L, Cheng L, Li M, et al. 2015. Training set size, scale, and features in Geographic Object-Based Image Analysis of very high resolution unmanned aerial vehicle imagery. ISPRS Journal of Photogrammetry and Remote Sensing, 102: 14-27

Martin D, Fowlkes C, Malik J. 2004. Learning to detect natural image boundaries using local brightness, color, and texture cues. IEEE Transactions on Pattern Analysis and Machine Intelligence, 26(5): 530-549

Ming D P, Li J, Wang J Y, et al. 2015. Scale parameter selection by spatial statistics for GeOBIA: Using mean-shift based multi-scale segmentation as an example. ISPRS Journal of Photogrammetry and Remote Sensing, 106: 28-41

Neubert M, Herold H, Meinel G. 2008. Assessing image segmentation quality—concepts, methods and application. In: Blaschke T, Hay G, Lang S. Object-Based Image Analysis: Spatial Concepts for Knowledge-Driven Remote Sensing Applications. Lecture Notes in Geoinformation and Cartography 18. Berlin: Springer: 769-784

Reich S, Abramov A, Papon J. 2013. A novel real-time edge-preserving smoothing filter. Barcelona: Proceedings of the International Conference on Computer Vision Theory and Applications: 1-11

Zhang X L, Feng X Z, Xiao P F, et al. 2015. Segmentation quality evaluation using region-based precision and recall measures for remote sensing images. ISPRS Journal of Photogrammetry and Remote Sensing, 102: 73-84

第3章 面向对象的特征与尺度效应分析

OBIA 作为一种新的遥感影像处理范式受到广泛关注，与基于像素的方法不一样，其最小处理单元从像素变成分割对象，具有很大不确定性，所以产生了诸多问题，例如什么分割尺度最合适，怎样采样最合适，传统精度评价方法是否合适，分类精度对尺度的响应机制怎样，不同尺度的特征表现是否不同，研究使用高分辨率无人机遥感影像，结合人工解译技术获取样本图层，获取分析影像的先验知识，从而实现分层随机采样策略；随后利用信息增益率和相关分析方法评估不同特征在各尺度上的重要性程度，并利用 CFS 特征选择合适的方法对光谱、纹理、形状特征进行优化；利用随机森林分类算法，对分割对象进行标签；计算基于面积的分类精度；根据不同变量条件下的精度变化情况，分析训练样本大小和分割尺度对分类表现的影响；比较基于点的和基于面的精度评估方法，探索两者在面向对象精度评估中的优劣。

3.1 采样方法与训练样本评估

第 2 章已描述分割相关步骤，这里不再详细介绍多尺度分割。对于这一部分的研究，分别对尺度 10～200 执行 20 个不同的分割尺度，步长为 10，在此分割基础上开展进一步研究。另外，本章利用监督分类的精度表现来评估分割尺度效应，同时利用采样的样本对象进行特征分析。然而，采样方法和训练样本的大小直接影响监督分类的精度(Pal and Mather, 2003)。所以，这一节也将详细介绍采样方法的相关理论，目的在于选择合适的采样方法，从而使得面向对象的监督分类结果更加可靠。

3.1.1 分层随机采样

在基于像素的影像分析范式中，常用的采样单元包括单个像素、规则块和不规则面(Stehman and Wickham, 2011)。常用的采样方案包括简单随机采样、分层随机采样、系统采样和聚类采样(Congalton and Green, 2009)。在面向对象的影像分析范式中，由于处理对象的不确定性，分割对象随着分割尺度的不同，对象尺寸大小也不相同，选择合适的采样单元和采样策略更加重要，同时也是精度评估可靠性的基础。相对于像素处理单元，采样单元和采样方案对面向对象分类的精度影响更大，例如单个像素的采样单元也许不适用于面向对象的监督分类，因为由于分割对象的不确定性，单个像素所在位置的类别并不能代表其所在对象的类别。对于分割后的对象图层，Congalton 和 Green (2009)推荐将不规则面元作为采样单元。然而，不规则面元也有可能引起混淆，因为其边界不能与分割对象完全重合，导致不能以多边形为分割对象赋予正确的类别。一般地，分割对象和不规则多边形之间存在五种拓扑关系(Whiteside et al., 2014)，图 3.1 展示了一般容易导致错误标签分割对象的三种情况。鉴于此，发展一般的对象标签方法对于面向对象影像分类十分重要。其中,最简单的方法就是利用分割对象中主要的多边形面元的类别标签该分割对象(Congalton and Green, 2009)。另外,当前的 OBIA 研究,采样方案基本都采用简单随机采样(Zhen et al., 2013; Puissant et al., 2014; Whiteside et al., 2014),其对于样本集较少的类别难以保证其采样的完整性,容易导致漏分。所以,本书选择基于多边形面元的分层随机采样方法,因为这种方法对采样类别没有偏向性,能够保证每一类都有足够的样本用以训练分类模型。

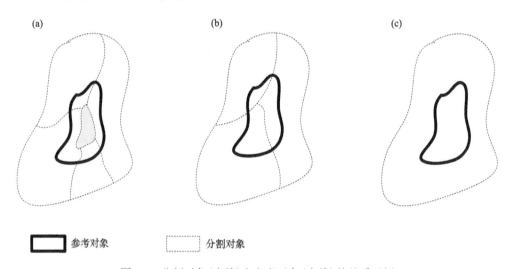

图 3.1　分割对象(虚线)和参考对象(实线)的关系示例

(a)表示分割对象全部包含于参考对象;(b)表示分割对象包含于多个参考对象;(c)表示参考对象全部包含于一个分割对象

　　本章的实验中,无人机影像分辨率达到 0.2m,为人工解译获取地面真实信息提供了条件,所以首先人工解译出实验影像,并尽量使解译对象与实际地物边界一致。随后,解译的多边形对象则成为前述提到的多边形采样单元。其次,叠合分割图层与解译的参考图层,若分割图层中的单个对象与参考图层中的某多边形重叠面积占该分割对象总面积的 60%以上,那么认为该分割对象的类别与该参考多边形类别一致。实际上,重叠率>50%时,都能保证各分割对象有且有唯一标签,这里设置 60%,是为了尽可能减少参与分类的混合对象,而又不能设置过大,导致参与分类的对象过少。根据第 5 章关于混合对象的定量评估可知,该重叠率代表着混合对象的多少,其对不同分类器的响应机制一致,这里也假设它的大小不会影响本章其他因子的评估。再次,利用上述分割对象标签规则,通过 ArcEngine 9.2 二次开发实现训练样本对象的标签,建立每个尺度的样本集。最后以被标记的分割对象作为样本集,从中分层随机抽取一定比例的样本作为训练样本。然而,这里出现一个问题,训练样本比例设置为多大才对所有的 20 个尺度都是合适的。为此,首先做了面向对象监督分类中的训练样本评估,这也是面向对象监督分类领域首次对该问题进行详细阐述。

3.1.2　训练样本评估

　　对于训练样本的选择,一般需要遵循两个原则,第一,训练样本的数量需要足够大,以能够表达不同类别的特征差异(Pal and Mather, 2003);第二,在能够达到可接受的制图精度条件下,设计一种经济廉价且节省时间的采样方案是应当重点考虑的设计因素(Rogan et al., 2008)。本章的各种分析主要针对不同尺度,而各尺度的训练集有较大差别(对象个数与平均面积等),确定一个统一具有可比性的训练集方案是后边所有研究工作的基础。所以,本节的研究又与前述学者的基于像素的训练样本大小的研究有所不同。一方面,本书针对高分辨率影像进行分类精度评价,采用面向对象技术,针对的最小单元并非像素,而是经过分割具有同质性的对象(面元)(Stehman and Wickham, 2011; Radoux and Bogaert, 2014)。另一方面,本章需要做的训练集优化并非针对同一样本集,而是针对不同尺度产生的不同的样本集,目的在于找到一个最优的训练集,其不一定使得各尺度上的分类精度达到最高,而仅需使得各尺度下的分类结果具有可比性。所以,在做特征选择、分类评价之前,首先针对获取的无人机数据,对训练样本大小进行一次评估,这不仅能对本书的研究提供更加可靠的结果,更能为高分辨率影像面向对象的训练样本集的选取提供参考。为了减小由训练集大小不同导致的不同尺度分类精度影响,保证不同尺度分割结果利用分类器达到的分类结果具有可比性。首先评估了不同分割尺度下,不同样本率作为训练集的总体精度的变化趋势,选择一个最优的比例作为每一个尺度进行训练的大小。具体做法为,利用前面描述的分层随机采样方法,分别选取已经被标记的分割图层中分割对象总数的 10%～60%,步长为 10%,作为训练集,并用所有的样本集作为验证集,计算总体分类精度。所有的 20 个尺度执行相同的操作。

3.2 特征评估与选择方法

很多研究都证明高分辨率遥感影像的纹理信息能够有效改进信息提取精度(黄昕, 2009; Laliberte and Rango, 2009)。然而,对于高分辨率影像分割对象,一方面,衍生的特征众多,包括纹理、形状、光谱等;另一方面,其中某些特征又存在很强的相关关系,例如纹理信息由光谱信息计算而来,从理论上讲,其存在很强的相关关系(Ma et al., 2015)。与高光谱遥感分析一样,容易产生维数灾难,所以本节为了深入认识分割对象的特性,不仅利用信息增益率指标分析了单个特征的重要性程度,还进行了多尺度特征分析,探索各尺度上不同特征的表现,同时利用 CFS 实现了不同尺度上的特征选择,为后续分类做准备。

3.2.1 特征计算

本章分析常用的光谱、形状和纹理特征和利用 eCognition 软件,计算每个分割对象的不同特征。其中光谱特征包括光谱均值、最大方差、光谱标准差、亮度;形状特征包括面积、紧凑度、密度、圆度、主方向、矩形拟合度、椭圆拟合度、不对称性、边界指数和形状指数;纹理特征包括根据灰度共生矩阵(gray-level co-occurrence matrix, GLCM)计算的同质性、对比度、不相似性、熵、标准差、相关性、角二阶矩、均值,以及根据归一化灰度矢量(gray level difference vector, GLDV)计算的角二阶矩、熵、均值、对比度。所有这些特征通过 eCognition 8.7 计算得到(Trimble Germany GmbH, 2011)。具体计算公式见表 3.1（Laliberte and Rango, 2009; Trimble Germany GmbH, 2011）。

表 3.1　光谱、形状和纹理特征列表

类型	对象特征名称	计算方程
光谱特征	蓝波段光谱均值(mean blue，F1) 绿波段光谱均值(mean green，F2) 红波段光谱均值(mean red，F3)	表达式：$\dfrac{1}{n}\sum\limits_{(x,y)\in P_v}C_k(x,y)$ 其中，$C_k(x,y)$ 表示像素 (x,y) 上的光谱值，(x,y) 属于对象 P_v；n 表示对象 v 的像素集合 P_v 中的像素个数；k 表示不同的光谱波段
	最大差异度量(max difference，F4)	表达式：$\dfrac{\max\limits_{i,j\in K_B}\left|\overline{c_i}(v)-\overline{c_j}(v)\right|}{\overline{c}(v)}$ 其中，$\overline{c}(v)$ 表示对象 v 的亮度；$\overline{c_i}(v)$、$\overline{c_j}(v)$ 分别表示对象 v 在 i、j 波段的光谱均值
	蓝波段标准差(standard deviation blue，F5) 绿波段标准差(standard deviation green，F6) 红波段标准差(standard deviation red，F7)	表达式：$\sqrt{\dfrac{1}{n}\left(\sum\limits_{(x,y)\in P_v}C_k^2(x,y)-\dfrac{1}{n}\sum\limits_{(x,y)\in P_v}C_k(x,y)\sum\limits_{(x,y)\in P_v}C_k(x,y)\right)}$ 其中，$C_k^2(x,y)$ 表示像素 (x,y) 的光谱值；n 表示对象 v 的像素集合 P_v 中的像素个数
	亮度(brightness，F8)	表达式：$\dfrac{1}{n_L}\sum\limits_{i=1}^{n_L}\overline{c_i}(v)$ 其中，$\overline{c_i}(v)$ 表示对象 v 在波段 i 的光谱均值；n_L 表示波段数
形状特征	面积(area，F9)	一般用对应对象 v 的像素集合 (P_v) 中的像素个数表示
	紧致度(compactness，F10)	表达式：$\dfrac{l_v\times w_v}{\#P_v}$ 其中，l_v 表示对象的最小包围矩形的长度；w_v 表示对象的最小包围矩形的宽度；$\#P_v$ 表示对象包含的像素个数
	密度(density，F11)	表达式：$\dfrac{\sqrt{\#P_v}}{1+\sqrt{\mathrm{Var}X+\mathrm{Var}Y}}$ 其中，$\sqrt{\#P_v}$ 表示对象直径；$\sqrt{\mathrm{Var}X+\mathrm{Var}Y}$ 表示对象椭圆直径。该特征描述图像对象在像素空间中的分布，对象形状越像正方形，值越大
	圆度(roundness，F12)	表达式：$\varepsilon_v^{\max}-\varepsilon_v^{\min}$ 其中，$\varepsilon_v^{\max}$ 表示最小外包椭圆的半径；$\varepsilon_v^{\min}$ 表示最大内包椭圆的半径，取值范围为 $[0,\infty]$
	主方向(main direction，F13)	表达式：$\dfrac{180°}{\pi}\tan^{-1}(\mathrm{Var}XY,\lambda_1-\mathrm{Var}Y)+90°$ 表示对象椭圆近似的长轴与竖直方向的夹角，取值范围为 $[0,180]$
	矩形拟合度(rectangular fit，F14)	表达式：A_s/A_R 其中，A_s 表示对象面积；A_R 表示该对象对应的最小外接矩形面积。该指标用于衡量对象接近矩形的程度，取值范围为 $[0,1]$
	椭圆拟合度(elliptic fit，F15)	创建与对象面积相同的椭圆，该指标即椭圆外的对象面积与椭圆内的非对象面积之比，取值范围为 $[0,1]$

续表

类型	对象特征名称	计算方程
形状特征	不对称性(asymmetry, F16)	表达式: $\dfrac{2\sqrt{\dfrac{1}{4}(\mathrm{Var}X+\mathrm{Var}Y)^2+(\mathrm{Var}XY)^2-\mathrm{Var}X\cdot\mathrm{Var}Y}}{\mathrm{Var}X+\mathrm{Var}Y}$ 该方程表达了对象近似椭圆的长轴与短轴之比,形状越狭长,不对称性越大,取值范围为[0, 1]
	边界指数(border index, F17)	表达式: $\dfrac{b_v}{2(l_v+w_v)}$ 其中,b_v 表示对象周长;l_v、w_v 分别表示该对象最小包围矩形的长和宽。对象形状越不规则,该特征值越大
	形状指数(shape index, F18)	表达式: $\dfrac{b_v}{4\sqrt{P_v}}$ 其中,b_v 表示对象周长;P_v 表示对象面积
纹理特征	灰度共生矩阵-同质性(GLCM homogeneity, F19)	表达式: $\displaystyle\sum_{i,j=0}^{N-1}\dfrac{P(i,j)}{1+(i-j)^2}$, $P(i,j)=\dfrac{C_{i,j}}{\displaystyle\sum_{i,j=0}^{N-1}C_{i,j}}$ 其中,$P(i,j)$ 表示 (i,j) 对应统计矩阵的归一化灰度值;N 表示统计矩阵的行数或列数;$C_{i,j}$ 表示统计矩阵中 (i,j) 单元的值
	灰度共生矩阵-反差性(GLCM contrast, F20)	表达式: $\displaystyle\sum_{i,j=0}^{N-1}P(i,j)(i-j)^2$, 同上
	灰度共生矩阵-差异性(GLCM dissimilarity, F21)	表达式: $\displaystyle\sum_{i,j=0}^{N-1}P(i,j)\lvert i-j\rvert$, 同上
	灰度共生矩阵-熵(GLCM entropy, F22)	表达式: $\displaystyle\sum_{i,j=0}^{N-1}P(i,j)[-\ln P(i,j)]$, 同上
	灰度共生矩阵-标准差(GLCM std. dev., F23)	表达式: $\sqrt{\sigma_i^2}=\sqrt{\displaystyle\sum_{i,j=0}^{N-1}P_{i,j}(i-\mu_i)^2}$, 其中,$\mu_i$ 表示灰度共生矩阵-均值
	灰度共生矩阵-自相关(GLCM correlation, F24)	表达式: $\displaystyle\sum_{i,j=0}^{N-1}P(i,j)\left[\dfrac{(i-\mu_i)(j-\mu_j)}{\sqrt{(\sigma_i^2)(\sigma_j^2)}}\right]$, 同上
	灰度共生矩阵-角二阶距(GLCM ang. 2nd moment, F25)	表达式: $\displaystyle\sum_{i,j=0}^{N-1}P(i,j)^2$, 同上
	灰度共生矩阵-均值(GLCM mean, F26)	表达式: $\dfrac{\displaystyle\sum_{i,j=0}^{N-1}P(i,j)}{N^2}$, 同上
	归一化灰度矢量-角二阶距(GLDV ang. 2nd moment, F27)	表达式: $\displaystyle\sum_{k=0}^{N-1}V_k^2$, 其中,$V_k$ 表示归一化 GLDV,$k=\lvert i-j\rvert$
	归一化灰度矢量-熵(GLDV entropy, F28)	表达式: $\displaystyle\sum_{k=0}^{N-1}V_k(-\ln V_k)$, 同上
	归一化灰度矢量-均值(GLDV mean, F29)	表达式: $\displaystyle\sum_{k=0}^{N-1}k(V_k)$, 同上
	归一化灰度矢量-反差性(GLDV contrast, F30)	表达式: $\displaystyle\sum_{k=0}^{N-1}k^2(V_k)$, 同上

3.2.2 信息增益率

为识别单个特征在不同分割尺度下的分割对象识别中的重要性,针对 20 个不同尺度分别计算不同特征的信息增益率,从而对不同特征在不同尺度上的综合表现有宏观的认识。信息增益率是比较流行的特征选择度量指标,它是信息增益指标的扩展,它能够克服信息增益指标倾向于选择具有较大值的特征的偏见(Han et al., 2011)。

信息增益率是 C4.5 决策树算法划分的依据,为计算它,首先定义对元组 D 分类所需的信息期望,定义为

$$\text{Info}(D) = -\sum_{i=1}^{m} p_i \log_2(p_i) \tag{3.1}$$

式中, p_i 是 D 中元组属于 C_i 类的概率,并用 $|C_{i,D}|/|D|$ 估计。如果利用属性 A 划分 D 中的元组,其中属性 A 根据采集的训练样本具有 v 个值 $\{a_1, a_2, \cdots, a_v\}$。假设利用属性 A 划分 D 有 v 个子集 $\{D_1, D_2, \cdots, D_v\}$,信息需求定义为

$$\text{Info}_A(D) = \sum_{j=1}^{v} \frac{|D_j|}{|D|} \times \text{Info}(D_j) \tag{3.2}$$

式中, $\frac{|D_j|}{|D|}$ 是第 j 个划分的权重; $\text{Info}(D_j)$ 是对元组 D 进行分类,利用属性 A 需要的信息期望。若需要的信息期望值越小,那么划分纯度就越高。

信息增益定义为原来的信息需求 $\text{Info}(D)$ 与新的信息需求 $\text{Info}_A(D)$ 之间的差,即

$$\text{Gain}(A) = \text{Info}(D) - \text{Info}_A(D) \tag{3.3}$$

$\text{Gain}(A)$ 表示通过属性 A 的划分得到多少信息,最高信息增益 $\text{Gain}(A)$ 的属性 A 作为首选。而 $\text{Gain}(A)$ 偏倚,信息增益率试图克服这种偏倚,使用分裂信息值将信息增益规范化,分裂信息定义为

$$\text{SplitInfo}(A) = \sum_{j=1}^{v} \frac{|D_j|}{|D|} \times \log_2\left(\frac{|D_j|}{|D|}\right) \tag{3.4}$$

则增益率定义为信息增益与分裂信息之间的比值,即

$$\text{GainRatio}(A) = \frac{\text{Gain}(A)}{\text{SplitInfo}(A)} \tag{3.5}$$

选择具有最大增益率的属性作为分裂属性。研究在 WEKA 软件(Hall et al., 2009)中评估了每个尺度下的不同属性,根据评估结果进行排序,选取排在前面的属性特征作为后续特征选择的候选特征。经过排序的特征并不一定代表分类的最佳特征组合,也并不一定选择排在前面的几个特征就能达到最优的分类结果。所以,更进一步,实施了最优特征子集的筛选。

3.2.3 基于相关的特征选择

经过排序的特征并不一定代表分类的最佳特征组合,也并不一定选择排在前面的几

个特征就能达到最优的分类结果(Pal and Foody, 2010)。所以，为选择最佳的特征组合，必须执行特征选择，准备进一步分类。另外，Davies 和 Russl(1994)证明最小特征子集的搜索是一个次优问题，即除了穷举式搜索，其他的不能保证找到最优解。为了提高搜索效率，这里选择特征子集的搜索算法采用 BestFirst 搜索算法，它是一种启发式搜索算法，一般地，需要相关的信息协助搜索；随后利用 CFS 方法进行最优特征组合的筛选，该方法是根据属性子集中的每一个特征预测能力及它们之间的关联性实现子集的评估，它能得到优化的特征子集(Huang et al., 2008)。利用信息增益率指标作为标准将特征属性进行排序，从信息增益率值最高的特征开始搜索。如果时间充足，BestFirst 搜索算法能够遍历所有的特征组合，然而为了避免这一现象，假设如果连续五个特征依次加入特征子集都不能改进特征子集的度量值(merit)，即停止搜索。假设有 n 个特征，搜索的时候从信息增益率指标最高特征开始，在第一轮搜索中，依次添加特征，组成数量为 2 的子集；随后计算子集中的"特征 类别"相关值的均值，以及"特征-特征"相关值的均值，通过计算综合评价指标；依次循环，每次都添加剩余特征中信息增益率指标最高的特征，如果连续加到特征子集为 5 时，综合评价指标都没有改进的趋势，则该特征子集不再循环添加更多特征进行计算。具体搜索步骤如下。

(1)第一轮搜索，依次添加特征，组成数量为 i(一般为 2)的子集，计算子集中的"特征-类别"相关值的均值，以及"特征-特征"相关值的均值，计算优化度量值；

(2)添加剩余特征中信息增益率最高的特征进入特征子集，计算第 $i+1$ 个子集的优化度量值，如果 $\text{Merit}_{i+1} > \text{Merit}_i$，则保留该特征，重复(2)；

(3)如果连续加到特征子集为 5 时，综合评价指标都没有改进的趋势，则该特征子集不再循环添加更多特征进行计算，重复(1)。

在整个搜索过程中，利用 CFS 的特征子集评估方程来选择最优的特征子集，它的基本思想就是，好的特征子集包含的特征应该与类别高度相关，但是特征之间不相关(Hall and Holmes, 2003)。各子集的优化度量值的计算公式为

$$\text{Merit} = \frac{k\overline{r}_{\text{cf}}}{\sqrt{k + k(k-1)\overline{r}_{\text{ff}}}} \tag{3.6}$$

式中，k 表示特征子集中的特征个数；$\overline{r}_{\text{cf}}$ 表示特征与类别相关值的均值；$\overline{r}_{\text{ff}}$ 表示特征之间相关值的均值。$\overline{r}_{\text{cf}}$ 和 $\overline{r}_{\text{ff}}$ 是由基于条件熵的测度计算得到的(Press et al., 1988)。

CFS 通过 C#+WEKA 实现计算机自动选择特征并输出。以供 RF 分类算法直接在.NET 平台调用。优化的特征可能根据尺度的不同而不同(Laliberte et al., 2012)，所以对每一个尺度，在分类之前都做了特征优化，这意味着对不同的尺度，参与分类的特征组合有可能不同。

3.3　随机森林分类器

自随机森林算法提出以来(Breiman, 2001)，在遥感影像信息提取领域，随机森林分类技术不断被优化与改进，已经证明其优于其他分类算法(Ham et al., 2005; Chan and Paelinckx, 2008; Rodriguez-Galiano et al., 2012; Puissant et al., 2014)。顾名思义，随机森林

是采用随机方式构建森林，这个森林是由许多个决策树组成的，其每一棵决策树间是相互独立的。通过训练样本完成森林构建后，若有新的样本需要识别，那么分别利用每一个决策树进行判断，随后利用各决策树的判别结果进行投票，哪一个类别最多，那么就将该样本预测为那一类，如图 3.2 所示(Verikas et al., 2011)。其本质上是基于装袋(bagging)的集成分类器，其各单个分类器中的训练集都是通过随机重复的在原始训练集中有放回的采样获取。那些没有被采样到的样本被称为袋外(out-of-bag, OOB)数据。另外，因为袋外估计是无偏的，且袋外估计以测试子集估计为准(Breiman, 2001)，所以袋外估计被用作误差的内部测量，从而避免独立测试数据集作为算法的训练集。随机森林的基本原理和原则如下。

(1)随机森林的每一个独立的子树由有放回的自助采样训练集训练得到。

(2)对于每一个增加的树，即每一个节点，从总共导入的 N 个特征中随机选择 n 个特征作为训练所有的特征。

(3)一般地，$n \ll N$；建议初始 $n = \lfloor \log_2(N) + 1 \rfloor$ 或 $n = \sqrt{N}$，随后减少或增加 n 直到袋外估计误差最小为止。

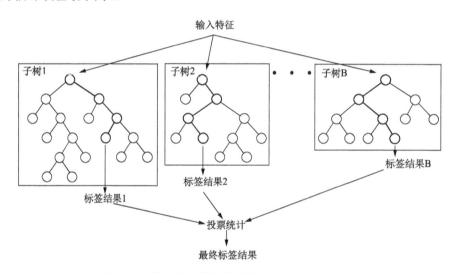

图 3.2　随机森林分类器的结构(Verikas et al., 2011)

根据以上 RF 的原理容易知道，RF 分类器输入两个参数就能产生一个预测模型：想要的分类树个数 k，以及参与每个子树构建的特征个数 n。对于随机森林分类器的应用及其在遥感影像分类中的参数评估和设置建议，一般地，Rodriguez-Galiano 等(2012)认为大的分类树个数和小的子树划分特征能够减少一般的错误和子树之间的相关性。根据他的研究结果，本章在对无人机数据进行分类时，设置随机森林分类器参数为，479 个分类子树和 1 个随机划分特征。

3.4 基于面积精度评估方法

与 3.1.1 节中采样遇到的问题类似,分类单元从像素变为多边形也给精度评估带来诸多问题。对于分割对象,可以直接将每个分类的对象看作整体,从而判断其是否被正确分类,然而对象本身有可能包含多个类别,就像中低分辨率遥感影像解译中的混合像元一样,导致这种直接数个数的精度评估方式并不适用于面向对象分类精度评估,本书将这种方法叫作基于点的精度评估方式。当然,如果每个分割对象都完美地与地物类别一一对应,那么基于点的精度评估方式应该是最好的选择,至少这种方式更加高效,计算量更小。然而现实情况是,分割对象不总是那么完美。为此,需要选择一种更加合理的精度评估方法。

精度评估作为 OBIA 的一个新兴研究领域(Radoux and Bogaert, 2014),实际上,早已在建筑物的精度评价中有相关实践(Shan and Lee, 2005)。其本质就是评估分类对象中正确面积占所有参与分类对象的比例,本书利用经典的 GIS 叠加操作实现。其基本原理如图 3.3 所示,$|C_1 \cap R_1|$、$|C_2 \cap R_2|$、$|C_3 \cap R_3|$、$|C_4 \cap R_4|$ 表示正确的分类,其面积分别假设为 100、50、100、100;$|C_1 \cap R_2|$ 表示类别 2 被错误识别为类别 1,其面积为 50;$|C_2 \cap R_6|$ 表示类别 6 被错误识别为类别 2,面积为 100;$|C_4 \cap R_5|$ 表示类别 5 被错误识别为类别 4,面积为 50;$|C_3 \cap R_5|$ 表示类别 5 被错误识别为类别 3,面积为 50。所以,总体精度能够表示为 $|C \cap R|/|C \cup R|$=350/600=58.3%。其中,$|C \cap R| = |C_1 \cap R_1|+|C_2 \cap R_2|+|C_3 \cap R_3|+|C_4 \cap R_4|$。

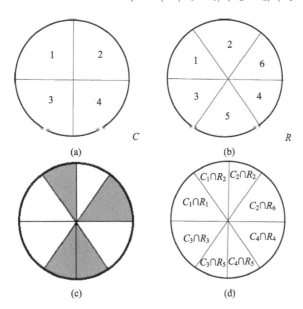

图 3.3 基于面积精度评估的几何模型

(a)表示 4 个对象的分割对象属于 4 个类别;(b)表示 6 个对象的参考图层属于 6 个类别;(c)表示通过叠加(a)和(b)产生的子对象,其中灰色区域表示类别不一致(即错误分类),白色区域表示类别一致(即正确分类);(d)为新的子对象赋予符号此图来源于 Whiteside 等(2014);C 表示分类的对象(即分割的对象),R 表示参考对象(即实地真实的对象)

3.5　实　验　分　析

3.5.1　训练样本尺寸评估

正如前面方法描述提到的，在利用分类总体精度探索尺度、特征的影响机制时，首先进行训练样本大小的评估，因为其对监督分类精度影响很大，截至目前在面向对象分类中还没有系统的相关研究。为了在多尺度分割结果中实现分层随机抽样，首先，人工解译了两个实验区实验区 1 和实验区 2[图 3.4(b) 和图 3.4(d)]作为参考图层，分层随机采样的主要问题就是需要分类区域的先验知识(Banko, 1998; Congalton and Green, 2009)，而实验的最终目的并不是实现分类生产，仅仅是为了探索面向对象分类过程中训练集、特征和尺度等因素对分类的影响，所以采用目视解译获取研究区地表真实土地利用/覆盖

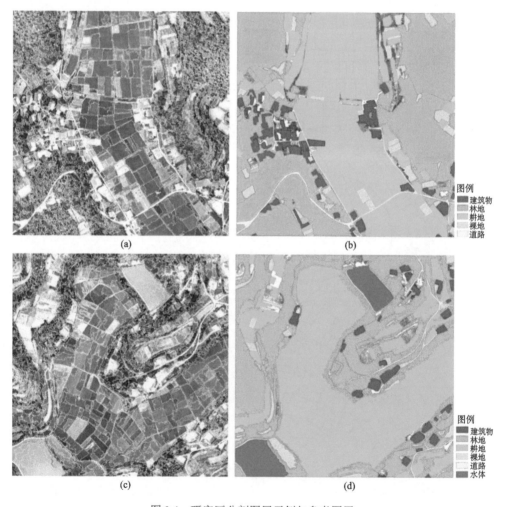

图 3.4　研究区分割图层示例与参考图层

(a)实验区 1 在尺度 100 的分割结果;(b)人工解译的实验区 1 图层;(c)实验区 2 在尺度 100 的分割结果;
(d)人工解译的实验区 2 图层

情况，不仅能克服分层随机采样的主要困难，也为后续分析提供更可靠的验证资料。其中实验区 1 主要类别包括建筑物、林地、耕地、裸地和道路[图 3.4(b)]。实验区 2 主要类别包括建筑物、林地、耕地、裸地、道路和水体[图 3.4(d)]。其次，对参考图层与每一分割尺度下得到的分割图层求交，根据 3.1.1 节中样本选择规则(如果对象与耕地地块重叠率高于 60%，那么该对象属于耕地，同理判断对象与灌木、建筑物的关系)，赋予符合要求的分割对象相应类别，至此获取了各分割尺度的样本集，随后在各样本集(被赋予类别的分割对象)中实现分层随机采样，在每一类样本集中分别抽取相同比例的对象作为训练集，训练 RF 分类模型，然后对全部分割对象进行分类，并用最初的人工解译影像进行精度评价，计算总体精度。每一个尺度都执行相同的操作，并测试了不同的训练集比例，包括 10%、20%、30%、40%、50% 以及 60%，最终得到实验区 2 总体精度随训练样本比例与分割尺度变化的关系(图 3.5)，实验区 1 的结果与实验区 2 相似，所以这里没有展示。值得注意的是，Radoux 和 Bogaert(2014)也提出了针对不同类别对不同分割对象进行标签的一些规则，例如对于城市用地或农用地，重叠率只需大于 25%，自然植被或水体重叠率需要大于 75%。

　　根据图 3.5 的总体精度分布趋势分析，和基于像素的变化趋势一样，在面向对象的训练集大小的选择上，仍然是训练样本比例越大，总体精度越高(Pal and Mather, 2003; Rodriguez-Galiano et al., 2012)。所以，为了分析尺度对无人机影像分类中的影响，应尽量选择更多的训练集，然而受样本选择方案的限制，为了使得尺度 10~200 具有可比性，我们最多能够选择到的训练样本比例为 60%。从图 3.5 中也可以发现，当训练样本比例较小时(<30%)，总体精度随尺度的变化而变化，精度变化趋势不稳定，随机性较强；

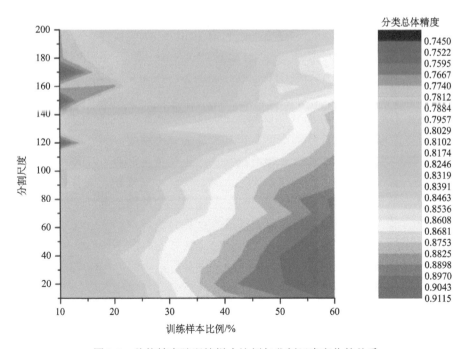

图 3.5　总体精度随训练样本比例与分割尺度变化的关系

而当训练样本比例>30%时，不同尺度的精度都有相近的增长趋势，意味着>30%的训练样本比例，不同尺度(10～200)的精度有较好的可比性。值得一提的是，这里提到的30%训练样本比例界限是针对本实验区得到的，不应该被认为是一般性的值。另外，这个阈值也仅仅是针对特定的 RF 分类器参数模型训练得到的，所以进一步的面向对象高分辨率影像分类应用中，也期望有学者能够评估训练样本大小对 RF 分类器精度的影响机制。根据以上结果，在本章后续的尺度分析中，为保证分类稳定性，训练样本比例统一选择50%。

通过进一步分析，从图 3.5 中还能发现更多训练样本大小对面向对象遥感影像分类的影响规律。考虑分割尺度的影响，总体精度随着尺度的增大而减小，这主要是由于随着尺度的增大，欠分割现象导致的混合对象增多，这样无论该分割对象被分类为哪一类，都会由于欠分割而天然地存在误差(Witharana and Civco, 2014)。然而，在大尺度上，精度变化更不稳定，例如当训练样本比例为 10%时，尺度大于 50 时就开始出现震荡现象；当训练样本比例为 20%时，则尺度大于 80 时开始发生震荡现象；当训练样本比例为 30%时，则尺度大于 120 时开始发生震荡现象；当训练样本比例为 40%时，则尺度大于 110时精度变化相对于小于尺度 110 更加不稳定；当训练样本比例为 60%时，则尺度大于 140时精度变化更不稳定，即当训练样本比例较小时，仅小尺度上的精度评估结果是可靠的，例如 10%的训练样本比例仅适用于尺度 10～60。随着训练样本比例的增大，精度评估的可靠尺度范围也随之增大。

另外，当尺度为 50 时，10%的训练样本比例条件下的分类总体精度为 0.8023，30%的训练样本比例条件下的分类总体精度为 0.8625，50%的训练样本比例条件下的分类总体精度为 0.8928，其中 10%～30%的分类总体精度增加了 0.0602，而 30%～50%的分类总体精度仅增加了 0.0303，即在训练样本比例增加相同比例的情况下，总体精度的增加量会随着训练样本比例总量的增加而减缓。这种情况并不只是在尺度 50 时发生，随着训练样本比例的增加，图 3.5 中等值线的宽度明显增加，15%～35%存在 8 条等值线，而35%～55%仅有 4 条等值线，而一条等值线代表的精度刻度为 0.0072 或 0.0073。这也说明，随着训练样本比例增加，训练集比例越大，总体精度随训练集比例增加的速度越缓慢。

小尺度上，可以在低训练样本比例下得到较高的分类精度；而大尺度上，在更高的训练样本比例下才能得到更高的分类精度。其实这也是符合常理的，因为这里的训练样本比例是利用对象个数计算的，当在小尺度上时，分割对象数量明显增多，就算在比较小的训练样本比例下，采样的训练样本个数也是相当大的；而在大尺度上时，由于分割对象尺寸增加，相同区域的分割对象总数骤减，就算训练样本比例比较大，采样的训练样本个数也不会增加太多。总的来说，无论是基于像素的方法还是 OBIA 方法，分类精度都会随着训练样本尺寸的增大而增大。然而 OBIA 方法中的训练样本评估更加复杂，因为它的分析尺度并不像像素一样能固定下来，所以分析 OBIA 方法中训练样本尺寸对分类效果的影响是迫切的。

3.5.2 特征的尺度响应

根据前述方法的描述，为评估特征的尺度响应机制，首先计算各特征在不同尺度上的重要性分值——信息增益率指标。随后对三个典型尺度类型(精细、中等、粗糙)进行相关性分析,从而深入认识特征与尺度关系,得到一些有益的结论。为实现整个分类过程,完成尺度效应分析,我们采用基于相关的特征选择方法,筛选最优的特征子集,为监督分类做准备。

1. 单个特征重要性分析

对光谱、纹理、形状三类特征的共 30 个特征,分别在不同尺度上利用信息增益率指标进行单个特征重要性评估,如图 3.6 所示,展示了实验区 2 不同尺度下信息增益率指标的特征排序,其中横轴为特征名称,纵轴为信息增益率指标值,不同曲线表示不同尺度的评估结果,一般地,值越大表示该特征越重要。对于光谱特征(spectral),三个光谱均值和亮度特征总是保持较高的信息增益率,而光谱标准差特征的信息增益率相对较低。对于纹理特征(texture),GLCM 同质性、GLCM 熵、GLCM 均值都表现出较高的重要性,值得一提的是,GLCM 熵特征不稳定(Herold et al., 2003),其在小尺度上的重要程度相当低,信息增益率值趋于 0,然而,当尺度增大时,信息增益率指标值骤然增大,增速明显高于其他特征,所以在大尺度上,特别是当尺度大于 180 时,应该关注 GLCM 熵,即在大尺度上选择该特征更加合适。对于形状(shape)特征,其重要程度总体上不及光谱与纹理。小尺度下的信息增益率普遍接近 0,例如尺度 10 和 20。随着尺度增大,在尺度大于 100 后,形状特征的信息增益率大于 0,且随着尺度增大,其信息增益率有增大趋势。

2. 特征相关性分析

不同特征随尺度变化情况:对于光谱特征,不同尺度下相对重要的特征变化趋势基本相同,即不同尺度下,相对重要的特征基本不会发生变化,随着尺度的增大,相同特征的重要程度也有增大趋势。形状特征的表现受尺度影响较大,在大尺度上,形状特征能够发挥更大作用。对于纹理特征,大部分特征的重要程度随尺度增大有增大趋势,除了 GLCM 对比度。其在大于尺度 130 以后,增大效果并不明显,甚至有降低趋势。对于 GLDV 四个特征,基本保持相当的作用。不同的特征在大尺度上的信息增益率值普遍有增大趋势。

为分析特征之间的相关关系,利用 30 个特征两两之间的相关系数作椭圆图,分别选择尺度 20、100 和 200,观察相关系数随尺度的变化情况,图 3.7~图 3.9 展示了实验区 2 的结果。图中椭圆的形状代表了两两特征间的相关系数:椭圆越扁(对应的离心率越大),相关系数越大;椭圆越圆(对应的离心率越小),相关系数越小。椭圆颜色变化也保持和离心率值一致的趋势,即颜色越深,相关系数越大,颜色越浅,相关系数则越小。相关系数的正负通过椭圆长轴的方向来表示:正相关为右上—左下方向,负相关为左上—右下方向。

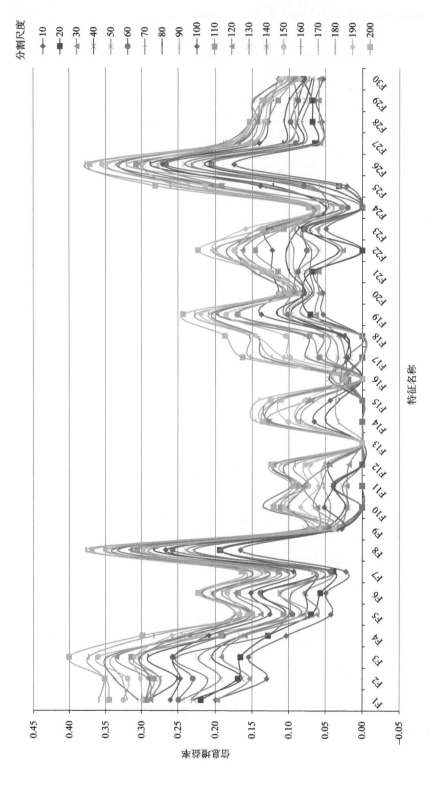

图 3.6 不同尺度上单个特征信息增益率指标变化情况

　　总的来说，从图 3.7～图 3.9 中能够发现几点规律，即两个不同的纹理特征更倾向于相关，两个不同的光谱特征更倾向于相关，两个不同的几何特征更倾向于相关，且大部分相关性基本保持一致，例如强正相关——中心两个蓝色集中区域，显示大部分几何特征间的自相关和光谱特征间的自相关；右下角蓝色椭圆集中区域，显示较多光谱特征与纹理特征相关。当然，也有少数相关性随尺度变化的，比较集中的是几何特征与光谱特征，例如边界指数/形状指数(F17/F18)与光谱均值/亮度(F1/F2/F3/F8)，在尺度 100 和 200 的相关性值明显大于尺度 20 的情况。这也进一步证明前述提到的形状特征在大尺度上作用更加明显。零星的特征对之间的相关性也存在明显的尺度效应，例如 GLCM 同质性-GLDV 角二阶矩(F19～F27)、GLCM 熵-GLCM 相关性(F22～F24)，在尺度 20 上为弱正相关或负相关，到尺度 100 和 200 都变为正相关，且相关性逐渐增强。为详细地分析这种相关性的尺度效应，这里给出比较典型的两个随着尺度增加，相关性变化的例子的详细信息，包括：①从不相关或弱相关到相关；②相关性不变。

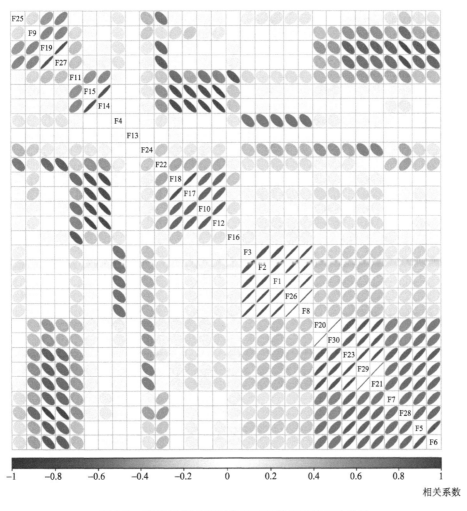

图 3.7　尺度 20 的分割对象的两两特征间的相关关系

椭圆越扁，颜色越深，特征对相关性越强；椭圆方向为右上-左下方向表示正相关，左上-右下方向表示负相关

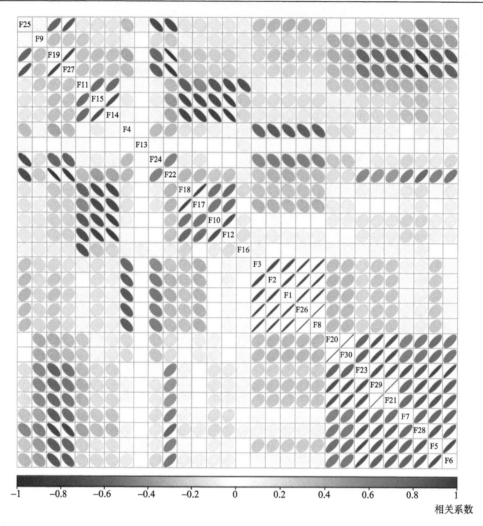

图 3.8　尺度 100 的分割对象的两两特征间的相关关系

解释参考图 3.7

3. CFS 特征选择结果

图 3.10 与图 3.11 分别表示实验区 2 在尺度 60 与 110 时，通过信息增益率进行的特征评估情况，一般地，光谱特征(F1~F8)与纹理特征(F19~F30)的信息增益率明显高于形状特征(F9~F18)，特别是在较小尺度 60 时。在尺度 110 时，总体上形状特征与光谱特征和纹理特征的差距不如尺度 60 时那么明显，说明随着尺度增大，形状特征的作用有增强的趋势，这一点应当引起重视。虽然信息增益率指标评估显示，光谱特征与纹理特征几乎在同等重要的位置，然而，表 3.2 却显示，通过 CFS 进行特征筛选的结果为仅 GLCM 同质性、GLCM 角二阶矩、GLCM 均值等少数纹理特征在多尺度上频繁被选中。这主要是由于纹理特征是通过在空间上统计光谱信息的值得到的，导致纹理特征与光谱特征存在较强的相关关系。

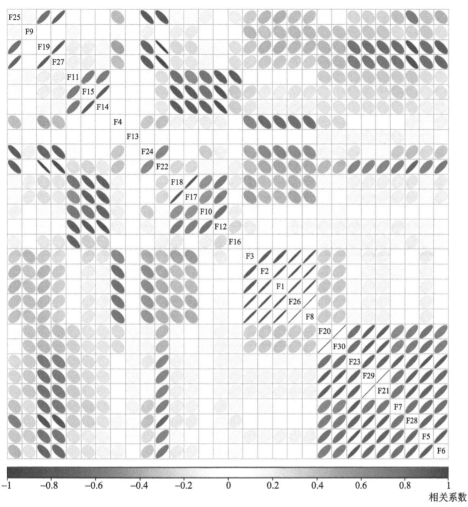

图 3.9　尺度 200 的分割对象的两两特征间的相关关系

解释参考图 3.7

　　通过图 3.10 与图 3.11 显示的在尺度 60 与 110 经过 CFS 特征筛选的结果能够发现，在尺度 60 时选中的最优特征子集包括 12 个特征，在尺度 110 时选中的最优特征子集包括 9 个特征，值得注意的是，两个尺度下并非信息增益率值排在前 12 位或 9 位的特征全部被选中作为最优特征子集，例如尺度 60 下光谱特征信息增益率值较高的 F2、F5 并未被选中，反而较低的 F4、F6、F7 被选中，纹理特征与形状特征同样出现类似情况。这种现象主要是由特征相关性导致的，某些特征的信息增益率值虽然高，但是它们与某些更优的特征高度相关，这就导致它们不被选作最优子集，反之，某些特征的信息增益率值虽然低，但是它们与其他特征的相关性可能不高，且能贡献类别可分性，这也就导致其被作为最优子集特征选中。这也说明采用 CFS 进行最优特征子集选择的必要性，表 3.2 表达了实验区 2 在尺度 10～200 时分别利用训练样本，采用 CFS 进行特征筛选的各尺度上的最优子集。根据各尺度上的特征选择结果(表 3.2)，推荐表中频繁被选中的特征作为分类中常用的特征。

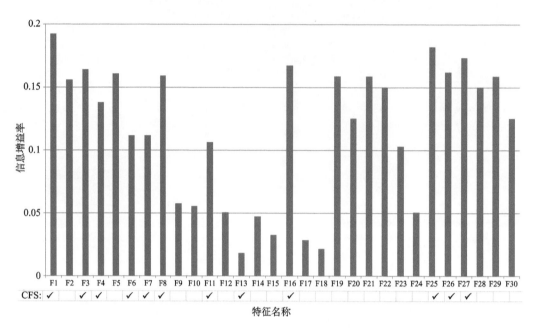

图 3.10　实验区 2 中尺度 60 的信息增益率值与 CFS 选择结果

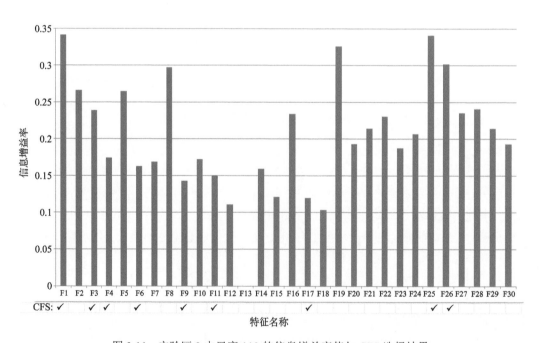

图 3.11　实验区 2 中尺度 110 的信息增益率值与 CFS 选择结果

表 3.2　实验区 2 各尺度 CFS 结果

编号	10	20	30	40	50	60	70	80	90	100	110	120	130	140	150	160	170	180	190	200
F1	1	1	1	1	1	1	1	1	1	1	1	1	1	1	1	1	1	1	1	1
F2	1	1	1	1	1	1	1	1	1		1	1	1		1	1	1	1	1	1
F3	1	1	1	1	1	1	1	1	1	1	1	1		1	1	1	1	1	1	1
F4	1	1	1	1	1	1	1	1	1	1	1	1	1		1		1	1		1
F5																				
F6	1	1	1	1	1	1		1	1	1	1	1	1	1	1	1	1		1	1
F7	1	1	1		1			1	1			1			1	1	1			
F8	1	1	1	1							1	1	1	1	1	1		1		1
F9	1	1	1	1	1		1	1	1		1		1		1	1	1	1	1	1
F10																		1		
F11			1	1	1	1	1	1	1	1	1	1	1	1	1	1	1	1	1	1
F12																				
F13	1	1																		
F14																				
F15																				1
F16	1	1	1	1		1						1	1		1	1	1	1	1	1
F17																				
F18																	1			
F19	1	1	1	1	1	1	1	1			1	1	1		1		1			
F20	1	1		1							1	1	1		1		1			
F21																				
F22																		1	1	1
F23									1											
F24																				1
F25	1	1	1	1		1	1	1	1	1	1	1	1	1	1	1	1	1	1	1
F26	1	1	1	1	1	1	1	1	1	1		1			1	1	1	1	1	1
F27								1	1			1			1		1	1		
F28						1	1			1				1					1	1
F29			1													1				
F30																				

　　总的来说，虽然光谱特征优势明显，但是也不能忽略纹理特征和形状特征，在分类过程中同样应对二者予以重视，当前关于纹理特征的研究较多 (Laliberte and Rango, 2009; Kim et al., 2011; Duro et al., 2012; Laliberte et al., 2012)，但是测试中使用的 11 个纹理特征

中也仅有三类较频繁被选择,说明较多未被选择纹理特征与光谱特征存在相关关系。所以,在 OBIA 框架下,虽然更多的特征能够为分类提供更多的信息,但是光谱特征的地位依然十分重要。虽然很多研究也证明纹理特征能够改进面向对象遥感影像的分类精度(Laliberte and Rango, 2009),但是考虑到面向对象影像分析中的纹理特征的计算非常耗时,若分类效率是首要考虑因素,建议尽量少地计算纹理特征。

3.5.3 分类精度的尺度响应

1. 基于面积的用户精度尺度响应

根据 CFS 特征子集优化结果(表 3.2),采用 RF 分类器对每个尺度的分割结果进行分类,根据 Rodriguez-Galiano 等(2012)对随机森林算法的评估结果,设置随机森林参数:分类子树个数为 479 个,划分特征个数为 1 个,随后根据训练样本训练分类模型,然后根据训练模型和特征值对所有分割对象进行标签,并采用基于面积的精度评估方法计算各类别的用户精度(Whiteside et al., 2014)。最终,得到各类别的分割尺度–用户精度曲线图,图 3.12 表示了实验区 1 的三类地物——耕地、林地、建筑物的用户精度,其中裸地、道路由于样本过少,在大尺度上精度波动较大,未被列入图中;图 3.13 表示实验区 2 的三类地物——耕地、林地、建筑物的用户精度,同理,裸地、水体与道路未被列入其中。实验区 1 中,容易发现林地的用户精度在所有尺度上都很稳定,一直保持在 95%左右,几乎没有变化;而耕地的用户精度在尺度 80～100 开始有减少的趋势,直到大于尺度 110以后,出现明显降低的现象,即随着尺度的增大,耕地的用户精度减小。对于建筑物,当尺度大于 70 时,建筑物的用户精度出现明显的降低趋势(图 3.12)。同理,在实验区 2中,出现了类似的现象,林地几乎在所有尺度上都保持 95%左右的精度,耕地在尺度 80以后出现骤降现象,建筑物在尺度 60 以后,用户精度变得相当不稳定(图 3.13)。也就是说,在小尺度上,各地物的用户精度没有随着尺度的降低而降低,各分类类别的精度都

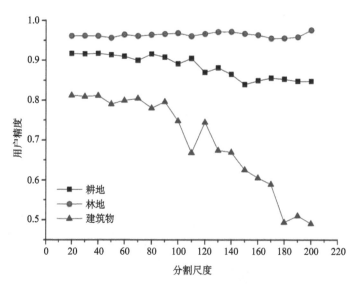

图 3.12　实验区 1 各类别在不同尺度上分类结果的用户精度

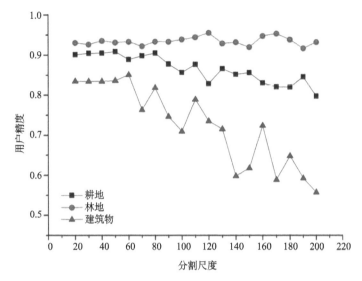

图 3.13　实验区 2 各类别在不同尺度上分类结果的用户精度

相对较稳定，并没有随着分割的更加精细而明显增大，反而是不同类别随着尺度的增大，在不同的尺度点以后，用户精度会出现比较明显的降低趋势，且随着尺度的增大持续降低。值得注意的是，这种现象恰好与 Laliberte 和 Rango（2009）的实验结果相反——随着尺度增大，各类地物用户精度增大。第 5 章的监督分类方法不确定性研究中会详细讨论这种差异。

　　总的来说，随着尺度的增大，每一类地物的分类精度都没有出现增大的趋势，而是从不同尺度上开始出现降低的趋势，另外，两组实验的总体精度也随着尺度的增大而减小。因为当尺度越精细时，分割对象表达的信息越精确，尽管在精细的尺度下对象不能完全代表单个地物，但是它代表了该地物的一部分，且出现错误的概率更低。对于全特征分类，能够看到林地与水体的精度随着尺度的增大几乎没有变化，表现很稳定，耕地在小于尺度 70 时精度比较稳定，且在尺度 70～100 也比较稳定，直到大于尺度 110 后，才出现比较大的降低幅度，且随着尺度增大，精度降低明显（图 3.12）。这是合理的，因为对于水体与林地，目视解译的单体面积最大（图 3.5），所以随着尺度的增大，分割对象在大尺度下仍然能够完整代表水体和林地，而不会出现混合对象的现象。对于耕地，由于单体面积明显小于水体与林地，所以在大尺度时出现混合对象中，导致精度降低。而建筑的单体面积相对于耕地较小，相对于耕地，其分类精度在更小尺度出现降低现象，图 3.12 和图 3.13 的变化趋势证明了这一现象。

　　上面的分析说明，为了获得好的分类精度，要能够保证训练样本的规模才行，那么选择的分割尺度越小越好。理论上讲，过分割现象一般不会降低分类精度，欠分割现象会对精度产生较大影响。然而，在实际分类中，需要找到最佳分割尺度，而不是不计代价，在精细分割尺度上进行分类，因为大量的分割对象不仅导致计算量增加，也使得样本选择成为困难。

2. 优化尺度与地物平均面积关系

为进一步证明各地物的最优分割尺度与地物的实际规模大小的关系，本节综合分析了两组实验结果。计算两组实验区影像目视解译结果中各地物的类别的平均面积，然后通过用户精度在不同尺度上的变化规律(图 3.12 和图 3.13)，发现各地物的最优分割尺度；根据实际地物平均面积(x 轴)与对应的最优分割尺度，分类精度突变的尺度(y 轴)作散点图(图 3.14)，从图 3.14 中能够看出，地物的最优分割尺度与实际地物平均面积存在很强的相关关系，相关系数 R^2=0.8628。通过线性拟合，能够得到地物最优分割尺度与其实际平均面积的关系方程 y=36.81+0.0939x。其简单描述了各地类类别的最优分割尺度随着实际地物平均面积的增大而增大的情况，在实际面向对象遥感影像分类应用中，可以选取一块测试区域，人工解译后，计算各地物的平均面积，参考该方程，从而决定无人机影像中不同地物在 eCognition 中的最优分割尺度，例如通过解译得到的实际测试区域中耕地的平均面积为 600m^2，那么可以大致决定耕地的最优分割尺度为 90。当然，也可以通过经验直接确定研究区实际地物的平均面积。不同地物存在不同的最优分割尺度，根据前述分析，为保证较高精度，应该选择最小的最优分割尺度进行分割。然而，实际分析中，推荐图中类别面积占总面积比例较大的类别的最优尺度，例如实验区 1 与实验区 2 推荐耕地的最优分割尺度，分别为 80～110 和 60～80。

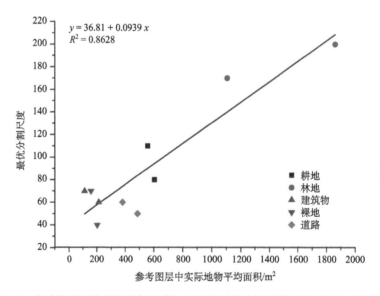

图 3.14　各地物类别的最优分割尺度与目视解译的实际地物平均面积之间的关系

随后，对两组影像在耕地的最优尺度上进行分割和分类，得到两组分类结果(图 3.15)，实验区 1 在分割尺度 110 时的分类结果，总体精度为 89.43%(表 3.3)；实验区 2 在分割尺度 80 时的分类结果，总体精度为 88.29%(表 3.4)。

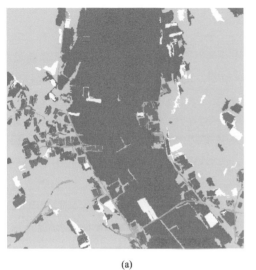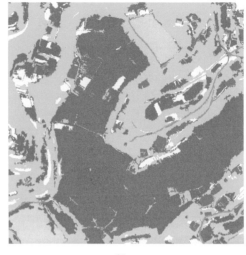

(a)　　　　　　　　　　　　　　　　　　　(b)

图 3.15　实验区 1 和实验区 2 在不同分割尺度下的分类结果

(a)实验区 1 在分割尺度 110 的分类结果；(b)实验区 2 在分割尺度 80 的分类结果

表 3.3　实验区 1 在分割尺度 110 的分类混淆矩阵

项目	道路	裸地	耕地	林地	建筑物	面积总和/m^2	误判率/%
道路	2527	162	251	954	978	4872	48.1
裸地	252	8017	3062	1112	126	12569	36.2
耕地	265	2044	86911	6973	226	96419	9.9
林地	306	378	3071	103607	473	107835	3.9
建筑物	786	123	1625	1803	10222	14559	29.8
面积总和/m^2	4136	10724	94920	114449	12025		
漏判率/%	39.8	25.2	8.4	9.5	15.0		

注：总体精度(overall accuracy)＝89.43%，卡帕系数(Kappa coefficient)＝0.826

表 3.4　实验区 2 在分割尺度 80 的分类混淆矩阵

项目	道路	裸地	耕地	水体	林地	建筑物	面积总和/m^2	误判率/%
道路	1852	213	380	5	1045	303	3798	90.0
裸地	83	5944	1904	0	948	158	9037	34.2
耕地	15	808	100909	0	11875	452	114059	11.5
水体	42	0	100	12383	103	3	12631	2.0
林地	148	804	6145	75	86361	425	93958	8.1
建筑物	106	141	957	0	1029	5656	7889	28.3
面积总和/m^2	2246	7910	110395	12463	101361	6997		
漏判率/%	17.5	24.9	8.6	0.6	14.8	19.2		

注：总体精度＝88.29%，卡帕系数＝0.810

3. 分割对象个数对总体精度影响

根据分类精度，对实验区 2，制作了训练样本大小为 10%～60%、分割尺度为 10～
200（或分割对象个数）不同组合下的总体精度分布图，如图 3.16 所示。分割尺度越大，
分割对象越少，分割尺度越小，分割对象越多，且对象个数随尺度增大迅速变多，特别
从尺度 50 开始。从图 3.16 能够清晰看出，随着分割对象个数的减少，总体精度骤减；
但是，随着分割对象个数的增加，总体精度也不是无限增加，当对象个数达到一定程度
时，总体精度也会减小，但减小幅度相对稳定，这实际上也与 Castilla 等（2014）得到的
分类精度随着对象尺寸的减小而减小的结论一致，因为对象个数增加，意味着对象尺寸
随之减小。然而，不同训练样本规模，其总体水平是不一样的，一般地，训练样本规模
越大，那么精度水平也就越高，反之，精度水平越低。这也与前述讨论的训练样本尺寸
评估结果保持一致。

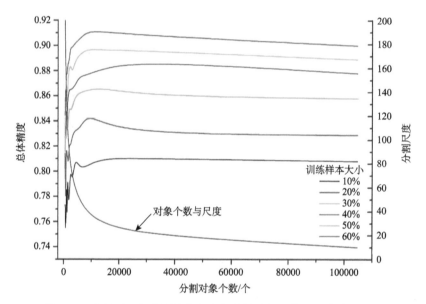

图 3.16　实验区 2 中训练样本大小和分割对象个数对总体精度影响

上方 6 根彩色曲线，表示分割对象越少（分割尺度越大），总体精度越小；最下方的黑色曲线表示分割对象越多，
分割尺度越大

4. 基于点的用户精度的尺度响应

在面向对象的遥感影像分类过程中，精度评估方法可以有多种选择，为进一步证明
本书研究中选择的基于面积的精度评估方法的合理性，本节测试了基于点的精度评估方
法在面向对象的遥感影像分类中的表现。图 3.17 展示了实验区 2 中不同分类类别在不同
分割尺度上的用户精度，其结果与图 3.13 基于面积的精度评估方法获得的结果相反，基
于点的精度评估方法中，耕地和建筑的用户精度随着尺度的增大而增大（图 3.17），这是
因为精细尺度上不同地物的相似对象较多，导致大量分割对象误分，使得精细尺度上的

用户精度较低，随着分割尺度的增大，分割对象的纹理等特征更加明显，虽然存在混合对象，但是依然能够将混合对象"正确标签"为面积比例较大的类别，使得用户精度较高。而林地的用户精度随尺度的变化较平缓(图 3.17)，这可能是林地的光谱特征更加明显，使得其在精细尺度上不易误分。两种精度评估方式的差异，说明应当更加重视基于OBIA 的分类中精度评估方法的研究。总的来说，基于点的精度评估方法不能刻画面向对象遥感影像分类随尺度变化的本质特征。由于本书涉及的研究内容较广，不对精度评估方法做进一步的研究。

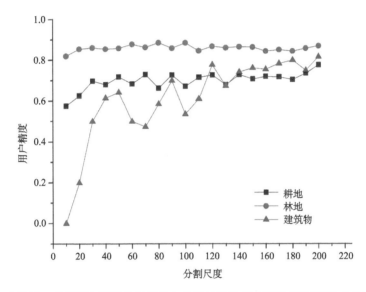

图 3.17　实验区 2 各类别在不同分割尺度上分类结果的用户精度表现(基于点的评估方式)

3.6　本 章 小 结

　　本章以遥感影像分割尺度为切入点，利用无人机光学影像评估分类精度的尺度效应，获取不同地物的最优分割尺度。同时，首次系统评估面向对象遥感影像监督分类中训练样本大小与分割尺度对分类精度的交互响应机制；分析了光谱、纹理、形状等特征在不同分割尺度上的表现，利用 CFS 特征选择方法选择最优特征组合，提供了一套有效的面向对象的遥感影像信息提取方案；验证了在面向对象的遥感影像分类中，采用基于面积的精度评估方式的必要性。

　　研究发现，训练样本大小直接影响面向对象的遥感影像分类精度，且与尺度存在交互规律。当训练集比例固定，随着分割尺度增加，分割对象的尺寸逐渐增大，分类总体精度逐渐减小；当分割尺度固定，总体精度随着训练样本比例的增大而增大。训练样本比例越大，总体精度随训练样本比例增大的速度越缓慢。对于本书实验区，训练样本比例大于 30%时，尺度 10～200 时分类总体精度随尺度变化趋于稳定。如果在比较小的训练样本比例下进行分类，一定不能将分割尺度设置过大，相反，如果在大尺度下分类，需要保证大的训练样本比例。

理论上讲，尺度越小，分类精度越好。然而，尺度越小，更容易出现异物同谱的现象。所以，重点在于找到分割对象能够完整代表各个地物的尺度，而对于不同类别的地物，由于地物的大小不同，其最佳分割尺度也会不一样。最佳分割尺度的识别是执行复杂地物类型识别的前提。本章通过对不同地物的最佳分割尺度进行识别，发现各地物最优分割尺度与目视解译对应的各地物平均面积存在正相关关系，并推导线性相关方程。该方程有望应用于无人机影像数据解译，确定不同地物的最佳分割尺度。

参 考 文 献

黄昕. 2009. 高分辨率遥感影像多尺度纹理、形状特征提取与面向对象分类研究. 武汉: 武汉大学

Banko G. 1998. A Review of Assessing the Accuracy of Classifications of Remotely Sensed Data and of Methods Including Remote Sensing Data in Forest Inventory. Laxenburg: International Institute for Applied Systems Analysis

Breiman L. 2001. Random forests. Machine Learning, 45(1): 5-32

Castilla G, Hernando A, Zhang C H. 2014. The impact of object size on the thematic accuracy of landcover maps. International Journal of Remote Sensing, 35(3): 1029-1037

Chan J C, Paelinckx D E. 2008. Evaluation of random forest and adaboost tree-based ensemble classification and spectral band selection for ecotope mapping using airborne hyperspectral imagery. Remote Sensing of Environment, 112(6): 2999-3011

Congalton R G, Green K. 2009. Assessing the Accuracy of Remotely Sensed Data: Principles and Practices. Boca Raton: CRC/Taylor and Francis Group, LLC

Davies S, Russl S. 1994. Np-completeness of searches for smallest possible feature sets. Seattle, Washington: proceedings of the AAAI Fall 94 Symposium on Relevance: 37-39

Duro D C, Franklin S E, Dube M G. 2012. Multi-scale object-based image analysis and feature selection of multi-sensor earth observation imagery using random forests. International Journal of Remote Sensing, 33(14): 4502-4526

Hall M A, Holmes B. 2003. Benchmarking attribute selection techniques for discrete class data mining. IEEE Transaction on Knowledge and Data Engineering, 15(6): 1-16

Hall M, Frank E, Holmes G, et al. 2009. The WEKA data mining software: An update. ACM SIGKDD Explorations Newsletter, 11(1): 10-18

Ham J, Chen Y C, Crawford M M, et al. 2005. Investigation of the random forest framework for classification of hyperspectral data. IEEE Transactions on Geoscience and Remote Sensing, 43(3): 492-501

Han J, Kamber M, Pei J. 2011. Data Mining: Concepts and Techniques. 3rd ed. Waltham: Morgan Kaufmann

Huang C J, Yang D X, Chuang Y T. 2008. Application of wrapper approach and composite classifier to the stock trend prediction. Expert Systems with Applications, 34(4): 2870-2878

Herold M, Gardner M E, Roberts D A. 2003. Spectral resolution requirements for mapping urban areas. IEEE Transactions on Geoscience and Remote Sensing, 41(9): 1907-1919

Kim M, Warner T A, Madden M, et al. 2011. Multi-scale GEOBIA with very high spatial resolution digital aerial imagery: scale, texture and image objects. International Journal of Remote Sensing, 32(10): 2825-2850

Laliberte A S, Rango A. 2009. Texture and scale in Object-based analysis of subdecimeter resolution Unmanned Aerial Vehicle(UAV)imagery. IEEE Transactions on Geoscience and Remote Sensing, 47(3): 761-770

Laliberte A S, Browning D M, Rango A. 2012. A comparison of three feature selection methods for object-based classification of sub-decimeter resolution UltraCam-L imagery. International Journal of Applied Earth Observation and Geoinformation, 15: 70-78

Ma L, Cheng L, Li M, et al. 2015. Training set size, scale, and features in Geographic Object-Based Image Analysis of very high resolution unmanned aerial vehicle imagery. ISPRS Journal of Photogrammetry and Remote Sensing, 102: 14-27

Pal M, Mather P M. 2003. An assessment of the effectiveness of decision tree methods for land cover classification. Remote Sensing of Environment, 86(4): 554-65

Pal M, Foody G M. 2010. Feature selection for classification of Hyperspectral data by SVM. IEEE Transactions on Geoscience and Remote Sensing, 48(5): 2297-2307

Press W H, Flannery B P, Teukolsky S, et al. 1988. Numerical Recipes. Cambridge: Cambridge University Press

Puissant A, Rougier S, Stumpf A E. 2014. Object-oriented mapping of urban trees using Random Forest classifiers. International Journal of Applied Earth Observation and Geoinformation, 26: 235-245

Rogan J, Franklin J, Stow D, et al. 2008. Mapping land-cover modifications over large areas: A comparison of machine learning algorithms. Remote Sensing of Environment, 112(5): 2272-2283

Radoux J, Bogaert P. 2014. Accounting for the area of polygon sampling units for the prediction of primary accuracy assessment indices. Remote Sensing of Environment, 142: 9-19

Rodriguez-Galiano V F, Ghimire B, Rogan J, et al. 2012. An assessment of the effectiveness of a random forest classifier for land-cover classification. ISPRS Journal of Photogrammetry and Remote Sensing, 67: 93-104.

Shan J, Lee S D. 2005. Quality of building extraction from IKONOS imagery. Journal of Surveying Engineering, 31(1): 27-32

Stehman S V, Wickham J D. 2011. Pixels, blocks of pixels, and polygons: Choosing a spatial unit for thematic accuracy assessment. Remote Sensing of Environment, 115(12): 3044-3055

Trimble Germany GmbH. 2011. Trimble Documentation eCognition Developer 8.7 Reference Book, München, Germany

Verikas A, Gelzinis A, Bacauskiene M. 2011. Mining data with random forests: A survey and results of new tests. Pattern Recognition, 44(2): 330-349

Whiteside T G, Maier S W, Boggs G S. 2014. Area-based and location-based validation of classified image objects. International Journal of Applied Earth Observation and Geoinformation, 28: 117-130

Witharana C, Civco D L. 2014. Optimizing multi-resolution segmentation scale using empirical methods: Exploring the sensitivity of the supervised discrepancy measure Euclidean distance 2(ED2). ISPRS Journal of Photogrammetry and Remote Sensing, 87: 108-121

Zhen Z, Quackenbush L J, Stehman S V, et al. 2013. Impact of training and validation sample selection on classification accuracy and accuracy assessment when using reference polygons in object-based classification. International Journal of Remote Sensing, 34(19): 6914-6930

第4章 特征选择方法的不确定性研究

分割对象的光谱、形状、纹理特征能够改进面向对象的分类精度。然而分割对象的特征计算不仅耗时，也为优化特征子集的选择带来了困难。本章通过测试无人机高分影像在农业环境中的面向对象的制图，评估各种先进的特征选择算法在 SVM 和 RF 分类器中的表现。研究分析八种监督特征选择算法，包括五种特征重要性评估方法和三种特征子集评估方法。结果显示，在面向对象的农业环境制图中，RF 分类器对特征个数相对不敏感。相比其他四种特征重要性评估方法，基于 SVM 的递归特征删除方法(SVM recursive feature elimination, SVM-RFE)总体上比较适用于两种分类器。而 CFS 是最好的特征子集评估方法。研究也证明特征选择能够改进面向对象的遥感影像分类精度，虽然封装(wrapper)特征选择方法有时对分类表现起负面影响。嵌入基于面积(polygon-based)的交叉验证的封装方法有望改进其在面向对象的遥感影像分类中的表现。

4.1 概　　述

特征选择是分类过程的重要步骤，它不仅能够改进分类器的表现，特征维数的减少还能降低分类过程的复杂性(Pedergnana et al., 2013)。其广泛应用于遥感影像分类(Novack et al., 2011; Topouzelis and Psyllos, 2012)，特别是高光谱数据(Melgani and Bruzzone, 2004; Pal and Foody, 2010)中。随着面向对象的影像分析技术的发展，更多分割对象特征能够应用于分类过程中(Laliberte et al., 2012)，这为面向对象的影像分类带来了新的问题，怎样避免大量特征计算的复杂性，同时获取最优的特征子集。

虽然很多特征选择方法在机器学习领域得到了深入研究，甚至在高光谱遥感影像分类领域也受到重视，然而，在面向对象的影像分类中，其相关研究还相对较少。Duro 等(2012)利用随机森林方法计算特征重要性分值，实现分割对象的特征选择。Stumpf 和 Kerle(2011)、Puissant 等(2014)通过随机森林方法评估特征重要性，并利用反向迭代方法每次删除最不重要的20%特征，最终获取优化特征子集。另外，决策树的划分规则也常作为特征选择的根据(Han et al., 2011)，这些规则也广泛应用于面向对象的影像分类的决策树构建(Chubey et al., 2006; Laliberte and Rango, 2009)。例如，Vieira 等(2012)利用信息增益指标(information gain)评估特征，并利用交叉验证获取最好的分类模型。Peña-Barragán 等(2011)使用卡方(chi-square)检验指标作为决策树规则。此外，Yu 等(2006)和 Laliberte 等(2012)利用 GINI 指标作为分类回归树的划分规则，同时对对象特征排序。Van Coillie 等(2007)在面向对象分类中利用基因算法进行特征选择，并联合神经网络分类方法提高了分类精度。Ma 等(2015)实现了基于相关的特征选择在面向对象影像分类中的应用。Novack 等(2011)用四种先进的特征选择算法测试最能代表高分影像的特征，但并没有对这些方法在面向对象的影像分类中的表现进行评估。

考虑到特征选择能够降低分类复杂性或改进分类精度，以上研究都或多或少地认为特征选择能够改进面向对象的遥感影像分类过程。然而并不是所有的研究都保证特征选择能提高分类的精度，这主要是由面向对象的影像分类过程中的不确定性导致的，例如分割尺度的不确定性、分类器的多样性。此外，对其他高维数据(例如高光谱数据)的研究表明，特征选择对于不同监督分类方法具有很大的不确定性(Pal and Foody, 2010; Ma et al., 2015)。对于 SVM 分类器，一些研究认为 SVM 对数据的维数并不敏感(Melgani and Bruzzone, 2004; Pal and Mather, 2006)，即数据维数的增加或减少不会影响 SVM 的分类精度，而 Weston 等(2000)和 Guyon 等(2002)发现维数减少能够改进 SVM 的分类精度。因此，在基于 SVM 的分类过程中，特征选择仍然存在一定的不确定。相似地，RF 分类器存在相同的问题，特别是它已广泛地应用于面向对象的遥感影像分类(Stumpf and Kerle, 2011; Puissant et al., 2014)。例如，Duro 等(2012)发现使用了特征选择的 RF 分类器能够改进农业区域的制图精度，而 Ma 等(2015)认为 RF 分类器是一种更加稳定的面向对象的遥感影像分类方法，因为它在特征选择或全特征的情况下，获取的分类精度间不存在统计显著性差异。因此，在面向对象的遥感影像分类过程中，由于输入数据的多样性或面向对象的分类过程带来的一系列不确定性问题，特征选择仍然存在很大的研究空间。

过去几年，精细农业实践中更多地使用影像分割描述农业区域，特别是在高分遥感影像数据中，例如无人机(Peña et al., 2013; Ma et al., 2014)。高分数据描述农业区域的能力使得面向对象的无人机影像分析手段在农业监测中更多地被关注，本书在高分影像的农业制图分类研究基础上(Duro et al., 2012; Ma et al., 2015)，旨在进一步扩展面向对象的农业制图环境中的分类过程不确定性研究。具体来说，就是评估特征维数和训练样本大小对 SVM 和 RF 分类器的影响，评估不同特征选择方法的表现，包括滤波方法、封装和集成方法。精心设计的评估策略能够使读者全面地、从不同角度了解不同的特征选择方法在面向对象的遥感影像农业制图分类过程中的表现，同时，利用统计测试方法评估了不同情况下的分类精度是否存在统计显著性差异。该研究是首次对各种先进的特征选择方法在面向对象的遥感影像分类过程中的系统评估。

4.2　监督特征选择算法

本章利用实验区 1 的高分无人机影像(图 2.2)，实现了 8 种特征选择算法的面向对象的分类评估，包括 5 种滤波算法(包括信息增益率、卡方检验、SVM-RFE、Relief-F、CFS)、两种封装算法(包括 RF Wrapper、SVM Wrapper)，以及一种集成算法(RF)。根据不同的选择结果，评估过程分为两类，包括特征重要性排序和特征子集评估。所有特征选择算法基于 WEKA 3.7.9 或 R 3.1.1 软件包实现，并集成于 C#平台，从而实现每次重采样后的自动分类和精度评估。前文已经介绍了信息增益率和 CFS 算法，这里仅介绍卡方检验算法、SVM-RFE、Relief-F、RF wrapper、SVM wrapper，以及 RF 特征重要性评估方法。

4.2.1　卡方检验算法

卡方检验算法能够实现两组值的独立性测试检验(Zhao et al., 2010)。对于特征选择，卡方检验算法通过计算一个特征与类别之间的独立性分值，从而确定该特征的重要性程度，最终获取所有特征的排序。对于数值型属性特征，需要对其进行离散化，从而利用卡方检验发现数据的不一致(Liu and Setiono, 1995)。单个特征的卡方检验分值可通过下式计算得到：

$$\chi^2 = \sum_{i=1}^{r} \sum_{j=1}^{c} \frac{\left(n_{ij} - \mu_{ij}\right)^2}{\mu_{ij}} \tag{4.1}$$

式中，c 表示类别个数；r 表示特定特征的离散化区间个数；n_{ij} 表示训练样本中第 j 类中该特征值出现在 i 区间的频率。如果 $n_i = \sum_{j=1}^{c} n_{ij}$，表示评估的特征的值在 i 区间的训练样本个数；$n_j = \sum_{i=1}^{r} n_{ij}$，表示类别 j 的样本个数；n 表示训练样本总数；$\mu_{ij} = n_i \cdot n_j / n$，表示 n_{ij} 的期望。

4.2.2　基于支持向量机的递归特征删除方法

SVM-RFE 是一种反向迭代特征删除算法，它利用目标函数 $J = (1/2)\|w\|^2$ 作为特征排序指标，并使用 SVM 作为基分类器(Guyon et al., 2002)。为获取特征重要性排序，本研究每次迭代删除一个特征，根据删除的特征顺序，得到所有特征的递减排序。算法的主要步骤为：首先，使用输入的训练样本训练 SVM 分类模型，并根据分类模型计算目标函数 J 的权重 w_i；其次，根据排序指标 $D_j(i)$ 或 $(w_i)^2$，对所有的特征进行排序；最后，每一次迭代排除权重最小的特征，从而得到最终的特征排序。

4.2.3　基于特征权重的特征选择

基于特征权重的特征选择(Relief-F)算法是另一种评估特征重要性的方法，它在许多特征质量评估中都表现出了优秀的性能(Gilad-Bachrach et al., 2004)。与 SVM-RFE 类似，它利用随机采样的训练样本计算所有特征对应的权重矢量(Robnik-Šikonja and Kononenko, 2003)。但是，这里的权重是通过计算特征在类别间的可分性获得，一般权重越大，说明该特征对区分不同类别的贡献越大(Gilad-Bachrach et al., 2004)。本研究利用 WEKA 中的 Relief-F 功能函数实现特征选择(Hall et al., 2009)。

4.2.4　随机森林特征选择

基于随机森林的特征评估方法是一种集成方法(Pal and Foody, 2010)，它是一种利用所有分类树，计算袋外数据(out of bag, OOB)在某个特征缺失或错乱的情况下的分类平均减小的精度值，从而通过精度平均减小的大小描述该特征重要性的方法(Verikas et al., 2011)。假设有采样样本 $b=1,\cdots,B$，对于特征 x_j，为计算其特征重要性分值，分类精度平均减小的值 $\overline{D}_j$ 通过下式计算：

$$\overline{D}_j = \frac{1}{B} \sum_{b=1}^{B} (R_b^{\text{oob}} - R_{bj}^{\text{oob}}) \tag{4.2}$$

式中，R_b^{oob} 表示利用分类树 T_b 对袋外数据 ℓ_b^{oob} 进行分类的分类精度；ℓ_{bj}^{oob} 表示随机排序袋外数据 ℓ_b^{oob} 中 x_j 特征的值，获得的新袋外数据；R_{bj}^{oob} 表示利用分类树 T_b 分类新的袋外数据 ℓ_{bj}^{oob} 的分类误差（$j=1,\cdots,N$，其中 N 为特征总数）。最后，特征 x_j 的重要性指标通过 $z_j = \dfrac{\overline{D_j}}{s_j / \sqrt{B}}$ 计算，其中 s_j 表示所有分类树的分类精度减小标准差。本研究利用 R 包 "RRF" 实现随机森林特征重要性评估。

4.2.5　基于封装的特征选择

封装方法通过对特征子集的分类精度评估获取最好的特征子集（Phuong et al., 2006）。一般地，选择一个合适的分类器，利用交叉验证获取使得该分类器的分类精度最好的特征子集，并将其作为优化特征子集（Kohavi and John, 1997）。SVM 分类器相对于其他分类器一般表现较好，许多研究倾向于选择将 SVM 作为基本的分类器（Maldonado and Weber, 2009; Fassnacht et al., 2014），也有一些研究将 RF 分类器作为基本的分类器（Rodin et al., 2009）。本章选择 RF 和 SVM 两种分类器作为最终的分类方法，所以封装方法中也分别集成两种基本分类器，希望获得最适应选择的分类器的特征选择结果。对于 SVM Wrapper，使用 WEKA 软件分类器包中 John Platt 提出的 SMO 优化算法（sequential mnimal optimization, SMO），在默认参数条件下训练 SVM 分类模型，并使用 5 折交叉验证获取分类精度进行比较。对于 RF 分类器，也使用了 WEKA 软件分类器包中的随机森林分类函数在默认参数条件下训练的 RF 分类模型。封装策略通过 WEKA 软件的属性选择包实现。

4.3　分　类　过　程

为了获取训练样本和验证样本集，和 3.1 节描述的采样方法一样，首先获取所有对象的类别特征，这里设置重叠率为 50%，随后利用随机分层采样获取训练样本，根据 3.5.1 节训练样本大小的评估结果，为获得稳定的分类结果，这里的采样率设置为 30%。然后利用前述 8 种不同特征选择方法获取不同的特征子集，并使用 RF（3.3 节）和 SVM（5.1.1 节）两种分类器分别获取不同特征选择方法下的分类结果。最后，利用基于面积的精度评估方法对分类结果进行精度评估（3.4 节）。

4.4　实　验　讨　论

根据特征选择方法的结果，研究将所有特征选择方法分为特征重要性评估方法和特征子集评估方法。对于特征重要性评估方法，分别采用五种算法（信息增益率、卡方检验、SVM-RFE、Relief-F、RF）获取所有参与分类的特征重要性排序，随后根据排序结果将其依次添加到训练分类模型，从而得到五种特征重要性评估方法在不同训练样本尺寸和分类方法下，重复 10 次分类的平均精度与使用的特征数量间的关系（图 4.1）。对于特征子集评估方法，采用三种算法分别获取每次分类过程中唯一的优化特征子集，并评估不同训练样本尺寸和分类方法的表现。

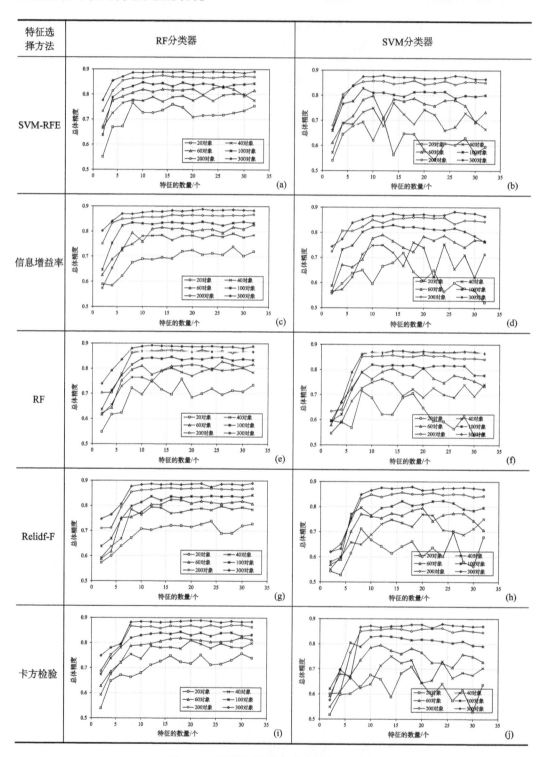

图 4.1　不同特征数量与分类精度的关系

对于特征重要性评估方法，图 4.1 展示了 SVM 和 RF 分类器在不同训练样本大小下精度随使用的特征个数不同而变化的情况。当为固定特征个数时，相同训练样本大小使用 10 次随机分层采样的训练样本分别进行分类，得到固定特征个数和各训练样本大小下的 10 次分类的平均总体精度。一般地，总体精度在最初特征增大的时候快速增大，随着更多特征的使用，总体精度开始趋于稳定。在不同训练样本大小情况下，两种分类器的精度表现存在一些差异，例如当训练样本小于 60 个对象时，SVM 分类器的精度随着使用特征数量的增加而增大，达到峰值后，特征数量继续增加，分类精度开始减小，这与其在高光谱数据分类中的表现基本一致(Pal and Foody, 2010)。RF 分类器的表现总体优于 SVM 分类器，在小的训练样本下，其分类精度随着特征数量的变化也相对稳定。相对于 SVM 分类器，RF 分类器受数据维数的影响更小，训练样本对其影响也较弱。

图 4.1 显示不同特征选择算法在不同训练样本大小下的表现存在较大差异。特别地，使用有限的特征个数，尽管训练样本相同，特征选择算法间仍然存在细微的差异。这主要是由于应用不同的特征重要性评估方法一般会产生不同的特征排序结果(Kohavi and John, 1997)。为进一步分析特征选择方法间的差异，对于每种特征重要性评估方法，分别使用双尾 t 检验(two tailed t-test)测试了全部特征参与分类的精度与不同特征数量参与分类的精度之间的统计显著性差异。表 4.1 展示了 300 个训练样本条件下的测试结果(图 4.1 显示该样本条件下两种分类器的霍夫效应并不明显)。结果显示，达到与全部特征的分类相当的精度，不同的特征重要性评估方法使用的最小特征数量并不相同。对于不同的特征重要性评估方法，在达到与全部特征相当的分类精度前，相同数量特征的分类精度表现也存在较大差异，例如在小特征数量情况下，信息增益率方法和 SVM-RFE 方法观测到的统计测试值较低(表 4.1)，对于测试的两种分类器，信息增益率方法和 SVM-RFE 方法在小特征数量情况下的精度表现较好。如果仅考虑特征选择效率(使用有限特征最先达到与全部特征可比的精度)，对于 RF 分类器，SVM-RFE 和卡方检验是两种合适的方法，因为仅仅使用 8 个特征时，分类精度的统计显著性差异就不存在，而其他三种方法却需要更多特征。对于 SVM 分类器，所有方法都使用相同的特征数量(8 个特征)就能达到与全部特征可比的精度(表 4.1)。因此，一般认为 SVM-RFE 是比较适合 RF 分类器的方法，而信息增益率和 SVM-RFE 两种方法更适合 SVM 分类器。

表 4.1 选择的特征分类精度与全部特征的分类精度间的统计差异测试值

特征数量	信息增益率		Relidf-F		RF		SVM-RFE		卡方检验	
	RF	SVM	RF	SVM	RF	SVM	RF	SVM	RF	SVM
2	5.81	5.15	26.32	15.11	23.35	29.82	9.68	7.14	9.87	27.13
4	4.09	4.13	17.51	13.82	7.05	8.54	4.95	3.72	6.53	6.17
6	2.82	2.5	6.05	3.54	3.06	2.72	5.26	2.52	6.33	6.52
8	2.49	1.47	1.98	1.53	2.39	0.55	1.37	-1.35	0.82	0.64
10	2.01	-0.13	1.94	0.48	0.15	-0.38	1.35	-1.34	-0.23	-0.15
12	1.04	-0.06	0.76	-0.69	-0.74	-0.08	1.05	-1.94	0.34	0.7
14	1.14	-1.27	1.96	-0.29	-0.46	-0.98	0.67	-0.98	0.8	-0.02

续表

特征数量	信息增益率		Relidf–F		RF		SVM–RFE		卡方检验	
	RF	SVM	RF	SVM	RF	SVM	RF	SVM	RF	SVM
16	0.32	−0.46	1.06	−0.67	−0.11	−0.94	1.24	−0.81	0.23	−0.08
18	0.86	−0.51	1.54	−1.1	0.16	−0.39	0.32	−0.71	−0.35	−0.65
20	0.03	−0.99	0.87	0.5	0.52	−0.7	1.85	−0.02	−1.5	−0.91
22	−1.33	−0.36	0.4	0.09	0.41	−0.46	0.99	−0.27	−2.07	0.85
24	−0.03	−0.57	4.09	−0.53	−0.19	−0.36	0.42	−0.57	−0.72	−1.58
26	−0.15	−2.31	1.02	−0.55	0.84	−0.42	1.2	−1.89	0.92	−0.43
28	−0.76	−1.83	0.73	−0.74	0.6	−0.66	0.85	−1.16	−0.62	−0.13
30	−0.32	−1.75	1.47	−0.59	1.82	−0.52	2.22	0.02	0.03	0.18

注：通过双尾 t 检验计算得到统计值，如果统计值的绝对值大于 1.96，那么认为在 0.05 的显著性水平上存在显著差异。
正数表示全部特征参与分类的平均精度大于筛选的特征参与分类的平均精度，反之，后者平均精度优于前者

　　图 4.2 和图 4.3 展示两种分类器在三种特征子集评估方法下的总体精度均值和标准差随训练样本数量的变化趋势。结果显示，无论使用哪种特征选择方法和分类方法，分类精度都随着训练样本数量的增加而增加，标准差则减小（Ma et al.，2015）。

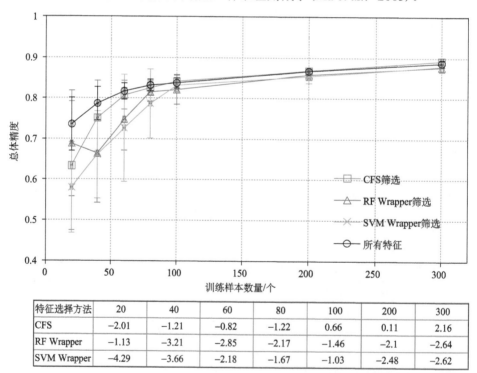

特征选择方法	20	40	60	80	100	200	300
CFS	−2.01	−1.21	−0.82	−1.22	0.66	0.11	2.16
RF Wrapper	−1.13	−3.21	−2.85	−2.17	−1.46	−2.1	−2.64
SVM Wrapper	−4.29	−3.66	−2.18	−1.67	−1.03	−2.48	−2.62

图 4.2　不同优化特征子集使用 RF 分类器在不同训练样本数量下的分类精度
通过双尾 t 检验获取统计值，表示优化特征子集分类精度与全部特征的分类精度的显著性差异情况

　　为进一步比较三种特征选择方法的差异，研究使用双尾 t 检验评估了三种方法选择的优化特征子集与全部特征分类精度间的显著性差异，结果展示在图 4.2 和图 4.3 中。对

于 RF 分类器(图 4.2),采用 CFS 方法得到的结果在大部分情况下与全部特征的结果不存在显著性差异,即用 CFS 方法选择的特征与全部特征参与分类的表现十分相似,而使用两种封装方法选择的特征子集的分类精度却显著地差于全部特征参与的分类精度(图 4.2)。对于 SVM 分类器,图 4.3 显示三种方法选择的特征子集和全部特征参与分类的精度几乎在所有的训练样本情况下都不存在显著性差异。因此,SVM 分类器更得益于三种特征子集评估方法,虽然特征选择不能显著地改进其分类精度,但是减少的特征数量能够提高分类器的效率。

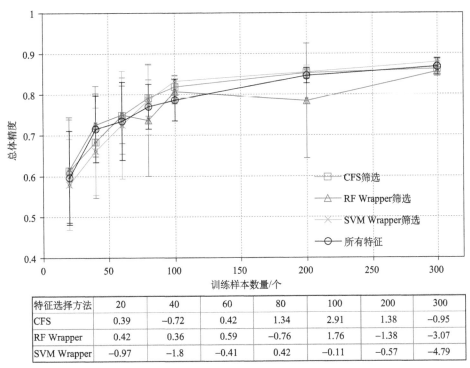

特征选择方法	20	40	60	80	100	200	300
CFS	0.39	−0.72	0.42	1.34	2.91	1.38	−0.95
RF Wrapper	0.42	0.36	0.59	−0.76	1.76	−1.38	−3.07
SVM Wrapper	−0.97	−1.8	−0.41	0.42	−0.11	−0.57	−4.79

图 4.3　不同优化特征子集使用 SVM 分类器在不同训练样本数量下的分类精度

通过双尾 t 检验获取统计值,表示优化特征子集分类精度与全部特征的分类精度的显著性差异情况

前文分别比较了两类特征选择方法,对两类方法在面向对象的遥感影像分类中的表现有一定的了解。然而,鉴于两类方法特征选择结果类型的差异,并未比较分析两类特征选择方法之间的表现。为综合比较所有的特征选择方法,这里以全部特征的分类精度作为标准,分别选择各特征选择方法最好的分类精度与全部特征的分类精度进行统计显著性评估(表 4.2)。对于特征重要性评估方法,当特征子集的个数使得 10 次分类均值最高时,达到该特征选择方法的最好分类精度。对于三种特征子集评估方法,优化的特征子集本质上是假设使得分类精度最高的情况,所以获取的分类精度为最好的分类精度。表 4.2 中的三种特征子集评估方法的最好分类精度使用的特征数量不是整数,这是因为表 4.2 每个空格的分类精度是 10 次重采样的分类精度均值,而对于三种特征子集评估方法,每次分类由于训练样本不同,评估的优化特征子集数目往往并不相同,所以这里使用 10 次优化特征数量的均值表示这三种方法一般选择的优化特征数量。

表 4.2　选择特征的最优分类精度与全部特征的分类精度间的统计差异测试值

特征选择方法	20个训练对象		40训练对象		60个训练对象		100个训练对象		200个训练对象		300个训练对象	
	RF	SVM	RF	SVM	RF	SVM	RF	SVM	RF	SVM	RF	SVM
信息增益率	0.35(28)	4.20(16)	0.69(28)	2.40(18)	0.0084(28)	3.10(12)	0.46(22)	4.20(14)	-0.52(16)	2.20(18)	0.63(22)	2.70(26)
Relief-F	0.26(24)	3.70(8)	1.20(26)	3.10(20)	1.80(16)	3.60(20)	0.49(24)	4.40(24)	0.89(22)	2.40(16)	0.35(22)	2.10(18)
RF	2.02(18)	4.60(8)	1.40(30)	2.50(12)	1.90(26)	5.10(20)	2.30(16)	3.80(10)	2.10(22)	2.60(20)	1.20(12)	1.50(14)
SVM-RFE	1.83(8)	4.80(12)	1.60(28)	2.40(14)	3.30(26)	4.00(10)	2.20(10)	3.40(8)	2.70(14)	3.00(18)	1.10(18)	2.20(12)
卡方检验	1.74(30)	3.60(18)	3.70(20)	1.10(14)	0.69(30)	3.10(12)	1.70(18)	5.00(12)	1.80(30)	2.60(24)	1.10(22)	3.10(24)
CFS	-2.01(2.9)	0.39(3)	-1.21(4.6)	-0.72(4.6)	-0.82(5.4)	0.42(5.9)	0.66(7.5)	2.91(6.3)	0.11(8.1)	1.38(8.4)	2.16(9)	-0.95(9.2)
RF Wrapper	-1.13(3)	0.42(2.5)	-3.21(3.8)	0.36(3.9)	-2.85(3.2)	0.59(3.5)	-1.46(5.4)	1.76(4.4)	-2.10(5.6)	-1.38(5.2)	-2.64(6.2)	-3.07(5.6)
SVM Wrapper	-4.29(3)	-0.97(2)	-3.66(3.8)	-1.80(3.7)	-2.18(4.1)	-0.41(5.1)	-1.03(7)	-0.11(6)	-2.48(6.7)	-0.57(6.4)	-2.62(6.9)	-4.79(6.1)

注：通过双尾 t 检验计算得到统计值，如果统计值绝对值大于 1.96，那么认为在 0.05 的显著性水平上存在显著差异。正数表示筛选特征参与分类的最优均值大于全部特征参与分类的平均精度，反之，后者平均精度优于前者。括号里的值表示求取最优分类精度时使用的特征个数

　　通过比较两类特征选择方法的表现,发现特征重要性评估方法一般能改进分类精度,然而两种封装方法相比于全部特征,其分类精度一般更低(表 4.2),所以一般认为原始的封装方法对于面向对象的遥感影像分类一般不具有优势,尽管 Fassnacht 等(2014)认为它在高光谱基于像素的分类中表现较好。通过三种特征子集评估方法获取的优化特征了集的特征个数一般较少,特别是两种封装方法。而特征重要性评估方法的分析证明最好的分类精度一般需要使用较多的特征(表 4.2)。这主要是由于封装方法中使用的基于点的 10 折交叉验证导致分类器表现过度拟合(Sun and Schulz, 2015),使得最好的分类精度主要发生在使用较少特征的情况下,特别是当封装方法使用 RF 分类器作为基础学习模型时。所以,类似于 Johnson(2015)在多尺度问题中提出的疑问,机器学习中的交叉验证在面向对象的遥感影像分类中存在类似的问题:由于大量混合对象的存在,单个分割对象并不一定只包括一个类别(Ma et al., 2015),传统的基于点的精度评估交叉验证并不适用于面向对象的遥感影像分类前的特征选择过程。

　　总的来说,特征重要性评估方法获取的最好分类精度显著优于全部特征的分类精度,证明特征选择对面向对象的遥感影像分类的潜在优势,尽管特征子集评估方法并没有显著优势。特征重要性评估方法更适合面向对象的遥感影像分类,而封装方法有必要进一步测试基于面积的交叉验证的有效性。

　　对于特征重要性评估方法,表 4.2 显示 RF 和 SVM-RFE 特征选择方法能够显著改进 RF 分类器的表现,而信息增益率和 Relief-F 方法与全部特征的表现十分相似。相反,5 种特征重要性评估方法能够显著改进 SVM 分类器的分类精度。所以如果特征选择的目标是改进面向对象的遥感影像分类的精度,应当首选特征重要性评估方法,因为三种特征子集评估方法几乎不能显著改进分类精度。另外,对于 RF 分类器,不同训练样本条件下,获取最优分类精度时使用的特征数量主要集中在 15~25,而 SVM 分类器一般使用更少的特征(10~20 个特征)就能得到最优的分类精度。

4.5　本章小结

　　本章目的是研究不同的监督特征选择方法在面向对象的遥感影像分类中的不确定性。评估两类特征选择方法在无人机影像的农业制图中的表现,结果表明:

　　(1)分类精度受使用特征个数影响较大。一开始总体分类精度随特征个数增加快速增大,随着使用更多的特征,总体精度开始趋于稳定。一般在 10 个特征左右达到与全部特征可比的稳定精度。另外,不同训练样本大小的表现也存在较大差异,大样本条件下,霍夫效应不明显,小样本条件下,霍夫效应明显。

　　(2)不同特征选择方法的表现存在较大差异,选择合适的特征选择方法对面向对象的遥感影像分类结果较重要。一般地,SVM-RFE 是最好的特征重要性评估方法,特征重要性评估方法证明特征选择有益于面向对象的遥感影像分类。CFS 在三种特征子集评估方法中表现最好,嵌入基于面积的交叉验证的封装方法有望提高面向对象的遥感影像分类精度。

　　(3)RF 分类器对分割对象的特征维数相对不敏感,特征选择能够更加频繁地改进 SVM 的分类精度。一般地,RF 分类器在 15~25 个特征时易得到较高的分类精度,而

SVM 分类器在 10～20 个特征时能够获得最高的分类精度。

参 考 文 献

Chubey M S, Franklin S E, Wulder M A. 2006. Object-based analysis of Ikonos-2 imagery for extraction of forest inventory parameters. Photogrammetric Engineering and Remote Sensing, 72: 383-394

Duro D C, Franklin S E, Dube M G. 2012. A comparison of pixel-based and object-based image analysis with selected machine learning algorithms for the classification of agricultural landscapes using SPOT-5 HRG imagery. Remote Sensing of Environment, 118(15): 259-272

Fassnacht F E, Hartig F, Latifi H, et al. 2014. Importance of sample size, data type and prediction method for remote sensing-based estimations of aboveground forest biomass. Remote Sensing of Environment, 154: 102-114

Gilad-Bachrach R, Navot A, Tishby N. 2004. Margin based feature selection - theory and algorithms. Alberta: Twenty-first international conference on Machine learning(ICML): 43

Guyon I, Weston J, Barnhill S, et al. 2002. Gene selection for cancer classification using support vector machines. Machine Learning, 46: 389-422

Hall M, Frank E, Holmes G, et al. 2009. The WEKA data mining software: An update. ACM SIGKDD Explorations Newsletter, 11(1): 10-18

Han J, Kamber M, Pei J. 2011. Data Mining: Concepts and Techniques. 3rd ed. Waltham: Morgan Kaufmann

Johnson B A. 2015. Scale issues related to the accuracy assessment of land use/land cover maps produced using multi-resolution data: comments on "The Improvement of Land Cover Classification by Thermal Remote Sensing". Remote Sensing, 7: 13436-13439

Kohavi R, John G H. 1997. Wrappers for feature subset selection. Artificial Intelligence, 97: 273-324

Laliberte A S, Browning D M, Rango A. 2012. A comparison of three feature selection methods for object-based classification of sub-decimeter resolution UltraCam-L imagery. International Journal of Applied Earth Observation and Geoinformation, 15: 70-78

Laliberte A S, Rango A. 2009. Texture and scale in Object-based analysis of subdecimeter resolution Unmanned Aerial Vehicle(UAV)imagery. IEEE Transactions on Geoscience and Remote Sensing, 47(3): 761-770

Liu H, Setiono R. 1995. Chi2: Feature selection and discretization of numeric attributes. Herndon: Proceedings of the Seventh IEEE International Conference on Tools with Artificial Intelligence: 388-391

Ma L, Cheng L, Han W Q, et al. 2014. Cultivated land information extraction from high-resolution unmanned aerial vehicle imagery data. Journal of Applied Remote Sensing, 8(1): 83673

Ma L, Cheng L, Li M, et al. 2015. Training set size, scale, and features in Geographic Object-Based Image Analysis of very high resolution unmanned aerial vehicle imagery. ISPRS Journal of Photogrammetry and Remote Sensing, 102: 14-27

Maldonado S, Weber R. 2009. A wrapper method for feature selection using Support Vector Machines. Information Sciences, 179: 2208-2217

Melgani F, Bruzzone L. 2004. Classification of hyperspectral remote sensing images with support vector machines. IEEE Transactions on Geoscience and Remote Sensing, 42: 1778-1790

Novack T, Esch T, Kux H, et al. 2011. Machine learning comparison between WorldView-2 and QuickBird-2-Simulated imagery regarding Object-Based urban land cover classification. Remote Sensing, 3(10): 2263-2282

Pal M, Foody G M. 2010. Feature selection for classification of Hyperspectral data by SVM. IEEE Transactions on Geoscience and Remote Sensing, 48(5): 2297-2307

Pal M, Mather P M. 2006. Some issues in classification of DAIS hyperspectral data. International Journal of Remote Sensing, 27: 2895-2916

Pedergnana M, Marpu P R, Dalla Mura M, et al. 2013. A novel technique for optimal feature selection in attribute profiles based on genetic algorithms. IEEE Transactions on Geoscience and Remote Sensing, 51: 3514-3528

Peña J M, Torres-Sánchez J, de Castro A I, et al. 2013. Weed mapping in early-season maize fields using object-based analysis of Unmanned Aerial Vehicle (UAV) images. PLoS ONE, 8: e77151

Peña-Barragán J M, Ngugi M K, Plant R E, et al. 2011. Object-based crop identification using multiple vegetation indices, textural features and crop phenology. Remote Sensing of Environment, 115(6): 1301-1316

Phuong T M, Lin Z, Altman R B. 2006. Choosing SNPs using feature selection. Journal of Bioinformatics and Computational Biology, 4: 241-257

Puissant A, Rougier S, Stumpf A E. 2014. Object-oriented mapping of urban trees using Random Forest classifiers. International Journal of Applied Earth Observation and Geoinformation, 26: 235-245

Robnik-Šikonja M, Kononenko I. 2003. Theoretical and empirical analysis of ReliefF and RReliefF. Machine Learning, 53: 23-69

Rodin A S, Litvinenko A, Klos K, et al. 2009. Use of wrapper algorithms coupled with a random forests classifier for variable selection in large-scale genomic association studies. Journal of Computational Biology, 16: 1705-1718

Stumpf A, Kerle N. 2011. Object-oriented mapping of landslides using Random Forests. Remote Sensing of Environment, 115(10): 2564-2577

Sun L, Schulz K. 2015. Scale issues related to the accuracy assessment of land use/land cover maps produced using multi-resolution data: comments on "The improvement of land cover classification by thermal remote sensing". Remote Sensing, 7: 13440-13447

Sun X D, Xu H Q. 2009. Comer extraction algorithm for high-resolution imagery of agricultural land. Transactions of the CSAE, 25(10): 235-241

Topouzelis K, Psyllos A. 2012. Oil spill feature selection and classification using decision tree forest on SAR image data. ISPRS Journal of Photogrammetry and Remote Sensing, 68: 135-143

van Coillie F, Verbeke L, de Wulf R R. 2007. Feature selection by genetic algorithms in object-based classification of IKONOS imagery for forest mapping in Flanders, Belgium. Remote Sensing of Environment, 110(4): 476-487

Verikas A, Gelzinis A, Bacauskiene M. 2011. Mining data with random forests: A survey and results of new tests. Pattern Recognition, 44(2): 330-349

Vieira M A, Formaggio A R, Rennó C D, et al. 2012. Object based image analysis and data mining applied to a remotely sensed Landsat time-series to map sugarcane over large areas. Remote Sensing of Environment, 123: 553-562

Weston J, Muckerjee S, Chapelle O, et al. 2000. Feature Selection for SVMs. In: Leen T, Dietterich T, Tresp V. Advances in Neural Information Processing Systems 13. Cambridge, MA, USA: MIT Press

Yu Q, Gong P, Clinton N, et al. 2006. Object-based detailed vegetation classification with airborne high spatial resolution remote sensing imagery. Photogrammetric Engineering and Remote Sensing, 72: 799-811

Zhao Z, Morstatter F, Sharma S, et al. 2010. Advancing feature selection research—ASU feature selection repository. Phoenix: Technical report, School of Computing, Informatics, and Decision Systems Engineering, Arizona State University

第 5 章　面向对象监督分类方法
不确定性研究

前文在一定程度上探索了尺度优化问题，然而要想得到完全与现实地物一一对应的分割对象，几乎是不可能完成的任务。此外，根据第 1 章综述以及第 3 章的特征与尺度效应评估，面向对象的监督分类不仅受尺度的影响，还面临各种挑战，例如样本、特征等方面的问题。一方面，现有研究缺乏对面向对象的监督分类各阶段的综合分析，对各种分类器仍然没有统一认识。另一方面，虽然前述研究已涉及几种优秀的分类方法，但本章的主要目的不是获取最优秀的分类器，而是探索各种分类器在面向对象条件下的响应机制，从新的视角认识面向对象的监督分类方法。采用与前文相同的两个研究区，测试常用的 7 种统计或机器学习分类器，通过有放回的采样训练对象，在不同的尺度、特征、样本和混合对象情况下，得到多个分类精度结果。随后利用可视化评估和统计测试工具(包括多重比较分析和协方差分析)，实现鲁邦的比较分析，完成不同分类器的不确定性研究，为高分影像在不同的面向对象分类条件下的分类器选择提供参考。

5.1　常用监督分类方法概述

本章涉及 7 种统计或机器学习分类器，包括支持向量机、PF、K 最近邻、决策树、自适应增强树(adaptive boosting.M1, Adaboost.M1)、朴素贝叶斯(Naive Bayes)和惩罚线性判别分析。其中对于 RF 分类器，第 3 章已详细阐述其原理，且也经过实践，本章的实现参数与 3.3 节的描述一致，这里不再做更多描述。所以下面的描述主要包括其他 6 种分类方法，且所有方法都是通过调用 R 语言包中的相关函数实现，其中 RF 使用"randomForest"包，并在 C#和 ArcEngine 环境下整合，实现从采样到精度评估的自动整合。

5.1.1　支持向量机

支持向量机(SVM)是一种非参数监督学习分类器，它是遥感影像分类领域十分流行的分类算法之一(Otukei and Blaschke, 2010)。为了实现 SVM 算法，研究采用 R 包"e1071"，其实现了 Chang 和 Lin(2011)开发的 LIBSVM 库，并且提供四种不同的核函数。根据 Hsu 等(2010)的建议，这里采用径向基函数(radial basis function)。对于径向基函数，需要在分类前设置两个参数以实现 SVM，包括惩罚参数(penalty parameter)C 和核参数(kernel parameter)γ。为发现最好的参数 C 与 γ，使用格网搜索方法测试每一次的交叉验证精度，选择使得交叉验证精度最高的参数对 (C, γ) 作为 SVM 的分类参数。为避免完全的搜索，提高搜索效率，使用粗糙格网，二维参数空间算式为 2^d，进而计算 $\gamma = 2^d (d = -4, -3.5, -3, \cdots, 1)$，$C = 2^d (d = -4, -1.5, -1, \cdots, 4)$。由于 SVM 是十分普遍的算法，这里不再详细介绍它的原理，更多关于 SVM 的描述可以参考 Mountrakis 等(2011)。

5.1.2　最近邻分类

一般地，由于 KNN 的简单和灵活性，其已经广泛应用在面向对象的影像分类框架体系中(Samaniego et al., 2008; Tsai et al., 2011; Lucieer et al., 2013; Fernández Luque et al., 2013; Zhang, 2015)。同时，早期 eCongnition 中除了模糊规则分类，仅有的监督分类方法就是 KNN 分类算法，有必要在比较分析中对 KNN 分类算法进行讨论。和基于模型的学习算法相反，KNN 将特征空间中最近邻的类别赋予单个对象，而不是利用模型学习。为了预测一个新的对象类别，首先应用 KNN 从训练样本中发现特征空间上最近的邻居样本的对象，随后投票实现最终预测。K 是可调的参数，一般它是很小的正数(例如 1，2，…)。本书的研究利用 R 包 "e1071" 实现 KNN 的 K 值优化，它能够采用有放回的采样方法反复测试分类结果，基于交叉验证获取优化的 K 值，其中设置 K 的范围为 1~10，步长为 1。获取优化的 K 值后，最终利用优化的 K 值在 R 包 "class" 中实现 KNN 算法。

5.1.3　决策树

近几年，决策树在遥感影像分类中的应用逐渐增加(Peña-Barragán et al., 2011)，特别是面向对象的遥感影像分类。对于面向对象的遥感影像分析，一般认为最重要的阶段是对影像分割对象的解释模型的构建，这实际上是面向对象的遥感影像分类中广泛使用的模糊规则分类的模式，因为分割后的对象一般具有实际意义，所以构建可以理解的模型对于面向对象的遥感影像分类更有意义。然而，这对一般的监督分类器来说很困难，因为它们一般都属于黑盒操作，即只关心输入与输出。而决策树分类器是这里考虑的 7 种分类器中唯一属于白盒操作的分类器，它与模糊规则分类模式相似，因为它能够输出可视的规则树，通过这种分类器，能够容易地解释特征和类别之间的关系。所以，学者普遍关注决策树在 OBIA 框架体系下的表现(Laliberte and Rango, 2009; Vieira et al., 2012; Li and Shao, 2013)。本书的研究中，通过指定的响应公式进行二元递归分区，从右顺序开始的模式构建树，划分的原则是选择使得纯度最大化减少的特征，随后利用该特征对数据集进行划分，并重复这个过程。二元划分一直持续到最后一个节点的数据集实在太小或太少时停止(Breiman et al., 1984)。利用 R 包 "tree" 实现决策树分类，树的增长深度限制在 31，因为这里使用的特征总数仅为 32 个。

5.1.4　提升树

除了装袋(bagging)，提升(boosting)是另一个流行的集成树的方法(Alfaro et al., 2013)。而自适应增强(adaboost)又是比较流行的提升方法，由于其精度高，近年来其也更多地受到遥感影像分类领域的青睐(Chan et al., 2001; Chan and Paelinckx, 2008; Stavrakoudis et al., 2011; Alfaro et al., 2013)。和装袋一样，Adaboost 也需要训练多个弱分类器。然而，装袋的每一次迭代的条件都相同，Adaboost 能够加权处理分类对象，每一次测试的错误分类率被用来更新训练样本的分布。其根据前一次的错误分类率，决定下一次测试时样本的权重，增加上一次错误分类的样本的权重，减小正确分类的样本的权重,从而迫使分类器在下一次迭代中更加关注难以识别的样本(Alfaro et al., 2013)。最终,Adaboost 训练出多个加权的分类模型,从而有潜力进一步提高通过各子分类模型投票决定分类对象类别的准确性。在本书的研究中,应用 Freund 和 Schapire(1996)提出的 Adaboost.M1 算法测试自适应增强在面向对象遥感影像分类中的表现,Adaboost.M1 集成的弱分类器是分类树,使用 R 包 "adabag" 实现。其中,迭代次数和单个分类树的个数设置为默认的 100。

5.1.5　朴素贝叶斯分类器

贝叶斯网络是一种强有力的处理不确定性条件的概率表征和推理工具(Ouyang et al., 2006)。由于它具有高可伸缩和学习能力,其也作为一种策略或单个分类器被广泛地应用于遥感影像分类中(Datcu et al., 2003; Aksoy, 2008; Yang and Wang, 2012)。最近关于面向对象的遥感影像分类器的比较也有学者关注 NaiveBayes 分类器(Dronova et al., 2012)。从概率角度来看,如果 X 表示一个分割对象的特征矢量,Y 表示该对象的类别,那么预测问题可以视作一个条件概率估计问题,即使得 $P(Y \mid X)$ 最大的 Y 为预测类别,其中 $P(Y \mid X) == P(X \mid Y) \times P(Y) / P(X)$,也就是寻找使得 $P(X \mid Y) \times P(Y)$ 最大的 Y。标准的朴素贝叶斯分类器假设参与预测的特征变量相互独立,那么问题变为找到使得 $\prod_{i=1}^{n} P(X_i \mid Y) \times P(Y)$ 最大的 Y(Murty and Devi, 2011)。这里通过 R 包 "e1071" 实现该分类器,并使用函数的默认参数设置。

5.1.6　惩罚线性判别分析

由于惩罚线性判别分析分类方法已经被证明其在处理高维高度相关的特征变量数据上的优势,所以其也被广泛地应用于高光谱遥感影像分类研究中(Yu et al., 1999; Bandos et al., 2009)。和高光谱遥感数据一样,遥感影像经过分割后能够衍生更多对象特征,根据每个波段就能计算出 30 个光谱或纹理特征,假设有 4 个波段,那么就是 120 个光谱或纹理特征,面对光谱波段更多的高分影像,该数字还能成倍增加(例如 Worldview-3),如此强大的特征衍生能力,绝不亚于高光谱遥感数据。因此,研究也测试了 PLDA 方法识别分割对象的能力。PLDA 是一种一般性的惩罚判别向量的方法,能够增加 Fisher 判别问题的可解释性(Witten and Tibshirani, 2011)。本书的研究使用 R 包 "penalizedLDA" 实现该方法(Witten, 2011),其中调优参数设置为 0.14(Lambda),判别向量个数等于类别总数减 1。

5.2　统计测试方法

在遥感影像分析中,虽然有许多精度评估指标,然而很多研究将总体精度作为主要的精度指标(Liu et al., 2007; Congalton and Green, 2009),因此将总体精度的表现作为主要的分类精度比较指标,其直接解释与类别识别的误判率和遗漏率的相关可能性(Stehman, 1997)。另外,由于分割对象的不确定性(Dronova et al., 2012),和 3.4 节一样,同样选择基于面积的精度评估方法计算混淆矩阵和总体精度(Whiteside et al., 2014)。获取精度指标后,为选择几个适用的统计测试方法和指标,首先综述了当前流行的遥感影像分类精度统计比较方法。在实践中,McNemar 检验广泛用于评估分类精度间是否存在显著性差异(Yan et al., 2006; Foody and Mathur, 2006; Whiteside et al., 2011; Dingle Robertson and King, 2011; Gong et al., 2011; Duro et al., 2012a),但测试的样本必须服从卡方分布或者近似正态分布(Foody, 2004)。由于这里使用的基于面积的精度评估方法十分耗时,实验不能重复分类太多次,特别是在精细尺度下,其分割对象骤增,导致几何空间叠加计算量很大。所以,需要参数假设的统计方法不适用于本研究,因为获取的精度样本不是足够大。在这种情况下,不需要任何假设条件的非参数检验方法更多地应用在评估分类表现是否存在统计显著差异(Demšar, 2006; Brenning, 2009; Xu et al., 2014)。

　　根据以上描述,本章的研究首先采用非参数的 Kruskal-Wallis 检验,确定每个分类器在不同的尺度组合上的分类精度是否存在显著差异。此外,为比较不同尺度或训练样本大小情况下分类器之间的表现,考虑使用 Friedman 检验来确定所有分类器在总体上是否存在显著差异,如果存在,那么进一步根据 Nemenyi 检验执行事后比较(post-hoc test),从而实现分类器间的多重比较(Demšar, 2006; Pohlert, 2014)。另外,Friedman 检验也用于比较不同分类器的分类表现在特征选择和全部特征之间是否存在显著差异。通过改变重叠率(分割对象标签规则),在尺度 80(考虑各类别对象都相对优化的尺度)时重复更多次采样分类,随后通过协方差分析(analysis of covariance, ANCOVA)评估重叠率与分类器的交互效应。

5.3　实　验　结　果

5.3.1　分类对尺度响应

1. 分类表现的可视化评估

Dronova 等(2012)认为不同分类器随尺度变化的整体精度值及变化幅度相似,然而图 5.1 和图 5.2 表明不同分类器的分类精度随尺度变化具有不同的变化趋势。为比较不同分类器随尺度变化的反应,对每个分割尺度,实验统计 10 次分层随机采样(采样率为30%)分类的总体精度的均值、中位数、标准差、最小值和最大值,如图 5.1 和图 5.2 所示。结果显示,对于两个实验区,SVM 与 RF 都表现出了相同的趋势,即随着分割尺度增大,分类精度都有减少的趋势,且标准差开始增大。换句话说,SVM 和 RF 分类器的分类精度在精细尺度上较稳定,且精度较高,但在粗糙尺度上都不是很稳定。为了更加可靠地比较分类精度间的尺度差异,将 19 个分割尺度顺序划分为不同的尺度组合,每一次增加一个尺度进入新的组合,最后得到 18 个尺度个数递增的组合,直到最后一个组合包含所有的 19 个尺度[例如(20,30),(20,30,40),…],随后对不同的组合分别实施 Kruskal-Wallis 检验,即对每个实验区实施 18 次 Kruskal-Wallis 检验,以测试不同的组合是否存在显著差异,显然几个小尺度组合更有可能相似,直到包含粗糙尺度的组合才有可能出现显著差异。结果显示,对于实验区 1,在尺度 110 包含进尺度组合前,RF 和 SVM

分类器的各个组合在 5%的显著性水平上($p<0.001$)都没有显著差异；对于实验区 2，在尺度 80 加入检验组合后 SVM 分类器出现显著差异，而在尺度 60 加入检验组合后 RF 分类器出现显著差异。更进一步，这种差异可以用来探测最优分割尺度。

对于 NaiveBayes 和 DT 分类器，能够看到图 5.1 和图 5.2 中清晰地展示了两个实验区类似的变化趋势，即随着尺度的增大，分类精度逐渐增大的情况，且 DT 在一定的分割尺度上，分类精度出现下降的倾向，这种情况在实验区 2 更为明显，即从尺度 140 开始，出现较明显的降低。和 DT 分类器一样，Adaboost.M1 表现出类似的趋势，这主要

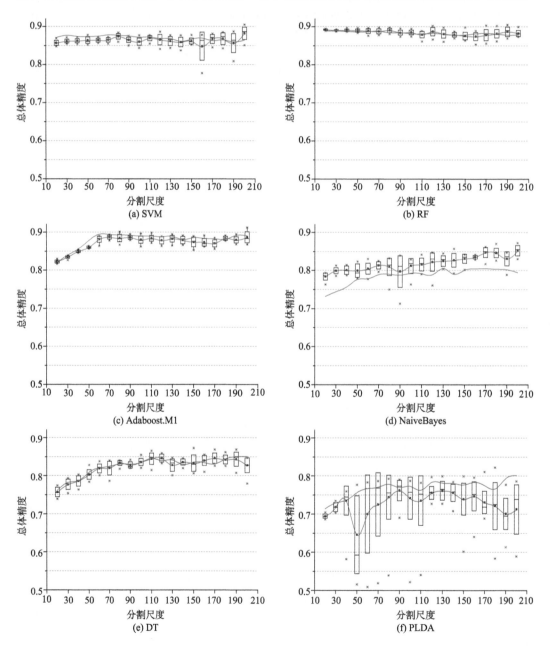

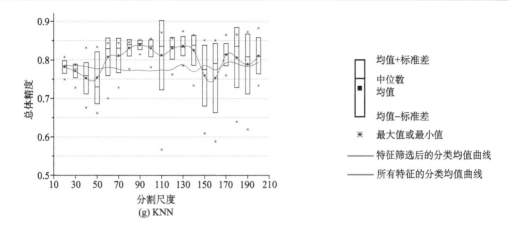

图 5.1　实验区 1 中 7 种分类器在不同尺度上的总体精度

对于单个尺度，执行 10 次独立随机分层采样，统计 10 次分类总体精度的均值、中位数、标准差、最小值和最大值。
其中红色表示特征选择参与分类的结果均值拟合曲线，蓝色表示全部特征参与分类的结果均值拟合曲线

是因为其是基于决策树的集成分类器，然而，由于集成学习，两个实验区 Adaboost.M1
在各尺度上的精度表现都优于 DT 分类器，值得一提的是，Adaboost.M1 在精细尺度上
的精度表现没有展现出我们期望的效果，两个实验区的精度分别从尺度 70 和 60 开始出
现急剧下降的情况，尽管相比于粗糙尺度，精度表现更加稳定，即标准差更小。相比于

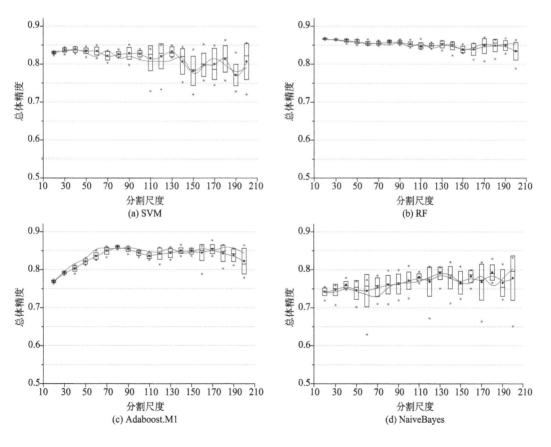

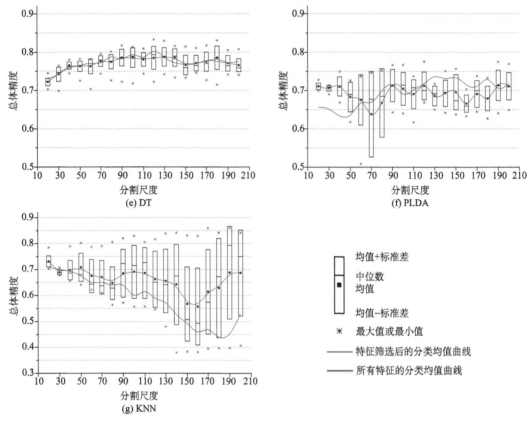

图 5.2 实验区 2 中 7 种分类器在不同尺度上的总体精度

详细解释参考图 5.1

其他分类方法，KNN 和 PLDA 分类器的方差在各尺度上明显增大，且随着尺度的变化，各尺度的精度均值出现更大差异和不确定性，不过总体上看，相比于精细尺度和粗糙尺度，实验区 1 在中等尺度上表现出较好的精度。在实验区 2，KNN 随着尺度增大，精度持续降低，且表现更加不稳定，而 PLDA 的精度在各尺度上的表现相对稳定，除了尺度 50～70 表现出较大异常。

2. 分类器间多重比较

由于需要比较的分类算法有 7 个，为了识别各分类器的尺度效应，获取一个或多个较优秀的分类算法，研究采用多重比较(mutiple comparisons)方法。由于尺度较多，不可能在每个尺度上比较所有分类器，那样会使问题复杂化。为使分析简单化，参考 Gong 等(2011)对基于人工免疫网络的分类模型的生成参数的分析，本章研究将尺度分为 4 组，分组 1(尺度 20～50)、分组 2(尺度 60～100)、分组 3(尺度 110～150)、分组 4(尺度 160～200)。由于 Friedman 检验显示每个组合上的所有分类器存在显著差异($p<0.001$)，这意味着开展多重比较识别各分类器间的差异是有意义的。根据 Nemenyi 检验的事后检验结果，表 5.1 展示了多重比较结果。关键检验统计阈值能够通过表 Studentised Range 统计

分布关键阈值分布查询得到。在置信水平 α=0.05 时，比较 7 个分类器，在 ∞ 自由度条件下，其关键阈值查表得到 4.17。由表 5.1 可知，对于分组 2、3、4，在分类器 RF 和 Adaboost.M1 之间不存在显著不同（$q<4.17$），但对于分组 1，两分类器存在显著差异，即在中等或粗糙尺度上两分类器的表现不存在显著差异。然而，对于两个实验区，SVM 和 RF 分类器在小尺度分组 1 上不存在显著不同，虽然实验区 1 实验数据较好，使分组 3、4 没有显著不同，但对于实验区 2，由于 SVM 分类器的精度大幅下降，其相对于 RF 分类器，分组 2、3、4 倾向于分类精度存在显著差异（$q>4.17$）。这主要是由于 SVM 比 RF 分类器对数据质量更加敏感，特别是在粗糙尺度上，换句话说，在大尺度上 RF 相对于 SVM 分类器更加稳定。对于实验区 1，在所有尺度组合上 SVM 和 Adaboost.M1 分类器的表现相似；对于实验区 2，SVM 和 Adaboost.M1 分类器的表现存在显著差异。相似地，两个实验区 DT 和 NaiveBayes 分类器的表现在所有尺度上都不存在显著差异。在 4 个尺度组合上，对于实验区 2，KNN 和 PLDA 分类器的分类精度没有显著差异（$q<4.17$），虽然对于实验区 1，该现象仅仅发生在尺度组合 1 和 4。另外，对于实验区 1，KNN 和 DT/NaiveBayes 分类器的分类精度也不存在统计显著差异（$q<4.17$）。

　　综上所述，在大部分尺度上，能够得出几个不同表现层次的分类器组合（组合内部的分类器的分类精度表现倾向于一致），两个算法一组（包括 RF 和 Adaboost.M1、DT 和 NaiveBayes、KNN 和 PLDA），以及一个算法单独一组（仅 SVM）。

表 5.1　根据 Nemenyi 检验的事后检验在不同尺度组合上的多重比较检验统计结果

实验区	分类器	RF	SVM	Adaboost.M1	NaiveBayes	DT	KNN
实验区 1	SVM	3.29*					
		5.30					
		3.93*					
		3.60*					
	Adaboost.M1	5.49	2.20*				
		1.57*	3.73*				
		0.00*	3.93*				
		0.07*	3.54*				
	NaiveBayes	10.03	6.73	4.54			
		13.88	8.58	12.31			
		11.59	7.66	11.59			
		8.58	4.98	8.51			
	DT	12.52	9.22	7.03	2.49*		
		11.65	6.35	10.08	2.23*		
		9.49	5.56	9.49	2.09*		
		9.30	5.70	9.23	0.72*		
	KNN	13.17	9.88	7.69	3.15*	0.66*	
		11.06	5.76	9.49	2.82*	0.59*	

续表

实验区	分类器	RF	SVM	Adaboost.M1	NaiveBayes	DT	KNN
实验区 1	KNN	11.19	7.27	11.19	0.39*	1.70*	
		12.83	9.23	12.77	4.26	3.54*	
	PLDA	16.98	13.69	11.49	6.95	4.46	3.81*
		18.40	13.09	16.82	4.52	6.74	7.33
		16.96	13.03	16.96	5.37	7.46	5.76
		16.50	12.90	16.43	7.92	7.20	3.67*
实验区 2	SVM	4.14*					
		7.22					
		8.33					
		9.26					
	Adaboost.M1	8.64	4.50				
		2.22*	5.00				
		0.79*	7.55				
		1.76*	7.50				
	NaiveBayes	15.37	11.23	6.73			
		17.13	9.91	14.91			
		14.58	6.25	13.79			
		12.45	3.19*	10.69			
	DT	15.47	11.33	6.83	0.10*		
		14.54	7.31	12.31	2.59*		
		13.79	5.46	13.01	0.79*		
		13.47	4.21	11.71	1.02*		
	KNN	21.06	16.92	12.42	5.69	5.59	
		22.40	15.18	20.18	5.28	7.87	
		20.92	12.59	20.14	6.34	7.13	
		17.82	8.56	16.06	5.37	4.35	
	PLDA	22.25	18.11	13.61	6.88	6.78	1.19*
		23.33	16.11	21.11	6.20	8.80	0.93*
		21.94	13.61	21.15	7.36	8.15	1.02*
		21.71	12.45	19.95	9.26	8.24	3.89*

注：*表示差异不是统计显著，即检验统计结果小于阈值 4.17（置信水平 $\alpha = 0.05$，7 个分类器，∞ 自由度）

基于分类器间的多重比较检验，结果显示 RF 分类器的表现显著优于其他分类器（除了 Adaboost.M1）。排序在 RF 分类器后面的分类器，SVM 表现仅次于 RF，显著优于 DT、NaiveBayes 和 KNN；另外，DT 和 NaiveBayes 显著优于 PLDA。

5.3.2　筛选的特征与全部特征分类比较

由于包含 19 个单独的尺度，为了减少比较任务，同时增加统计检验的样本，这里同样将尺度分为 4 组，分组 1 包括尺度 20、30、40、50，另外三个分组分别包含 5 个尺度。然后采用 Friedman 检验比较每个尺度组合上分别使用筛选后的特征和全部特征分类精度之间的差异，检验结果如表 5.2 所示。容易发现，对于所有尺度组合，Adaboost.M1 分类器在两种特征使用情况下表现出显著的差异($p<0.01$)，然而，在 $p=0.01$ 的显著性水平下，DT 和 RF 分类器的精度之间并没有表现出统计显著性差异。对于 SVM 分类器，结果也指示实验区 1 在精细尺度上采用全部特征进行分类的精度明显优于筛选的特征，但是实验区 2 却没有任何显著差异。另外，结合图 5.1 和图 5.2 也能够看出，在大部分尺度组合上采用全部特征的 PLDA 分类器分类结果明显优于采用选择的特征进行分类的结果，特别是在粗糙尺度组合上。相反，NaiveBayes 分类器总是能够通过特征选择显著改进其分类精度，特别是对于实验区 1。相似地，特征选择对于 KNN 分类器也是有利的。

表 5.2　各尺度组的特征选择和全部特征间的分类表现的 Friedman 检验结果

实验区	分类器	20~50	60~100	110~150	160~200
实验区 1	SVM	0**	0**	0.0237	0.777
	RF	0.0578	0.0477	1	0.157
	PLDA	0.0269	0.0001**	0**	0**
	NaiveBayes	0**	0**	0**	0**
	DT	0.0578	0.572	0.777	0.396
	Adaboost.M1	0**	0**	0.0007**	0.0047*
	KNN	0.0044*	0**	0**	0.0109
实验区 2	SVM	1	0.572	0.258	0.777
	RF	0.0114	0.0237	0.396	0.0237
	PLDA	0**	0.777	0.0019*	0.0109
	NaiveBayes	0.0008**	0.0278	0.689	0.549
	DT	0.823	0.162	0.317	0.841
	Adaboost.M1	0.0005**	0.0019*	0.0109	0.0019*
	KNN	0.371	0.0719	0.0001**	0**

注：*表示置信水平 $p=0.01$ 上的分类表现存在显著差异($p<0.01$)；

　　**表示置信水平 $p=0.001$ 上的分类表现存在显著差异($p<0.001$)

综上所述，NaiveBayes 和 KNN 分类器更有潜力获益于特征选择，而其他分类器要么分类表现相似(例如 RF 和 DT 分类器)，要么特征选择导致分类表现更差(例如 SVM、Adaboost.M1 和 PLDA 分类器)。总之，除了 DT 和 RF 分类器在所有尺度区间都表现出了相似的结果，其他分类器都或多或少随着尺度不同而有一些差异，也就是说，相比于其他分类算法，DT 和 RF 分类器有较强的抗特征干扰能力，图 5.1 和图 5.2 的均值线差异也能反映出来此结果，随着尺度的变化，相对于其他分类算法，DT 与 RF 分类器的特征选择和全部特征参与分类的平均精度总是能够保持一致。

5.3.3　训练集大小对各分类器的影响

实际应用中样本数不可能过多，为使研究具有实际意义，从实际应用出发，这里设置样本参数时不再使用样本比例(第 3 章评估使用),而采用绝对样本数目。针对前述尺度影响分析中得到的实验区较稳定的尺度,选择尺度 80 进行实验分析,同时比较不同分类算法。首先,评估各分类器对训练样本数目的敏感性。图 5.3 和图 5.4 展示了尺度为 80 时,各算法在不同训练样本大小时的分类精度表现,训练样本数目依次为 20 个、40 个、60 个、80 个、100 个、200 个、300 个、400 个、500 个、600 个、700 个、800 个。对于不同训练样本数目,按照相同的比例从不同对象类别中随机抽出一定数量的对象,并使得抽出的总数等于预先设置的训练样本数目。对于分割对象数目很小的类别(例如水体),至少保证有一个对象被抽取。对于实验区 1 和实验区 2,结果显示每种分类器都随着训练样本数目的增加,总体精度随着增大,这与基于像素的方法研究结果一致。另外,方差也大部分是随着训练样本数目的增加而减少。然而,对于实验区 2,DT 和 KNN 分类器并没有其他分类器对训练样本大小那样敏感,且其在实验区 1 样本小于 200 个时,随着样本数目增加,总体精度的增幅也没有其他分类器大。

为进一步评估各分类器在不同样本大小下的表现。将样本数据划分为三个分组:小样本组合(包含样本 20 个、40 个、60 个、80 个)、中样本组合(包含样本 200 个、300 个、400 个)、大样本组合(包含样本 500 个、600 个、700 个、800 个)。随后采用相同的检验方法,对每个样本组合的不同分类器实施多重比较,如表 5.3 所示。实验区 1 的结果显示,在小样本组合上,仅 RF、Adaboost.M1、SVM 和 DT 四个分类器之间没有任何显著差异。然而对于实验区 2,在小样本组合上,除了 PLDA 分类器之外,其他 5 个分类器之间没有任何显著差异。对于所有的样本组合,在置信水平 $\alpha=0.05$ 条件下,RF 和 Adaboost.M1 分类器在两个实验区均不存在显著差异。另外,考虑到表 5.3 的多重比较的分值排序,对于中样本组合和大样本组合,RF 分类器的表现也显著优于其他分类器(除 Adaboost.M1 之外)。

5.3.4　同质和异质对象的影响

本章最后一个实验是测试协因素——重叠率对分类精度的影响,它根据参考图层中的对象与分割图层对象的重叠率控制着采样时分割对象被赋予什么类别(Radoux and Bogaert, 2014)。这里考虑三个重叠率值(包括 0.5、0.7、0.9),分别在尺度 80 时利用不同分类器进行分类,每个分类器在不同的重叠率条件下重复 20 次分类并计算总体精度。为了量化协因素重叠率和总体精度的关系,联合各分类器对其进行协方差分析(ANCOVA)。图 5.5 和图 5.6 展示每个分类器的总体精度和重叠率的散点图。并对每个分类器进行线性回归分析,得到修正后的斜率直线。结果显示,对于每个分类器,重叠率和总体精度的交互效应并没有显著差异,两个实验区的 p 值都大于 0.01,分别等于 0.08708 和 0.1717,换句话说,重叠率对每个分类器的影响一致,即在考虑选择哪一种分类器时,不用考虑重叠率带来的影响。不仅每个分类器拟合的直线斜率十分相似,同时能够清晰地发现总体精度随重叠率的增大而增大(图 5.5 和图 5.6),因为随着重叠率的增大,参与分类的混合对象减少,从而能够改进分类精度。另外,该实验从另一个角度再一次展示了不同分类器的表现差异,RF 和 Adaboost.M1 分类器不仅斜率一致,其斜率的水平也相当,几乎重合,说明两个分类器的表现相当。根据精度表现的不同,随后依次

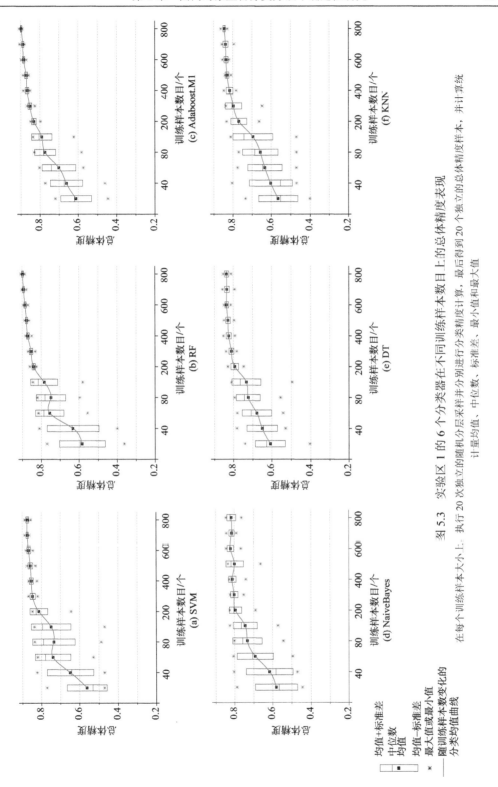

图 5.3　实验区 1 的 6 个分类器在不同训练样本数目上的总体精度表现

在每个训练样本大小上：执行 20 次独立的随机分层采样并分别进行分类精度计算，最后得到 20 个独立的总体精度样本，并计算统计量均值、中位数、标准差、最小值和最大值

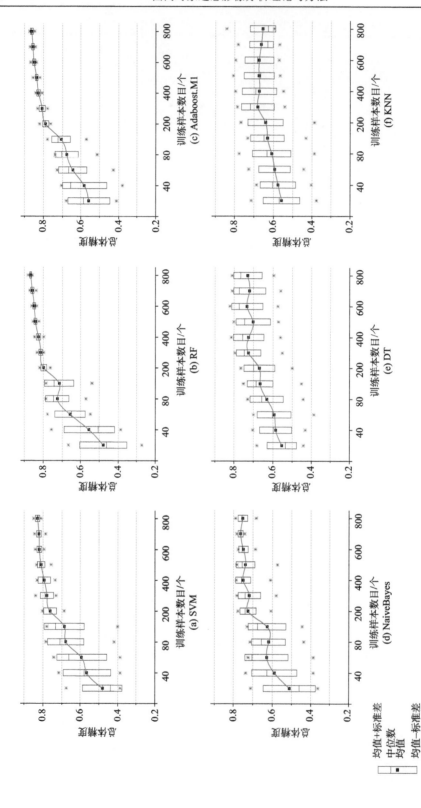

图 5.4　实验区 2 的 6 个分类器在不同训练样本数目上的总体精度表现

表 **5.3**　根据 **Nemenyi** 检验的事后检验在不同训练样本数目上的多重比较检验统计结果

实验区	分类器	RF	Adaboost.M1	SVM	DT	NaiveBayes	KNN
实验区 1	Adaboost.M1	0.54*					
		1.20*					
		1.62*					
	SVM	0.68*	1.21*				
		9.27	8.06				
		8.68	7.06				
	DT	2.5*	3.04*	1.82*			
		13.85	12.65	4.59			
		18.98	17.36	10.30			
	NaiveBayes	5.34	5.88	4.66	2.84*		
		15.10	13.90	5.84	1.25*		
		23.42	21.80	14.74	4.44		
	KNN	8.27	8.8	7.59	5.77	2.93*	
		16.70	15.50	7.44	2.85*	1.60*	
		17.86	16.24	9.18	1.12*	5.55	
	PLDA	7.75	8.29	7.07	5.25	2.41*	0.52*
		24.63	23.43	15.37	10.78	9.53	7.93
		30.71	29.09	22.03	11.73	7.29	12.85
实验区 2	Adaboost.M1	0.80*					
		0.94*					
		1.12*					
	SVM	2.72*	3.52*				
		7.22	6.28				
		8.83	7.72				
	DT	1.33*	2.13*	1.37*			
		16.53	15.59	9.31			
		19.79	18.67	10.96			
	NaiveBayes	2.53*	3.33*	0.19*	1.18*		
		14.21	13.27	6.99	2.32*		
		19.13	18.01	10.30	0.66*		
	KNN	2.93*	3.73*	0.21*	1.58*	0.4*	
		19.47	18.53	12.25	2.94*	5.26	
		26.58	25.46	17.74	6.79	7.45	
	PLDA	—	—	—	—	—	—
		20.22	19.29	13.01	3.70*	6.01	0.76*
		24.73	23.61	15.89	4.94	5.59	1.85*

注：*表示不存在显著性统计差异，即检验统计结果小于阈值 4.17（置信水平 $\alpha = 0.05$, 7 个分类器, ∞ 自由度）；对于实验区 2 的小样本组，由于没有 PLDA 的结果参与测试，其阈值为 4.03

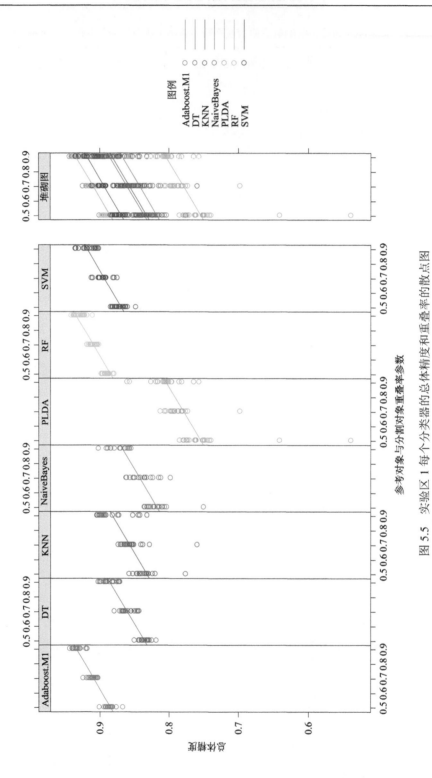

图 5.5　实验区 1 每个分类器的总体精度和重叠率的散点图

对每个分类器进行线性回归分析，并显示其修正后的斜率直线

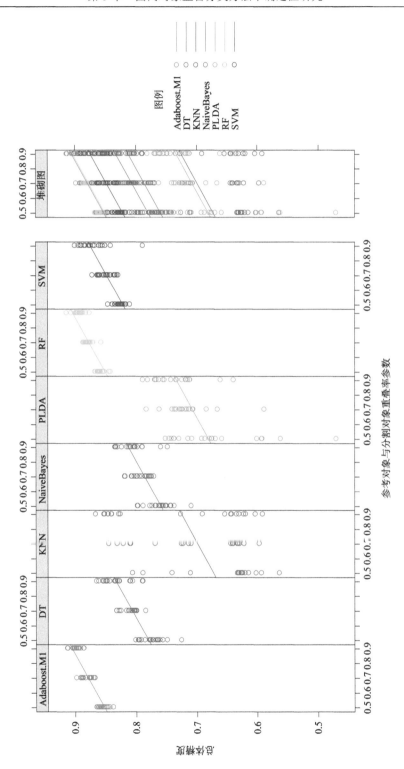

图 5.5　实验区 2 每个分类器的总体精度和重叠率的散点图

x=每个分类器进行线性回归分析，并显示其修正后的斜率直线

是 SVM、DT、NaiveBayes 和 PLDA 分类器。然而 KNN 分类器在两个实验区存在一点差异，其在实验区 1 的表现接近 DT，但在实验区 2 的表现最差。最后应该注意到，这里的测试是在尺度 80 时得到的结果，虽然其不能代表所有尺度上的分类器之间的表现，但足以代表重叠率的表现。

5.4 分 析 讨 论

在 OBIA 框架体系下，由于存在不同的分割尺度、训练样本、采样方案和特征空间，分类器的应用仍然存在很大的挑战。第 1 章的文献综述也指示不同的方法之间存在很大的差异，应用监督分类方法训练分类模型时，总是不能明确什么方法最好（Dronova et al., 2012; Duro et al., 2012a）。本章的主要目的是分析先进的监督分类技术在面向对象的遥感影像分类过程中的表现，评估不同分类器对尺度的敏感性（每个尺度重复 10 次分类），以及分类器对训练样本大小的敏感性（每个训练样本大小重复 20 次分类），还评估了特征选择和混合对象对不同分类方法的影响。

5.4.1 分类器的综合比较

一般地，在 OBIA 框架体系下，研究表明，集成分类器显著好于其他测试的分类技术，这与早期基于像素研究的结论一致（Chan and Paelinckx, 2008; Fassnacht et al., 2014; Xu et al., 2014）。这种现象归功于单个分类器的联合方案（装袋或增强）。Adaboost.M1 分类器的表现在一些情况下相对于 RF 分类器有微弱的优势，因为不能在尺度组合 2、3、4 上观测到两分类器间的统计显著性差异（$q<4.17$）（参考表 5.1）。然而 Adaboost.M1 分类器在精细尺度上的表现不如 RF 分类器，这可以归因于 RF 相对于 Adaboost.M1 分类器具有更加稳定的性能（Chan et al., 2001; Chan and Paelinckx, 2008）。一方面，增加的对象通过二次抽样方法能够为 RF 分类器提供更多的分类信息；另一方面，增加的对象会产生更多相似的特征，使得 Adaboost.M1 分类器区分具有相似特征的对象更加困难，因为 Adaboost.M1 分类器总是增加错误的分类对象的权重，这有可能使具有独特特征的分类样本陆续减少，因为面向对象的遥感影像分析中的某些对象特征有可能与分类类别相关性极强（Chen et al., 2015）。而 RF 却不存在这样的问题，因为每一次迭代对于 RF 来说都有同等机会选中所有的样本对象。这也是为什么 Adaboost.M1 分类器在特征选择下的分类精度显著优于全部特征参与分类的精度，特别是在精细尺度上。因此，在多尺度的面向对象的遥感影像分析不确定的情况下，RF 分类器表现出了良好的可适应性。

虽然在所有尺度范围上 RF 分类器显著优于 SVM 分类器，但随着分割尺度的变化，能够明显观测到两个分类器相似的精度变化趋势，即随着尺度的增大（混合对象会产生并越来越多），分类精度的方差越来越大，均值越来越小。该趋势与前期研究的结论不谋而合：包含混合对象的欠分割现象主要导致面向对象的遥感影像分类错误（参考第 3 章）。同时，SVM 和 RF 分类器在精细尺度范围上的平稳表现也说明这两个分类器能够克服精细尺度上由破碎对象导致的椒盐效应。另外，研究结果也说明 SVM 优于其他非集成分类器，例如 DT、NaiveBayes、KNN 和 PLDA 分类器，该发现与早期的研究结论一致（Duro et al., 2012a)。所以, 精细尺度上的面向对象的分类应更多地使用 SVM 和 RF 分类器。

决策树 DT 的总体精度随着分割尺度变化的趋势与 Laliberte 和 Rango (2009) 的研究高度一致, 这也进一步说明 DT 分类器是一种在 OBIA 范式下十分稳定的分类技术。然而研究表明 DT 分类器不能克服精细尺度上的椒盐效应, 以至于分类树在精细尺度上的表现差于中等或粗糙尺度。尽管如此, 却有很多学者在研究中频繁地选择 DT 分类器 (Mallinis et al., 2008; Peña-Barragán et al., 2011; Vieira et al., 2012; Li and Shao, 2013), 并取得较好的效果, 这主要因为他们使用了尺度优化工具[例如 ESP (Drăguţ et al., 2010, 2014)]或反复尝试获得了优化的分割尺度参数。对于两个实验区, 虽然 DT 分类器在各尺度上的精度表现都明显差于 SVM 分类器, 但是随着尺度的增大, DT 分类器的分类精度逐渐变好, 与 SVM 分类器的差距也相应减小, 在有些尺度上还很相似, 特别是在中等尺度上, 并且从图 5.1 和图 5.2 中也能看到, 在非精细尺度上, DT 分类器的方差变化趋势也与 SVM 分类器相似, 特别是在粗糙尺度上。所以, 当获得优化后的尺度时, 利用 DT 分类器得到的分类精度能够接近 SVM 分类器, 并且相比于其他分类器, 利用 DT 分类器还能看到具体规则定义, 所以当能够获取优化的分割尺度, 希望了解分类特征与类别间的关系时, 应鼓励使用 DT 分类器。

实验表明, KNN 分类器在大部分情况下表现很差, 然而它却广泛地在面向对象的遥感影像分类中被使用或提到 (Mallinis et al., 2008; Crocetto and Tarantino, 2009; Lucieer et al., 2013; Zhang, 2015)。对于 KNN 分类器如此差的表现, Fassnacht 等 (2014) 认为是因为缺乏对标准 KNN 分类器的预测强度指标的有效加权。我们同意这个观点, 因为我们采用相同的分类策略, 测试了加权 KNN 方法 (weighted k-nearest neighbors) (结果不展示), 其用核函数根据近邻对象的距离加权 (Samworth, 2012), 测试结果显示加权 KNN 能够明显改进总体精度。更进一步, KNN 分类器在两个实验区的表现并不一致, 对于实验区 1, KNN 分类器的表现更加接近 DT 和 NaiveBayes 分类器, 而在实验区 2, KNN 的表现更加接近 PLDA 分类器的表现。这是由于实验区 2 复杂的类别结构影响了 KNN 分类器的发现可靠的遥感预测指标, 因此增强了分类的不确定性。总的来说, KNN 分类器对实验区的特征更加敏感, 而其他分类器总能在两个实验区保持相似的精度。

5.4.2　分类器的尺度敏感性分析

研究显示分割尺度对所有分类器都有明显影响, 这和早期很多研究结果一致 (Laliberte and Rango, 2009; Dronova et al., 2012; Ma et al., 2015)。然而, 不像 Dronova 等 (2012) 发现的结果——其认为各分类器随尺度变化的趋势相似, 本章的研究发现各分类器的分类表现对尺度的响应机制并不一样。特别地, RF 和 SVM 分类器对尺度的响应显示了其与 OBIA 范式分类精度测度高度契合的能力。

理想情况下, 对于 OBIA 范式, 好的分类器应该包括两个方面的能力: ①总体精度应随分割尺度的增大逐渐减小。②分类精度应在大部分分割尺度上优于其他分类器, 即如果不考虑椒盐效应 (Kim et al., 2011), 对于 OIBA 范式, 最优秀的算法应该是能够描述由分割尺度变化而导致的精度变化趋势的算法, 也就是说, 随着分割尺度增大, 在不同类别的地物中必然会产生混合对象, 从而使得分类精度本质上降低, 这无关于分类算法或其他因素，只是实际面积大的地物(例如林地、水体等)会在较大尺度上产生混合对象，实际面积小(例如建筑物、耕地等)的地物会在较小尺度就产生混合对象(Ma et al., 2015)。相反，如果分类算法足够优秀，且在具有足够训练样本的条件下，有可能在一定程度上使得分割尺度越精细，分类精度越高，即在一定程度上克服椒盐效应，这种差异也能通过 DT 与 NaiveBayes 分类器在精细尺度上(20~60)的表现看出，当 DT 分类器的分类精度从尺度 60 到尺度 20 下降了超过 5%的精度时，NaiveBayes 分类器的分类精度下降了不到 2%。从图 5.1 和图 5.2 两个实验区的各分类方法表现来看，SVM 和 RF 分类器相比于其他算法更能克服椒盐效应(salt-and-pepper speckle)，其分类精度随着尺度的降低持续增大，直到达到较优化的尺度，精度几乎保持不变，其形象地从精度表现上描述了 OBIA 由分割尺度的不确定性对分类带来的影响。尽管这里使用优秀的 SVM 或 RF 分类器能够在精细尺度上取得很好的效果，但是不否认随着尺度的降低，直到接近像素层次的精细尺度时，更高的精度不会发生的判断(Dronova et al., 2012)，这已经被很多学者指出(Kim et al., 2011; Dronova et al., 2012; Ma et al., 2015)。因此，这里提到的精细尺度，仍然应该认为是相对于像素层次的粗糙尺度，否则，OBIA 范式将失去意义(Blaschke et al., 2014)。

5.4.3　特征选择对分类器的影响

在 OBIA 范式中，特征计算耗时长，且要使用很多相关的特征，容易出现霍夫效应，所以特征的优化选择是面向对象的影像分类领域的热门的话题之一(Laliberte et al., 2012)。特别地，发现 OBIA 范式中的纹理特征与光谱特征高度相关，因为这些测度是直接由光谱信息衍生得到的(Ma et al., 2015)。正如第 4 章的研究结论，大部分研究也认为遥感影像分类能够得益于特征选择(Van Coillie et al., 2007; Duro et al., 2012b)。与前述特征选择方法的不确定性研究不同，本章研究希望通过对特征选择和全部特征在各分类器中的表现进行比较分析，从而发现鲁邦的分类技术，从分类技术角度克服特征选择可能会导致的负面影响。结果显示，确实发现一些分类器明显受特征选择的影响，包括 NaiveBayes、KNN、PLDA 和 Adaboost.M1 四种分类器。大部分情况下，NaiveBayes 和 KNN 分类器能够显著获益于特征选择，而特征选择对 PLDA 和 Adaboost.M1 分类器却产生负面影响，即特征选择结果导致分类误差增大。针对这种现象可以解释为，PLDA 能够处理大量高度相关的特征变量的能力(Yu et al., 1999)，特征越多，对于 PLDA 更有利，这也是 PLDA 分类器具有的独特能力。另外，Adaboost.M1 分类器能够加权训练样本，这使其能够获益于高维特征。通过上面的分析，不建议使用 PLDA 和 Adaboost.M1 分类器进行特征选择，但特征选择对于 NaiveBayes 和 KNN 分类器是必要的。最后，应该注意到 DT 和 RF 分类器是最鲁邦的分类技术，因为在特征选择和全部特征参与的分类结果之间没有观测到任何显著差异，且特征选择对 SVM 分类器的影响也相对微弱。

5.4.4　分类器的训练样本尺寸敏感性分析

在遥感影像分析中，训练样本的搜集代价大，且受到诸多因素的限制，例如地形等，为了对实际生产提供参考，代替使用样本比例，这里采用实际分割对象个数分析分类表现对训练样本尺寸的敏感性。结果显示,在同一分割尺度(实验选择尺度 80)时,用每个分类器得出的总体精度都随着训练样本数目的增加而增大,这也和所有早期的研究一致(Pal and Mather, 2003; Rodriguez-Galiano et al., 2012)。考虑到多重比较结果(表 5.3),在大多数情况下,各分类器在有限的训练样本条件下没有显著差异。然而也能注意到,RF分类器对于两个实验区在有限的训练样本条件下的方差都是最大的,一方面说明 RF 分类器随着样本的增加,精度增大较快,另一方面说明其分类表现对小训练样本比较敏感。另外,实验区 2 的 PLDA 结果并没有在表 5.3 中展示,其并没有参与多重比较,这主要缘于 PLDA 的小样本问题导致的不能获取分类结果(Lu et al., 2005; Kyperountas et al., 2007),对于 PLDA,不充足的训练样本往往导致错误估计类别间的线性分离超平面,特别是对于相对复杂的实验区 2。总的来说,在有限的训练样本下,除了 PLDA 分类器,选择其他分类器都可以,特别推荐 DT 和 KNN 分类器,这可能也是 KNN 分类器在面向对象的遥感影像分类中比较流行的原因之一。当训练样本较多时,仍然推荐 RF 与Adaboost.M1 分类器,因为它们在足够的训练样本下没有明显差异,并且显著优于其他分类器。

5.4.5 混合对象对分类器影响

根据我们的综述,至今为止还没有任何关于 OBIA 范式中噪声对象的系统性分析,大部分研究还停留在简单的标签这些对象(Zhan et al., 2005; Michez et al., 2016)阶段,然而混合对象的存在使得对象的标签存在很大的不确定性。Radoux 和 Bogaert(2014)曾尝试解释多边形采样单元的重要性,但也没有涉及混合对象对精度的影响分析。在本章的研究中,通过分析 ANCOVA 验证结果,发现越多一致性对象用作训练或验证集时,精度表现越好。换句话说,分类精度的表现很大程度受混合对象的影响。在面向对象的遥感影像分类中,虽然混合对象一般包含多个类别,且类别之间的面积比例都没有绝对优势,然而这些对象仍然需要被标签为一种类别(Shao and Lunetta, 2012),这就意味着使用基于面积的精度评估方法总会产生分类误差。对于两个实验区,进一步分析表明不同分类器的精度表现受混合对象的影响的机制相同。这主要是由于随着重叠率的增大,参与分类的混合对象减少或包含统治覆盖类型的对象增多。另外,这里需要说明的是,研究仅仅测试了尺度 80 的情况,但是能够预料在更加粗糙的尺度上会产生更大的分类误差,因为混合对象出现的可能性更大。

5.5 本 章 小 结

本章系统地比较 7 种分类方法在 OBIA 范式下的表现,主要目的是研究面向对象的遥感影像监督分类方法的不确定性,分析每种分类方法在不同分割尺度、不同特征空间、不同训练样本尺寸、不同混合对象情况下的分类精度变化规律。研究发现:

(1)SVM 和 RF 分类器随尺度增大的精度变化趋势符合面向对象的遥感影像分类一般规律的假设。对于两个试验区,RF 分类器在所有尺度上几乎都能获得最好的总体精度,特别是当使用较大的训练样本集时。

（2）DT 和 RF 分类器使用选择的特征分类结果最稳定，其他分类方法或多或少会受到特征选择的影响，不推荐使用分类器 Adaboost.M1 或 PLDA 进行特征选择，而 NaiveBayes 分类器应该更多地使用特征选择的结果参与分类。

（3）RF 和 Adaboost.M1 分类器在所有训练集尺寸上几乎都保持相似的精度，且分类结果明显优于其他分类器，一般在大的训练样本尺寸下更具有优势。不同分类器的精度表现受混合对象的影响的机制相同。

综上所述，利用 OBIA 范式处理高分遥感影像时，RF 分类器总体上表现最好，然而其他分类器在特定条件下也具有一定优势，总之，没有完全意义上最好的分类器。以上研究成果可以为研究人员在使用 OBIA 范式进行影像处理时提供决策支持。

参 考 文 献

Alfaro E, Gamez M, Garcıa N. 2013. Adabag: An R package for classification with boosting and bagging. Journal of Statistical Software, 54(2): 1-35

Aksoy S. 2008. Spatial Techniques for Image Classification—Image Processing for Remote Sensing. Boca Raton: CRC Press

Bandos T V, Bruzzone L, Camps-Valls G. 2009. Classification of hyperspectral images with regularized linear discriminant analysis. IEEE Transactions on Geoscience and Remote Sensing, 47(3): 862-873

Blaschke T, Hay G J, Kelly M, et al. 2014. Geographic object-based image analysis—towards a new paradigm. ISPRS Journal of Photogrammetry and Remote Sensing, 87: 180-191

Breiman L, Friedman J H, Olshen R A, et al. 1984. Classification and Regression Trees. Belmont, Calif.: Wadsworth International Group

Brenning A. 2009. Benchmarking classifiers to optimally integrate terrain analysis and multispectral remote sensing in automatic rock glacier detection. Remote Sensing of Environment, 113: 239-247

Crocetto N, Tarantino E. 2009. A class-oriented strategy for features extraction from multidate ASTER imagery. Remote Sensing, 1: 1171-1189

Chan J C W, Huang C, DeFries R S. 2001. Enhanced algorithm performance for land cover classification from remotely sensed data using bagging and boosting. IEEE Transactions on Geoscience and Remote Sensing, 39: 693-695

Chan J C, Paelinckx D E. 2008. Evaluation of Random Forest and Adaboost tree-based ensemble classification and spectral band selection for ecotope mapping using airborne hyperspectral imagery. Remote Sensing of Environment, 112(6): 2999-3011

Chang C C, Lin C J. 2011. LIBSVM: A library for support vector machines. ACM Transactions on Intelligent Systems and Technology, 2011. Software available at. http://www.csie.ntu.edu.tw/~cjlin/libsvm. [2014-8-10]

Chen X, Fang T, Huo H, et al. 2015. Measuring the effectiveness of various features for thematic information extraction from very high resolution remote sensing imagery. IEEE Transactions on Geoscience and Remote Sensing, 53(9): 4837-4851

Congalton R G, Green K. 2009. Assessing the Accuracy of Remotely Sensed Data: Principles and Practices. Boca Raton: CRC/Taylor and Francis Group, LLC

Datcu M, Daschiel H, Pelizzari A, et al. 2003. Information mining in remote sensing image archives: System concepts. IEEE Transactions on Geoscience and Remote Sensing, 41(12): 2923-2936

Demšar J. 2006. Statistical comparisons of classifiers over multiple data sets. Journal of Machine Learning Research, 7: 1-30

Dingle Robertson L, King D J. 2011. Comparison of pixel- and object-based classification in land cover change mapping. International Journal of Remote Sensing, 32(6): 1505-1529

Drăguţ L, Csillik O, Eisank C, et al. 2014. Automated parameterisation for multi-scale image segmentation on multiple layers. ISPRS Journal of Photogrammetry and Remote Sensing, 88: 119-127

Drăguţ L, Tiede D, Levick S R. 2010. ESP: A tool to estimate scale parameter for multiresolution image segmentation of remotely sensed data. International Journal of Geographical Information Science, 24(6): 859-871

Dronova I, Gong P, Clinton N E, et al. 2012. Landscape analysis of wetland plant functional types: The effects of image segmentation scale, vegetation classes and classification methods. Remote Sensing of Environment, 127: 357-369

Duro D C, Franklin S E, Dube M G. 2012a. A comparison of pixel-based and object-based image analysis with selected machine learning algorithms for the classification of agricultural landscapes using SPOT-5 HRG imagery. Remote Sensing of Environment, 118(15): 259-272

Duro D C, Franklin S E, Dube M G. 2012b. Multi-scale object-based image analysis and feature selection of multi-sensor earth observation imagery using random forests. International Journal of Remote Sensing, 33(14): 4502-4526

Fassnacht F E, Hartig F, Latifi H, et al. 2014. Importance of sample size, data type and prediction method for remote sensing-based estimations of aboveground forest biomass. Remote Sensing of Environment, 154: 102-114

Fernández Luque I, Aguilar F J, Álvarez M F, et al. 2013. Non-parametric object-based approaches to carry out ISA classification from archival aerial orthoimages. IEEE Journal of Selected Topics in Applied Earth Observations and Remote Sensing, 6(4): 2058-2071

Foody G M. 2004. Thematic map comparison: Evaluating the statistical significance of differences in classification accuracy. Photogrammetric Engineering and Remote Sensing, 70(5): 627-634

Foody G M, Mathur A. 2006. The use of small training sets containing mixed pixels for accurate hard image classification: Training on mixed spectral responses for classification by a SVM. Remote Sensing of Environment, 103(2): 179-189

Freund Y, Schapire R E. 1996. Experiments with a new boosting algorithm. Bari: Proceedings of the Thirteenth International Conference on Machine Learning, Morgan Kaufmann: 148-156

Gong B L, Im J, Mountrakis G. 2011. An artificial immune network approach to multi-sensor land use/land cover classification. Remote Sensing of Environment, 115: 600-614

Hsu C W, Chang C C, Lin C J. 2010. A practical guide to support vector classification. Department of Computer Science, National Taiwan University, Taipei 106, Taiwan, last updated. http://www.csie.ntu.edu.tw/~cjlin. [2014-8-10]

Kim M, Warner T A, Madden M, et al. 2011. Multi-scale GEOBIA with very high spatial resolution digital aerial imagery: Scale, texture and image objects. International Journal of Remote Sensing, 32(10): 2825-2850

Kyperountas M, Tefas A, Pitas I. 2007. Weighted piecewise LDA for solving the small sample size problem in face verification. IEEE Transactions on Neural Networks, 18(2): 506-519

Laliberte A S, Rango A. 2009. Texture and scale in Object-based analysis of subdecimeter resolution Unmanned Aerial Vehicle(UAV) imagery. IEEE Transactions on Geoscience and Remote Sensing, 47(3): 761-770

Laliberte A S, Browning D M, Rango A. 2012. A comparison of three feature selection methods for object-based classification of sub-decimeter resolution UltraCam-L imagery. International Journal of

Applied Earth Observation and Geoinformation, 15: 70-78

Li X, Shao G. 2013. Object-based urban vegetation mapping with high-resolution aerial photography as a single data source. International Journal of Remote Sensing, 34(3): 771-789

Lu J W, Plataniotis K N, Venetsanopoulos A N. 2005. Regularization studies of linear discriminant analysis in small sample size scenarios with application to face recognition. Pattern Recognition Letters, 2: 181-191

Liu C, Frazier P, Kumar L. 2007. Comparative assessment of the measures of thematic classification accuracy. Remote Sensing of Environment, 107(4): 606-616

Lucieer V, Hilla N A, Barretta N S, et al. 2013. Do marine substrates 'look' and 'sound' the same? Supervised classification of multibeam acoustic data using autonomous underwater vehicle images. Estuarine, Coastal and Shelf Science, 117: 94-106

Mallinis G, Koutsias N, Tsakiri-Strati M, et al. 2008. Object-based classification using Quickbird imagery for delineating forest vegetation polygons in a Mediterranean test site. ISPRS Journal of Photogrammetry and Remote Sensing, 63(2): 237- 250

Ma L, Cheng L, Li M, et al. 2015. Training set size, scale, and features in Geographic Object-Based Image Analysis of very high resolution unmanned aerial vehicle imagery. ISPRS Journal of Photogrammetry and Remote Sensing, 102: 14-27

Michez A, Piégay H, Jonathan L, et al. 2016. Mapping of riparian invasive species with supervised classification of Unmanned Aerial System(UAS)imagery. International Journal of Applied Earth Observation and Geoinformation, 44: 88-94

Mountrakis G, Im J, Ogole C. 2011. Support vector machines in remote sensing: A review. ISPRS Journal of Photogrammetry and Remote Sensing, 66(3): 247-259

Murty M N, Devi V S. 2011. Pattern Recognition: An Algorithmic Approach. India: Universities Press

Ouyang Y, Ma J, Dai Q. 2006. Bayesian multi-net classifier for classification of remote sensing data. International Journal of Remote Sensing, 27(21): 4943-4961

Otukei J R, Blaschke T. 2010. Land cover change assessment using decision trees, support vector machines and maximum likelihood classification algorithms. International Journal of Applied Earth Observation and Geoinformation, 12: S27-S31

Pal M, Mather P M. 2003. An assessment of the effectiveness of decision tree methods for land cover classification. Remote Sensing of Environment, 86(4): 554-65

Peña-Barragán J M, Ngugi M K, Plant R E, et al. 2011. Object-based crop identification using multiple vegetation indices, textural features and crop phenology. Remote Sensing of Environment, 115(6): 1301-1316

Pohlert T. 2014. The pairwise multiple comparison of mean ranks package(PMCMR). R Package Version 1.0

Radoux J, Bogaert P. 2014. Accounting for the area of polygon sampling units for the prediction of primary accuracy assessment indices. Remote Sensing of Environment, 142: 9-19

Rodriguez-Galiano V F, Ghimire B, Rogan J, et al. 2012. An assessment of the effectiveness of a random forest classifier for land-cover classification. ISPRS Journal of Photogrammetry and Remote Sensing, 67: 93-104

Samworth R J. 2012. Optimal weighted nearest neighbour classifiers. Annals of Statistics, 40: 2733-2763

Samaniego L, Bárdossy A, Schulz K. 2008. Supervised classification of remotely sensed imagery using a modified k-NN technique. IEEE Transactions on Geoscience and Remote Sensing, 46(7): 2112-2125

Stehman S V. 1997. Selecting and interpreting measures of thematic classification accuracy. Remote Sensing of Environment, 62(1): 77-89

Stavrakoudis D G, Galidaki G N, Gitas I Z, et al. 2011. A genetic fuzzy-rule-based classifier for land cover classification from hyperspectral imagery. IEEE Transactions on Geoscience and Remote Sensing, 50(1): 130-148

Shao Y, Lunetta R S. 2012. Comparison of support vector machine, neural network, and CART algorithms for the land-cover classification using limited training data points. ISPRS Journal of Photogrammetry and Remote Sensing, 70: 78-87

Tsai Y H, Stow D, Weeks J. 2011. Comparison of object-based image analysis approaches to mapping new buildings in Accra, Ghana using multi-temporal QuickBird satellite imagery. Remote Sensing, 3(12): 2707-2726

Van Coillie F, Verbeke L, De Wulf R R. 2007. Feature selection by genetic algorithms in object-based classification of IKONOS imagery for forest mapping in Flanders, Belgium. Remote Sensing of Environment, 110(4): 476-487

Vieira M A, Formaggio A R, Rennó C D, et al. 2012. Object based image analysis and data mining applied to a remotely sensed Landsat time-series to map sugarcane over large areas. Remote Sensing of Environment, 123: 553-562

Whiteside T G, Boggs G S, Maier S W. 2011. Comparing object-based and pixel-based classifications for mapping savannas. International Journal of Applied Earth Observation and Geoinformation, 13(6): 884-893

Whiteside T G, Maier S W, Boggs G S. 2014. Area-based and location-based validation of classified image objects. International Journal of Applied Earth Observation and Geoinformation, 28: 117-130

Witten D. 2011. Penalized classification using Fisher's linear discriminant. R Package Version 1.0

Witten D M, Tibshirani R. 2011. Penalized classification using Fisher's linear Discriminant. Journal of the Royal Statistical Society: Series B(Statistical Methodology), 73(5): 753-772

Xu L L, Li J, Brenning A. 2014. A comparative study of different classification techniques for marine oil spill identification using RADARSAT-1 imagery. Remote Sensing of Environment, 141: 14-23

Yan G, Mas J F, Maathuis B H P, et al. 2006. Comparison of pixel-based and object-oriented image classification approaches-A case study in a coal fire area, Wuda, Inner Mongolia, China. International Journal of Remote Sensing, 27: 4039-4055

Yang J, Wang Y. 2012. Classification of 10m-resolution SPOT data using a combined Bayesian Network Classifier-shape adaptive neighborhood method. ISPRS Journal of Photogrammetry and Remote Sensing, 72: 36-45

Yu B, Ostland I M, Gong P, et al. 1999. Penalized discriminant analysis of in situ hyperspectral data for conifer species recognition. IEEE Transactions on Geoscience and Remote Sensing, 37(5): 2569-2577

Zhan Q, Molenaar M, Tempfli K, et al. 2005. Quality assessment for geo-spatial objects derived from remotely sensed data. International Journal of Remote Sensing, 26(14): 2953-2974

Zhang C. 2015. Applying data fusion techniques for benthic habitat mapping and monitoring in a coral reef ecosystem. ISPRS Journal of Photogrammetry and Remote Sensing, 104: 213-223

第6章 面向对象变化检测不确定性研究

除了面向对象的影像分类，OBIA 另一个重要方面是面向对象的变化检测。与面向对象的影像分类一样，分割尺度、特征选取、变化检测方法都有可能对检测结果产生影响。另外，变化检测涉及同一区域至少两个时相的影像，不同分割策略导致的分割对象的不确定性(对象单元不同)直接影响变化检测。而关于这方面的研究相对较少。本章利用两时相 WV2 影像，测试四种常用的非监督变化检测方法在不同分割策略、不同分割尺度下的表现，并评估纹理特征和 NDVI 对面向对象的变化检测的影响。本章为面向对象的变化检测的分割策略的选择、分割尺度的选择、特征的选择，以及检测方法的选择提供参考信息，同时，有助于面向对象的变化检测方法的改进。

6.1 概 述

根据第 1 章面向对象的遥感影像变化检测的综述，面向对象的监督变化检测主要为分类后处理，即对分类后的两个时相的数据进行叠合操作，发现变化区域。这种方法无论是在面向对象的领域，还是在基于像素的领域，都研究较早，且应用广泛，其结果直接受分类精度的影响。然而这种方法存在两个时相的分割对象不能精确匹配的问题，所以这里不做进一步研究。另外，面向对象的变化检测，除了受分割尺度、特征等一般因素的影响以外，多时相影像的加入，使得分割策略多样化，导致变化检测的对象单元不同(Tewkesbury et al., 2015)，例如单时相的分割与多时相的分割明显不同，前者更加侧重考虑参与分割时相的影像的地物分布，而后者顾忌两个时相，对象可能不能完整代表真实地物对象。当前，面向对象的变化检测研究更多地使用非监督变化检测方法实现，学者普遍倾向于用统计方法(卡方变换)结合不同的特征变量变换方法识别变化对象(Desclée et al., 2006; Doxani et al., 2012; Yang et al., 2015)，主要包括 PCA、MAD、DFC、MSC(4 种方法见表 6.1)等特征变换方法，并验证其在 OBIA 范式中的可行性，然而大部分研究都缺乏系统的因子分析。因此，有必要评估对象单元、分割尺度、变化检测方法在面向对象的变化检测中的影响机制。

研究评估面向对象的变化检测中的不确定性因子，包括常用的特征变换方法、不同对象单元(不同分割策略产生)、分割尺度、特征空间。首先，通过导入不同的光谱波段实现多尺度分割，产生不同的分割对象单元。其次，利用四种特征变换方法(PCA、MAD、DFC、MSC)对分割对象的特征进行变换，通过统计方法(卡方变换)，获取不同阈值的探测结果。再次，分析比较各因子的不确定性或影响机制，给出最合适的变换对象识别策略。最后，测试纹理和 NDVI 特征对变化检测的影响。主要分析操作工作流程如图 6.1 所示。

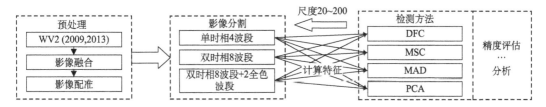

图 6.1　评估对象单元和预测方法的主要工作流程

6.2　数据预处理

为突出影像的光谱信息以及高空间分辨率特征，首先对两景影像分别进行融合处理，采用光谱融合方法 Gramm-Schmidt(GS)生成 0.5m 分辨率的彩色合成影像(Pan-sharpened WV2)(Laben et al., 2000; Padwick et al., 2010)。裁剪出两个子区域，范围分别为 2257 像素×2020 像素(实验区 1)和 2261 像素×2024 像素(实验区 2，图 6.2)。随后分别对两个实验区的影像对进行处理。首先，采用二阶仿射多项式(second-order affine polynomial)和最邻近采样方法(nearest-neighbor resampling)，将 2009 年的影像自动匹配至 2013 年的影像。

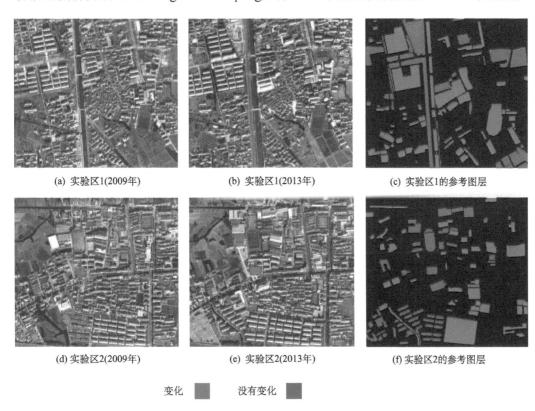

(a) 实验区1(2009年)　　　(b) 实验区1(2013年)　　　(c) 实验区1的参考图层

(d) 实验区2(2009年)　　　(e) 实验区2(2013年)　　　(f) 实验区2的参考图层

变化 ■　　　没有变化 ■

图 6.2　两个实验区不同时相的彩色影像及人工解译

(a)和(b)是实验区 1 的两个时相的 WV2 彩色影像；(c)是实验区 1 对应的变化区域和没有变化区域的人工解译区域；
(d)和(e)是实验区 2 的两个时相的 WV2 彩色影像；(f)是实验区 2 对应的变化区域和没有变化区域的人工解译区域

该过程在 ENVI 5.0 中实现，匹配均方根误差(root mean square error)控制在两个像素以内。其次，进行相对辐射校正，消除两景影像间的辐射误差，使其能够进行变化检测。这里使用影像对中具有较大光谱方差的影像作为参考影像，然后利用直方图匹配缩小两景影像间的全局光谱差异。最后，将经过预处理的两景影像的所有波段导入 eCognition 软件实现多尺度分割。

6.3　产生对象单元与特征

本章涉及的不同对象单元，实际上是根据不同分割策略实行多尺度分割产生的，与前面几章分类研究的不同在于，参与分割的波段根据分割策略不同而不同。实验将两个时相叠合而成的 8 波段多光谱融合波段和 2 个全色波段全部导入 eCognition 软件，通过赋予不用波段不同的分割权重(0 或 1)，控制其是否参与分割，从而形成不同的分割方案，其中 0 表示该波段不参与分割，1 表示参与分割。通过这种方法，实现单时相分割和多时相分割。对于分割策略 1，仅采用两个时相的 8 波段多光谱波段进行多时相影像的分割；对于分割策略 2，两个时相的所有波段(10 波段)都参与多时相影像分割；对于分割策略 3，仅仅使用 2013 年的 4 波段融合多光谱波段进行单时相分割。由于参与分割的各波段不同权重的使用，产生的对象单元自然会有明显差异，这也是为什么需要进一步研究分割策略对变化检测的影响。对于每次多尺度分割，其分割参数与第 2 章所述分割参数一致，且这里从尺度 20 开始，每间隔 10 分割一次，直到尺度 200，最后获取各分割策略的 19 个不同分割尺度的分割结果，为进一步分析尺度的影响做准备。

值得注意的是，这里实施的三种分割方案全部都能获取一致的分割对象，即不会产生两个时相分别进行分割，然后识别变化对象的过程，因为前面已提到，这种两个时相分别分割的方案往往更多用于分割后处理，本章的研究不涉及分割后处理。所以对象的形状特征不能用于 3 种分割方案的变化对象识别(Tewkesbury et al., 2015)，对于本研究，仅仅计算光谱、纹理特征，同时也测试 NDVI。光谱特征的计算可参考 3.2 节，这里 4 个光谱都参与计算，即光谱特征会比无人机影像的 3 波段影像多一个。为计算每个对象的 NDVI，首先计算每个时相上单个像素的 NDVI，形成 NDVI 波段层，随后计算各对象中的全部像素的 NDVI 的均值。对于纹理特征，选择 4 个前文研究证明比较重要的纹理特征(参考 3.5.2)，包括 GLCM 同质性、GLCM 角二阶矩、GLCM 均值、GLCM 熵(Laliberte and Rango, 2009; Ma et al., 2015)，为保留原始纹理特性，避免波段融合的影响，这里所有的纹理特征都使用单个原始全色波段计算得到。

6.4　常用非监督变化检测方法

在面向对象的变化检测中，与基于像素的变化检测最大的不同在于影像差分过程；这里对各分割对象在两个时相上计算的光谱、纹理等特征进行差分，或者对差分结果进行特征变换。根据前面的综述，很多研究已经成功应用了卡方转换(即马氏距离)进行非监督变化检测，证明该方法无论是在基于像素还是在基于对象的变化检测中都是有效的

(Ridd and Liu, 1998; Dai and Khorram, 1998; Chen et al., 2014)，其优势在于能够同时处理多个波段或特征信息(Ridd and Liu, 1998)。然而在导入卡方转换或计算马氏距离之前，却能够做多种变换，以突出变化特征或整合减少特征信息。本节测试四种常用的特征变换方法(表 6.1)，每种方法重复相同的处理流程，应用于不同的尺度和不同的置信度，从而测试尺度和置信度参数对变化检测精度的影响。虽然这几种方法广泛使用在各种应用中，但是由于多元变量统计技术的灵活性，它们总是有着不同的名字；然而大部分应用的不同仅限于特征转换过程。所以，本章统一将这些方法清晰地列表出来(表 6.1)，变化识别都采用马氏距离统计量，并统一命名：原始特征直接差分(direct original features difference, DFC)、均值和标准差信号(mean/standard deviation signature, MSC)、多元变化检测(multivariate alteration detection, MAD)、主成分分析(principal component analysis, PCA)。

表 6.1　不同变化检测方法

方法	差分方法	统计量	分布类型
DFC	原始特征直接差分	Chi square (M_n)	$\chi^2(p)$
MSC	$X_i = (M_{i1}, \cdots, M_{ib}, S_{i1}, \cdots, S_{ib})^\mathrm{T}$	Chi square (M_n)	$\chi^2(2p)$
MAD	$D\{a^\mathrm{T} X - b^\mathrm{T} Y\} = 2(I - R)$	$\sum_{i=1}^{p}\left(\dfrac{\mathrm{MAD}_{ij}}{\sigma_{\mathrm{MAD}_i}}\right)^2$	$\chi^2(p)$
PCA	PCA-3	马氏距离 (M_n)	$\chi^2(3)$

6.4.1　原始特征直接差分

为与其他特征转换方法进行比较，这里不使用任何特征变换方法，直接将原始特征进行差分，随后进行卡方变换实现变化对象探测。定义 Y 表示对象的所有特征转换计算得到的表征变化的单一数值，这里实际上也叫马氏距离(Mahalanobis number)；X 表示每个对象对应的两个时相上的所有特征变量(p)的差值矢量；M 表示每个特征的平均残差矢量；T 表示执行转置。$\sum^{-1}$ 表示计算所有特征的逆协方差矩阵。卡方转换表示为

$$Y = (X - M)^\mathrm{T} \sum{}^{-1} (X - M) \qquad (6.1)$$

式中，Y 服从自由度为 p 的卡方分布，p 表示考虑的特征个数(Ridd and Liu, 1998)，所以能够通过以下公式实现变化对象的识别：

$$P\left(Y_i < \chi^2_{1-\alpha}(p)\right) = 1 - \alpha \qquad (6.2)$$

式中，$\chi^2_{1-\alpha}(p)$ 是变化和没有变化的阈值，如果 Y_i 大于 $\chi^2_{1-\alpha}(p)$，那么其对应的对象 O_i 标签为变化，能够说 Y_i 在置信度 $1-\alpha$ 下大于阈值 $\chi^2_{1-\alpha}(p)$，其中阈值能够通过查询卡方分布表获取(Ridd and Liu, 1998; Chen et al., 2014)。

6.4.2　均值和标准差信号

最近，Desclée 等(2006)和 Bontemps 等(2008)提出一种利用卡方变换对变化对象进行识别的新方法。该方法不是直接、简单地对特征进行差分，而是在获取特征基础上，另外计算每个特征对应的标准差，从而增强对变化对象的检测能力(Desclée et al., 2006)，例如光谱均值对应光谱标准差。这也导致其导入的特征在原来基础上多一倍。值得一提的是，Desclée 等(2006)和 Bontemps 等(2008)都只测试了单个特征，而没有测试多个特征。每个对象的特征差分信号能够表示为

$$X_i = \left(M_{i1},\cdots,M_{ib},S_{i1},\cdots,S_{ib}\right)^{\mathrm{T}} \tag{6.3}$$

式中，b 表示特征的个数；i 表示分割对象的个数。利用相同的卡方变换公式(6.1)，通过第 i 个对象对应的特征信号 X_i，计算获取表征对象变化的数值 C。因为额外的特征标准差的加入，这里的 C 应该服从自由度为 $2b$ 的卡方分布(Desclée et al., 2006)，对于置信度水平 $1-\alpha$，有方程：

$$P\left(C_i < \chi^2_{1-\alpha}(2b)\right) = 1-\alpha \tag{6.4}$$

所以，变化和没有变化的阈值为 $\chi^2_{1-\alpha}(2b)$ (Yang et al., 2015)。

6.4.3　多元变化检测

本章也测试了多元变化检测(MAD)技术，其已经频繁应用于基于像素的变化检测中(Nielsen et al., 1998; Nielsen, 2007; Canty and Nielsen, 2008; Xian et al., 2009)，随着面向对象的变化检测的发展，也有学者用它进行了对变化分割对象的识别(Doxani et al., 2012)。和 DFC 不同，MAD 为了克服多波段或特征间相关性导致的变化识别困难，对参与计算的特征进行典型关联分析(canonical correlations analysis, CCA)，首先计算对象的两个时相的特征对应的典型特征($a^{\mathrm{T}}X$ 和 $b^{\mathrm{T}}Y$)，随后将两个时相的典型特征相减，获得的正交差分矩阵(D)能够包含最大的变化信息。对应的 MAD 变量为

$$D\left\{a^{\mathrm{T}}X - b^{\mathrm{T}}Y\right\} = 2(I-R) \tag{6.5}$$

式中，I 和 R 是 $p\times p$ 矩阵(p 表示特征的个数)，包括在对角线上升序排列的典型相关值和非对角线上的 0。所以，MAD 变量实际上表示正交方差(Nielsen, 2007)：

$$\sigma^2_{\mathrm{MAD}_i} = 2\left(1-\rho_{p-i+1}\right) \tag{6.6}$$

假设正交变量 MAD 是独立的，就能够有下式服从自由度为 p 的卡方分布：

$$T_j = \sum_{i=1}^{p}\left(\frac{\mathrm{MAD}_{ij}}{\sigma_{\mathrm{MAD}_i}}\right)^2 \in \chi^2(p) \tag{6.7}$$

与前文识别变化对象的方法相似，T_j 如果大于置信度 $1-\alpha$ 下的卡方分布阈值，可以认为第 j 个对象是变化对象。实际上，这里的 T_j 与前述的式(6.1)的马氏距离相似，只是这里的输入变量不再是原始特征，而是正交变量 MAD。

6.4.4　主成分分析

主成分分析已经通过不同方式广泛应用于遥感变化检测中(Hayes and Sader, 2001; Deng et al., 2008; Qin et al., 2013)，其与 MAD 相似，都是通过变换得到衍生的变量，然后在衍生变量基础上进行变化识别。这里使用标准 PCA 计算对象的差分矢量的主成分，从而尽可能保留差异且减少数据维数(Deng et al., 2008)，一般认为，前三个主成分保留了所有数据集的大部分信息，所以研究选择前三个主成分作为输入变量，从而计算马氏距离来识别变化对象。马氏距离能够通过式(6.1)计算得到，且这里服从自由度为 3 的卡方分布。

6.5　精　度　评　估

为评估不同的方法及条件下的表现，研究使用总体精度、灵敏度(sensitivity)和特异度(specificity)三种测度，三种测度都能够通过面积叠合计算的混淆矩阵得到(Olofsson et al., 2013)。具体地，在 19 个分割尺度(20~200)和 5 种置信度水平(包括 0.90、0.95、0.975、0.99、0.995)条件下，分别测试不同预测方法和分析单元下的总体精度表现，总体精度表征正确识别的变化和没有变化的面积比例(Olofsson et al., 2013)。除了总体精度，二元分类(非监督变化检测也叫二元分类，因为其仅包括变化或没有变化两类)常常也通过灵敏度和特异度描述其表现(Foody, 2010)。灵敏度表示实际中改变的区域被识别为变化的比例，而特异度则是实际中没有变化的区域被识别为没有变化的比例(Foody, 2010)，一般地，这两个指标是矛盾的，即其中一个表现好，另一个一般表现较差。另外，由于参考对象都是有选择性地从图中识别，所以在不同的测试中两个类别(变化或没有变化)的比例会不同，而 Foody(2010)发现实际变化区域在参考图层中的面积比例对灵敏度和特异度的影响很大，研究显示变化和没有变化区域的比例近似 1∶1 时，两精度指标能够平衡。为了这个明确的精度目标，在解译变化区域时，尽量使得参考图层中识别的变化区域和没有变化区域的面积相当(对于实验区 1，识别的变化区域的面积为 140833.76 m²，没有变化区域的面积为 171618.75 m²；实验区 2 变化区域的面积为 90184.50 m²，没有变化区域的面积为 113171.44 m²)。随后，计算每个尺度在不同的预测方法和不同的对象单元情况下的探测灵敏度和特异度精度指标，通过这两个指标的识别，能够发现不同情况对于这两个指标的偏向性，从而指导生产者根据不同需要对变化检测策略进行调整。最后为识别纹理特征和 NDVI 的影响，研究测试了额外特征的加入对三个精度度量的影响。

6.6　实验结果与分析

6.6.1　实验结果

1. 对象单元、尺度、预测方法对精度的影响

为评估不同方法在不同尺度或对象单元下的表现，图 6.3 和图 6.4 分别展示了两个实

验区在不同条件下的变化检测的总体精度。对于多时相分割,无论是 8 波段还是 10 波段,随着分割尺度的增大或置信度水平的变化,两者的差别不是很明显。单时相的 4 波段分割相比于另外两种分割单元,变化检测总体精度表现出较大差异,在相同的尺度或置信度水平下,其精度明显差于前两者,且在相同尺度范围内,其变化规律与前者也有一定差异。对于两个实验区,结果也显示总体检测精度对分割尺度很敏感。一般地,四种预测方法的总体精度从精细尺度到中等尺度有大幅提高,随着尺度的继续增大,总体精度的增大幅度变缓,甚至在一些情况下出现减小的现象,例如在尺度大约为 100 时,MAD 方法的总体精度开始减小。

除了以上提到的影响因子(预测方法、尺度、对象单元),通过统计方法判别变化对象,不同的置信度对阈值选择有较大影响,所以这里也分析了不同置信度水平对总体精度的影响,分别使用 6.5 节提到的 5 种置信度水平(包括 0.90、0.95、0.975、0.99、0.995),测试其在不同预测方法、尺度、对象单元下的表现。结果显示所有的探测方法的总体精度随着置信度的减小都有增大的趋势,但是增大的幅度却有所不同。一般地,在置信度水平为 0.95～0.995 时,总体精度变化很迅速,而置信度小于 0.95 时,总体精度相对于高置信度基本上能够稳定在一个区域。然而,当其他的参数都相同时,四种方法在精度水平上却有较大差异,其中 MAD 表现最好,特别是在中等分割尺度上。

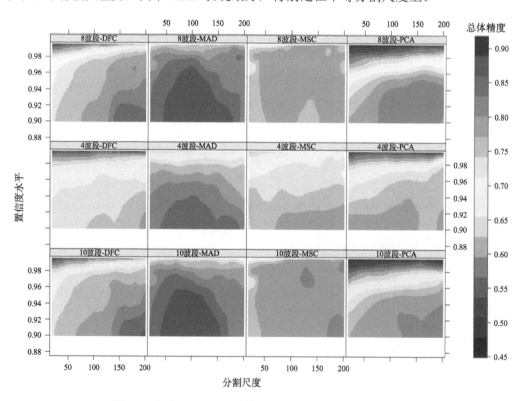

图 6.3　实验区 1 不同方法在不同尺度和对象单元下的表现

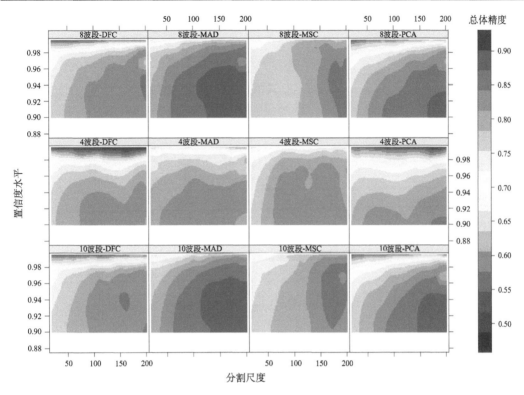

图6.4　实验区2不同方法在不同尺度和对象单元下的表现

2. 灵敏度和特异度关系

在前一节的测试中，相对于其他置信度水平，0.90 的置信度水平能够获得较好的总体精度。所以这一节测试灵敏度和特异度的关系时，设置 0.9 的置信度水平。实验结果表明(图 6.5)，灵敏度指标随着尺度增大有微弱的减小趋势，而特异度指标却随尺度增大急剧增人，特别是实验区 2。考虑对象单元的变化，相对于 4 波段的分割对象单元，8 波段和 10 波段的分割对象单元的灵敏度没有表现出明显优势。对于方法 MSC，8 波段与 10 波段在各尺度上的灵敏度表现甚至比 4 波段差很多(>10%)[图 6.5(a)和图 6.5(b)]。相反，对于特异度指标，相对于 4 波段，8 波段与 10 波段的分割对象单元表现出极大优势，即两者的特异度指标明显高于 4 波段，而 8 波段与 10 波段在大部分情况下具有相似的精度表现[图 6.5(c)和图 6.5(d)]，特别是实验区 1，这种差异更明显[图 6.5(c)]。图 6.5(c)和图 6.5(d)也显示 MAD 方法的特异度指标明显高于其他方法，而 PCA 方法则倾向于获取相对较高的灵敏度指标。

3. 纹理特征对精度的影响

图6.6 和图6.7 分别展示了实验区 1 和实验区 2 在光谱特征基础上增加不同的纹理特征或 NDVI 的精度变化情况(置信度水平为 0.90，分割尺度为 140)。与面向对象的影像分类不同，增加的纹理特征或 NDVI 基本上不能改进对变化对象的检测精度。使用了光

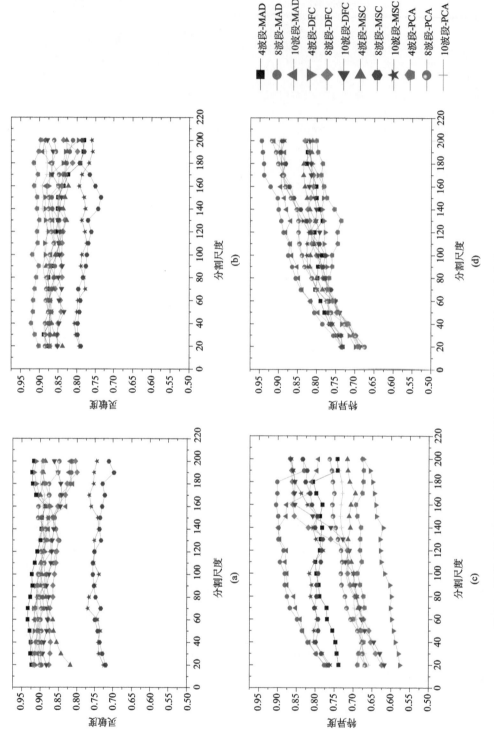

图 6.5　四种方法在不同分割方案下的灵敏度和特异度随分割尺度变化情况
(a) 实验区 1 的灵敏度；(b) 实验区 2 的灵敏度；(c) 实验区 1 的特异度；(d) 实验区 2 的特异度

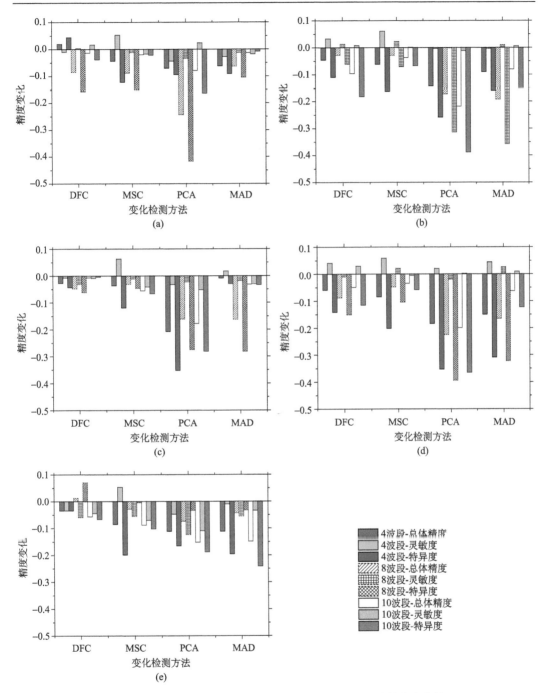

图 6.6　实验区 1 在尺度 140 时增加纹理特征和 NDVI 的精度变化情况
(a) NDVI；(b) GLCM-同质性；(c) GLCM-均值；(d) GLCM-熵；(e) GLCM-角二阶矩

谱以外的其他特征后，三种精度指标常常比仅仅使用光谱特征的结果还差，同时精度改变的幅度根据不同的特征、预测方法和对象单元的不同而有所不同。另外，在少数情况下增加的特征也能够改进一些精度指标，但是偶然的精度增大一般也在 5%以内，然而频繁的精度减小却能达到 50%。考虑到增加的特征对预测方法的影响，图 6.6 和图 6.7 显示，PCA 受到的负面影响最大，其次是 MAD，而 DFC 和 MSC 的变化幅度相当。

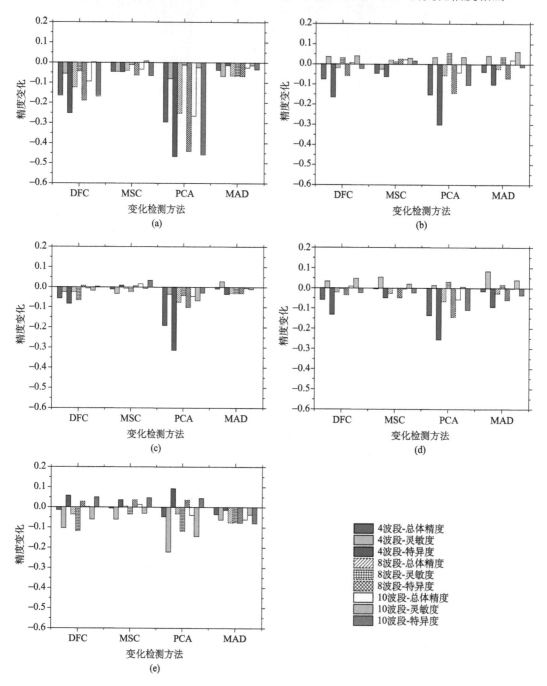

图 6.7　实验区 2 在尺度 140 时增加纹理特征和 NDVI 的精度变化情况

(a)NDVI；　(b)GLCM-同质性；　(c)GLCM-均值；　(d)GLCM-熵；　(e)GLCM-角二阶矩

6.6.2 分析讨论

变化检测的精度受分割尺度影响很大，随着尺度接近像素层次，精度逐渐减小，用四种探测方法测试时，都没有出现面向对象分类中期望的规律，即精度应该随着尺度减小保持不变或减小。相反地，实验结果显示，随着尺度继续减小，甚至直接处理像素层次，精度会有进一步减小的趋势，这也体现出了在高分遥感影像变化检测中，面向对象的变化检测策略的巨大优势，即理论上能够改进探测精度，这也与前期得到的结论一致（Chen et al., 2014）。小尺度上的探测结果出现很多细小图斑，在接近像素层次，甚至直接利用像素进行变化检测，噪声的影响会更强。这种现象主要归因于高分遥感影像包含更多细节信息，而往往这些信息是不希望被识别为变化的，另外，匹配误差导致的条子对象（Linke and McDermid, 2012）也会在小尺度上更容易地被体现出来，这主要来自错误匹配以及不同太阳高度角导致的地物偏差，这种错误往往在小尺度表现得更加明显[图 6.8（d）]，然而在大尺度上，能够通过减少边界的识别，在一定程度上忽略这些误差，因为这种错误往往发生在对象边界上，然而这样也更容易出现子对象不能被探测的情况[图 6.8（b）]。总的来说，对于高分遥感影像变化检测，更有必要使用面向对象的策略，

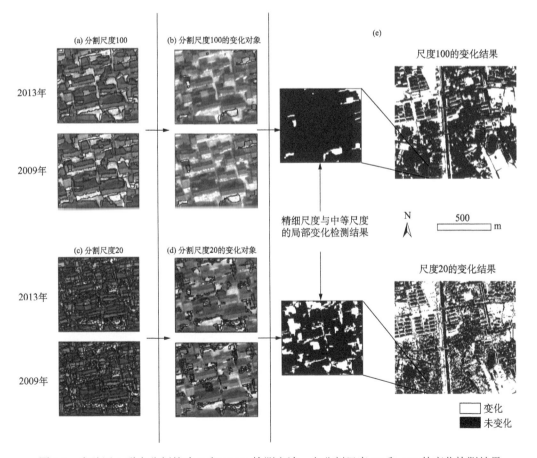

图 6.8　实验区 1 联合分割策略 2 和 MAD 检测方法，在分割尺度 20 和 100 的变化检测结果

通过增大检测单元的尺寸消除来自精细信息或错误匹配的细小图斑的影响。换句话说，在高分遥感影像中，面向对象的变化检测策略有潜力改进基于像素的策略，这也被 Lu 等(2015)应用在最近的研究中。

研究表明，单时相的 4 波段分割对象相比于多时相的分割单元对象一般能够获得较高的灵敏度指标，尽管普遍认为这种单时相的分割对于子对象变化难以识别(Tewkesbury et al., 2015)。这能够归因于单个时相分割保持了改变对象的整体性，当很多变化的区域都是由破碎的地块(裸地)整合成的一个规整的区域时，往往能够保证将整个规整的区域探测出来，例如荒地变为一栋建筑等，反之，如果考虑两个时相分割，势必导致这块区域被分割为很多对象，子对象在两个时相上相似的概率增大，势必导致某些子对象不能被识别为改变对象，而人工解译却将其视作一个改变整体。不幸的是，总体精度的改进很大程度上受特异度指标的影响，因为实际的改变对象个数的减少一般能够使错误检测的概率降低(Bontemps et al., 2008)。因此，多时相分割应更多应用于现有的四种非监督变化对象预测方法中。

另外，探测精度受自由度的影响很大，也就是与参与马氏距离计算的变量的数量有很大关系，即阈值的控制很大程度上决定了检测精度。也就是说，任意一种方法其实都没有绝对的优势，只是方法的不同使得阈值的选择更加多样化，或者阈值的选择方式应该不同。然而在相同条件下，典型相关分析衍生的不相关变量是 MAD 取得较好表现的关键因素。值得注意的是，本书的研究取 PCA 的前三个主成分作为输入特征进行变化检测，虽然相对于 MSC 方法，仅使用光谱特征的 PCA 展示了比较好的检测能力(图 6.3 和图 6.4)，然而增加的特征却使得 PCA 方法的探测精度表现更加糟糕，这可能缘于选择的前三个主成分导致的信息丢失。

虽然前期一些研究认为额外的特征能够改进对遥感影像的变化检测的精度，例如 Ward 等(2000)认为 NDVI 通过改进分类精度提高检测的准确性，Im 等(2008)认为对象的上下文信息能够改进变化检测分类的精度，其使用决策树或最近邻方法。然而研究结果表明非监督预测方法并不能很好地处理除了光谱特征以外的其他特征，这主要是因为这几种预测方法都不能很好地处理高维信息(Tewkesbury et al., 2015)。但是，额外的特征无疑能够为面向对象的变化检测提供更多的信息，无论是本实验中零星观测到的精度改进，还是 Yang 等(2015)在其研究中发现的纹理熵改进变化检测精度。值得一提的是，两者都认为 NDVI 的加入对变化检测总是起负作用。因此，鼓励发展优秀的面向对象的变化预测方法，从而发挥对象纹理特征的优势。

6.7　本　章　小　结

本章初步完成了面向对象的变化检测中各因子的不确定性研究，探讨了分割对象单元、分割尺度、特征空间，以及四种一般的非监督预测方法在变化对象检测中的响应机制。得出以下结论：

(1)总体上中等分割尺度更加有利于对变化对象的检测，同时在一定程度上削弱错误匹配导致的对条形对象的影响。

(2)多时相分割更有利于使用实验采用的方法进行变化检测,不建议使用单时相分割进行变化检测。

(3)阈值的优化可能比方法的选择更加重要,因为每种方法看起来似乎都有潜力在合适的情况下达到较好的精度,然而相比于其他预测方法,MAD 在测试的阈值范围内总体表现更好。

(4)增加的纹理特征与 NDVI 特征不能有效改进精度,有必要发展更好的方法,以利用分割对象提供的纹理特征等信息。

参 考 文 献

Bontemps S, Bogaert P, Titeux N, et al. 2008. An object-based change detection method accounting for temporal dependences in time series with medium to coarse spatial resolution. Remote Sensing of Environment, 112: 3181-3191

Canty M J, Nielsen A A. 2008. Automatic radiometric normalization of multitemporal satellite imagery with the iteratively re-weighted MAD transformation. Remote Sensing of Environment, 112: 1025-1036

Chen G, Zhao K, Powers R. 2014. Assessment of the image misregistration effects on object-based change detection. ISPRS Journal of Photogrammetry and Remote Sensing, 87: 19-27

Desclée B, Bogaert P, Defourny P. 2006. Forest change detection by statistical object-based method. Remote Sensing of Environment, 102(1-2): 1-11

Deng J S, Wang K, Deng Y H, et al. 2008. PCA-based land-use change detection and analysis using multitemporal and multisensor satellite data. International Journal of Remote Sensing, 29: 4823-4838

Dai X L, Khorram S. 1998. The effects of image misregistration on the accuracy of remotely sensed change detection. IEEE Transactions on Geoscience and Remote Sensing, 36: 1566-1577

Doxani G, Karantzalos K, Strati M T. 2012. Monitoring urban changes based on scale-space filtering and object-oriented classification. International Journal of Applied Earth Observation and Geoinformation, 15: 38-48

Foody G M. 2010. Assessing the accuracy of land cover change with imperfect ground reference data. Remote Sensing of Environment, 114: 2271-2285

Hayes D J, Sader S A. 2001. Comparison of change-detection techniques for monitoring tropical forest clearing and vegetation regrowth in a time series. Photogrammetric Engineering and Remote Sensing, 67(9): 1067-1075

Im J, Jensen J R, Tullis J A. 2008. Object-based change detection using correlation image analysis and image segmentation. International Journal of Remote Sensing, 29: 399-423

Laben C A, Bernard V, Brower W. 2000. Process for enhancing the spatial resolution of multispectral imagery using pan-sharpening. US Patent 6.011.875

Laliberte A S, Rango A. 2009. Texture and scale in Object-based analysis of subdecimeter resolution Unmanned Aerial Vehicle(UAV)imagery. IEEE Transactions on Geoscience and Remote Sensing, 47(3): 761-770

Linke J, McDermid G J. 2012. Monitoring landscape change in multi-use west-central Alberta, Canada using the disturbance-inventory framework. Remote Sensing of Environment, 125: 112-124

Lu J, Li J, Chen G, et al. 2015. Improving pixel-based change detection accuracy using an object-based approach in multitemporal SAR flood images. IEEE Journal of Selected Topics in Applied Earth Observations and Remote Sensing, 8(7): 1-11

Ma L, Cheng L, Li M, et al. 2015. Training set size, scale, and features in Geographic Object-Based Image

Analysis of very high resolution unmanned aerial vehicle imagery. ISPRS Journal of Photogrammetry and Remote Sensing, 102: 14-27

Nielsen A A. 2007. The regularized iteratively reweighted MAD method for change detection in multi- and hyperspectral data. IEEE Transactions on Image Processing, 16(2): 463-478

Nielsen A A, Conradsen K, Simpson J J. 1998. Multivariate Alteration Detection(MAD)and MAF postprocessing in multispectral, bitemporal image data: New approaches to change detection studies. Remote Sensing of Environment, 64(1): 1-19

Olofsson P, Foody G M, Stehman S V, et al. 2013. Making better use of accuracy data in land change studies: Estimating accuracy and area and quantifying uncertainty using stratified estimation. Remote Sensing of Environment, 129: 122-131

Qin Y, Niu Z, Chen F, et al. 2013. Object-based land cover change detection for cross-sensor images. International Journal of Remote Sensing, 34: 6723-6737

Padwick C, Deskevich M, Pacifici F, et al. 2010. WorldView 2 pan-sharpening. San Diego: ASPRS 2010, Annual Conference

Ridd M K, Liu L. 1998. A comparison of four algorithms for change detection in an urban environment. Remote Sensing of Environment, 63: 95-100

Tewkesbury A P, Comber A J, Tate N J, et al. 2015. A critical synthesis of remotely sensed optical image change detection techniques. Remote Sensing of Environment, 160:1-14

Ward D, Phinn S R, Murray A T. 2000. Monitoring growth in rapidly urbanizing areas using remotely sensed data. The Professional Geographer, 52: 371-386

Xian G, Homer C, Fry J. 2009. Updating the 2001 National Land Cover Database land cover classification to 2006 by using Landsat imagery change detection methods. Remote Sensing of Environment, 113: 1133-1147

Yang X T, Liu H, Gao X. 2015. Land cover changed object detection in remote sensing data with medium spatial resolution. International Journal of Applied Earth Observation and Geoinformation, 38: 129-137

第7章 面向对象非监督分类方法探索

前述研究几乎涉及面向对象的影像分类的所有阶段，揭示一些规律，解决一些问题。常规监督分类步骤虽然严谨，但相当烦琐，带来了诸多困难，例如样本选择困难。同时，影像分割提供更多语义信息，有助于直接面向语义层次的信息提取。本章旨在探索怎样更好地利用该类信息，发展面向对象的非监督分类方法，实现面向对象影像的快速信息提取。以耕地信息提取为例，研究提出一种基于三角网聚类的耕地信息提取方法，并与eCognition 的监督分类结果进行对比，结果证明提出的方法能够提高耕地提取的效率，保证提取的耕地的整体性。

7.1 基于三角网的信息提取基本思想

根据第3章的研究结果，不同目标类型在影像上具有不同的尺度，因此基于不同分析目的所关注的目标对象的尺寸也会不同，例如耕地的分割对象往往较大，房屋的分割对象往往较小。为此，研究考虑是否能够通过这种差异来直接提取该类信息。利用无人机影像，通过反复的分割尝试并观察分割对象的分布特征，发现耕地信息具有明显的集中连片特征，分割后的耕地地块都比较大，且由于无人机影像的高分辨率特点，对于集

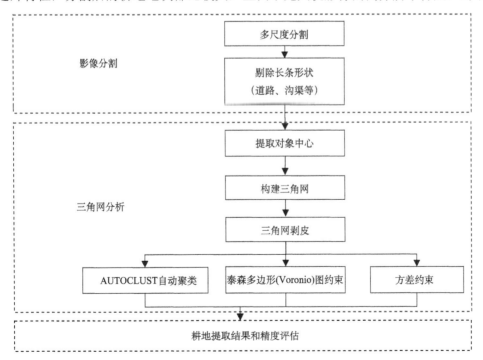

图 7.1　耕地信息提取技术框架图

中的居民地区域，其内部地物丰富，包括房屋、林地、道路、水泥地等，分割后形成形态各异的分割对象，相对于耕地区域，该分割区域看上去比较破碎。另外，对于中国广大农村，居民区域呈棋盘状分布在耕地中，一般地，集中的居民地和道路区域是耕地信息提取的主要干扰因素，如果能成功剔除这些地物，就能成功地提取出耕地地块。基于这一特征，考虑用聚类的办法将破碎居民地、林地等地物剔除，从而达到提取耕地信息的目的。为了达到此目的，通过提取分割对象的中心点、随后构建三角网的方式反映以上分布特征，对于集中的居民地区域，三角网密度比较大，耕地连片的地方三角网都比较稀疏。利用基于图论的三角网聚类方式实现对居民区域对象的聚类。本章后面部分将对聚类方法及相关步骤做详细介绍，具体流程如图 7.1 所示。

7.2　三角网构建

前面的研究已详细介绍了分割步骤，这里直接介绍三角网构建的相关原理与方法。离散点的空间邻接模型十分适合描述离散点不同的聚类结果，其中 Delaunay 三角网作为主要的表述聚类间的距离关系的结构，已经在多个聚类方法中得到应用（Estivill-Castro and Lee, 2002）。本章使用泰森多边形（Voronoi）图和 Delaunay 三角网构建离散点空间邻接模型。由于泰森多边形能够通过 Delaunay 三角网得到，所以只需利用分割对象构建三角网即可。该过程主要分两步：提取分割对象的中心点，随后利用中心点产生 Delaunay 三角网。

为计算分割对象多边形的中心点（重心或质心），首先计算多边形的面积，如果某个分割对象的分割线由 N 个节点 (x_i, y_i) 组成，其中 $0 \leq i \leq N-1$，假设最后一个节点与第一个节点相同，那么多边形封闭（Paul, 1988），图 7.2 示例一个包含 6 条边的多边形，那么，多边形的面积计算公式表示为

$$A = \frac{1}{2} \sum_{i=0}^{N-1} (x_i y_{i+1} - x_{i+1} y_i) \tag{7.1}$$

式中，$x_N = x_0$，表示多边形封闭。在计算得到面积以后，多边形中心点（这里实际上表示重心或质心）的坐标能够通过式（7.2）计算（Estivill-Castro and Lee, 2002）：

$$C_x = \frac{1}{6A} \sum_{i=0}^{N-1} (x_i + x_{i+1})(x_i y_{i+1} - x_{i+1} y_i) \tag{7.2}$$

$$C_y = \frac{1}{6A} \sum_{i=0}^{N-1} (y_i + y_{i+1})(x_i y_{i+1} - x_{i+1} y_i) \tag{7.3}$$

Delaunay 三角网是相互不重叠且相互邻接的三角形集合，一般需要满足两个准则（Lee and Schachter, 1980）：Delaunay 三角网中的各三角形的外接圆中不存在其他点。在所有可能的三角网中，Delaunay 三角网中的各三角形的最小角一般最大。根据以上特征，许多研究提出不同的三角网构建方法，流行的方法包括分治算法、扫描线算法、增量算法、快速增量构造算法、凸包算法。本书研究重点不在于三角网构建算法，而是利用成熟的分治算法（divide-and-conquer algorithm）构建 Delaunay 三角网，首先，尽量将点集划

分为足够小的子集，对不同子集构建子三角网；其次整合各子三角网；最后，利用局部优化法保证构建的三角网为 Delaunay 三角网，这样构建三角网的优点是时间效率较高，缺点是需要的递归运算量大，对内存空间的要求较高(Dwyer, 1987)。图 7.3 是一个 Delaunay 三角网和对应的泰森多边形示例。

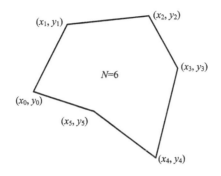

图 7.2　多边形中心点计算示例图

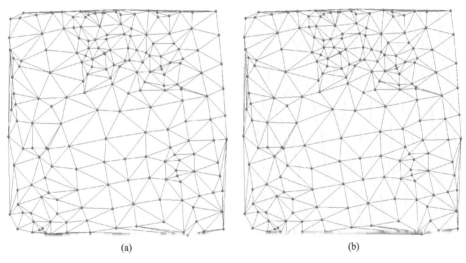

图 7.3　Delaunay 三角网和泰森多边形

(a)Delaunay 三角网(红色边)；(b)泰森多边形(绿色边)

7.3　三角网聚类方法提取耕地信息

构建三角网的目的是通过该三角网检测其包含的离散点的空间聚类关系，然后提取耕地信息。研究在聚类的基础上，提出一套优化耕地信息提取的具体步骤。其中最重要的步骤是三角网模型的空间特征检测，即利用计算机，自动识别三角网的空间分布特点，以达到提取感兴趣区域的目的。首先，对构建的三角网进行剥皮操作，去除边缘过长的长边；其次，利用 AUTOCLUST 自动聚类方法对三角网进行聚类，删除密集区域的点群；再次，利用 Voronoi 图进行面积限制；然后，计算聚类的三角网的三角形平均面积，删除平均面积过大的三角网聚类；最后，利用方差特征剔除林地等。

7.3.1　点群分布范围聚类

1. 三角网的剥皮操作

点群分布范围属于不确定性问题。在 GIS 的研究中，常用作替代点群分布范围。但是，当点群的分布凸凹有致时，那么凸壳中可能包含很多不存在点的凹部区域，这样形成的凸壳并不能真实地代表点群的分布范围。一般地，基于 Delaunay 三角网的聚类步骤为：①利用点群构建三角网[图 7.3（a）]；②选择一个距离参数 d，通过参数 d 实现对三角网的"剥皮"，删除三角形边长大于 d 的边；③提取与一个三角形关联的边作为点群的边界。图 7.4 显示，通过"剥皮"操作，删除了边长很大的三角形，使得"剥皮"后的三角网更接近真实的点群分布。

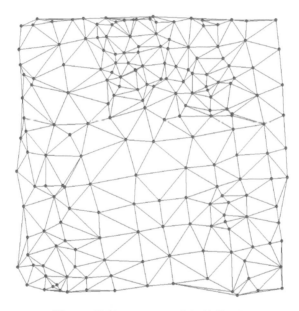

图 7.4　剥离 Delaunay 三角网的外三角

2. 自动聚类算法

Delaunay 三角网能自动适应不同区域点的密度变化。对于点密集的区域，三角网的三角形一般较小，对应边长较短。对于点较稀疏的区域，得到的三角形一般较大，对应边长比较长。对于点密度相同的区域，三角网中的三角形的大小相似，各三角形的边长也趋于一致。对于不同密度的点群区域，三角网中的三角形边长的变化一般很大。基于图论的 AUTOCLUST 方法的基本原理为，利用长短边聚类实现聚类信息的传递，具体地，采用局部和全局方差表征长短边信息（Estivill-Castro and Lee, 2002），在本研究中，能够使用该方法实现构建三角网的聚类。

对于 AUTOCLUST 方法，具有长边的离散点之间更加松散，一般地，AUTOCLUST

方法使用标准差和方差测度来描述离散点间的松散程度。为定量描述上面介绍的概念，这里首先介绍表征该方法的符号。假设 $DD(P)$ 描述一个 Delaunay 三角网图 P。$DD(P)$ 是一个包含节点和边的平面图。$DD(P)$ 的边叫做 Delaunay 边。对于一个点 p_i，$p_i \in P$（$DD(P)$ 的一个节点），用 $N(p_i)$ 表示与其邻接的边的集合。那么统计量 Local_Mean(p_i) 表示 $N(p_i)$ 集合边的均值，Local_St_Dev(p_i) 表示 $N(p_i)$ 集合边的标准差。Mean_St_Dev(P) 表示图 $DD(P)$ 中边长之和的均值。具体计算公式如下（Estivill-Castro and Lee, 2002）：

$$\text{Local\_Mean}(p_i) = \sum\nolimits_{e \in N(p_i)} |e| / \|N(p_i)\| = \sum_{j=1}^{d(p_i)} |e_i| / d(p_i) \tag{7.4}$$

$$\text{Local\_St\_Dev}(p_i) = \sqrt{\sum_{j=1}^{d(p_i)} (\text{Local\_Mean}(p_i) - |e_j|)^2 \Big/ d(p_i)} \tag{7.5}$$

$$\text{Mean\_St\_Dev}(P) = \sum_{i=1}^{n} \text{Local\_St\_Dev}(p_i) \Big/ n \tag{7.6}$$

$$\text{Relative\_St\_Dev}(p_i) = \text{Local\_St\_Dev}(p_i) / \text{Mean\_St\_Dev}(P) \tag{7.7}$$

式中，Local_Mean(p_i) 表示过 p_i 点的边的平均值；$d(p_i)$ 是与 p_i 连接的边的个数；与点 p_i 连接的边的标准方差表示为 Local_St_Dev(p_i)；图 $DD(P)$ 中各点对应的 Local_St_Dev(p_i) 的均值表示为 Mean_St_Dev(P)；Relative_St_Dev(p_i) 表示局部方差和全局均值的比值。

根据以上各组统计量，通过长短边聚类方法能够将每条与点 p_i 邻接的边划分到三组中：短边组合[表示为 Short_Edges(p_i)]、长边组合[表示为 Long_Edges(p_i)]、其他边[表示为 Other_Edges(p_i)]。假设 $e_j \in N(p_i)$，如果 $e_j \in$ Short_Edges(p_i)，那么：

$$\text{Short\_Edges}(p_i) = \left\{ e_j \,\middle|\, |e_j| < \text{Local\_Mean}(p_i) - \text{Mean\_St\_Dev}(P) \right\} \tag{7.8}$$

如果 $e_j \in$ Long_Edges(p_i)，那么：

$$\text{Long\_Edges}(p_i) = \left\{ e_j \,\middle|\, |e_j| > \text{Local\_Mean}(p_i) + \text{Mean\_St\_Dev}(P) \right\} \tag{7.9}$$

如果 $e_j \in$ Other_Edges(p_i)，那么：

$$\text{Other\_Edges}(p_i) = N(p_i) - (\text{Short\_Edges}(p_i) \bigcup \text{Long\_Edges}(p_i)) \tag{7.10}$$

根据以上 AUTOCLUST 方法的基本统计量，以及长短边的划分方法，AUTOCLUST 方法通过移除 p_i 的 k 邻接边（$k=1$ 表示邻接的单条边，$k=2$ 表示邻接的两条边……）的短边集合 Short_Edges(p_i) 和长边集合 Long_Edges(p_i)，实现聚类的目的。综合上面的描述，将 AUTOCLUST 方法分为三步，最终达到聚类的目的。

步骤一：构建 Delaunay 三角网，计算统计量 Local_Mean(p_i)、Local_St_Dev(p_i)、Mean_St_Dev(P)，并删除所有短边集合和长边集合中的边，形成各个簇的粗糙边界；

步骤二：完成步骤一后，利用剩下的点和边计算生成网络，并用邻接的边标记每个点 p_i 作为 CC$[p_i]$，随后恢复聚类集群中删除的边，如图 7.5（c）所示。

步骤三：扩大邻近点的范围，扩充到与 p_i 路径长度不大于 2 的所有点，再使用

Local _ Mean$_2$和DD(P)进行进一步调整，寻找不同区域之间的连接边，并计算$N_{2,G}(p_i)$的边长均值为Local _ Mean$_{2,G}(p_i) = \sum_{e \in N_{2,G}(p_i)} |e| / \|N_{2,G}(p_i)\|$，并移除$N_{2,G}(p_i)$的长边，即得到满足条件的所有边，如果$e \in N_{2,G}(p_i)$，则将$|e| > $Local _ Mean$_{2,G}(p_i) + $Mean _ St _ Dev$(P)$的边移除。

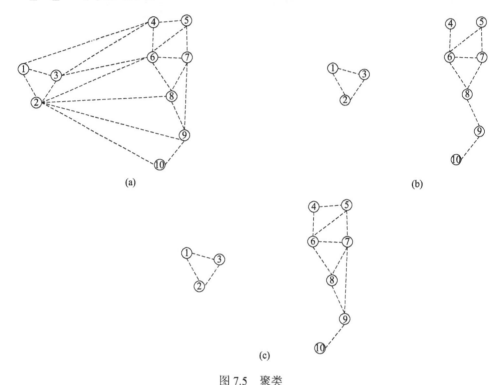

图 7.5 聚类

(a)三角网图 DD(P)；(b)第一步聚类结果；(c)恢复删除的内部边

7.3.2 优化聚类辅助信息提取

1. 泰森多边形约束

AUTOCLUST 方法仅仅考虑了三角网边的变化特征，而忽略了三角网中三角形面积特征，对于临近的、由 Other _ Edges(p_i)边连接的三角网并不能很好地聚类，但是该范围的三角网又是小三角形，点群高度集中，针对这一特征，进一步引入泰森多边形优化点密度特征判断，由于泰森多边形是 Delaunay 三角网的对偶，一般地，单位面积包含的点个数越多，那么点的密度就越大，所以可以进一步通过计算泰森多边形面积的方法表征点的分布密度，具体步骤包括：①通过点群构建 Delaunay 三角网；②构建 Delaunay 三角网的 Voronoi 对偶图，随后计算多边形面积，表示为 A，所以点群密度可以通过 $1/A$ 表征。一般地，该值越小，表示点群密度越小，该值越大，表示点群密度越大。泰森多边形面积约束策略：一般地，应用 AUTOCLUST 方法进行聚类时，有不少区域出现欠聚类的现象，那么在采用泰森多边形进行约束时，使用上限阈值与下限阈值综合约束，一般地，当泰森多边形面积大于上限阈值时，该多边形对应的中心点一定是耕地，当泰森多边形面积小于下限阈值时，该多边形对应的中心点一定是破碎区域。这里的上下限阈值尽量设置松散。用以下公式过滤高密度点区域和低密度点区域：

$$\text{Area} < \partial_1 \times \text{Voronio\_mean} \tag{7.11}$$

$$\text{Area} > \partial_2 \times \text{Voronio\_mean} \tag{7.12}$$

式中，Voronio_mean 为生成的泰森多边形的面积的平均值；∂_1 和 ∂_2 为系数，且 $\partial_1 < \partial_2$。明显地，这里的系数决定了点的聚类程度，实验中为了避免过度聚类和欠聚类，设置 $\partial_1 = 0.5$，$\partial_2 = 0.9$ 作为一般值，对 AUTOCLUST 方法进行优化。

2. 聚类三角网面积均值约束

在 AUTOCLUST 聚类的过程中，一些聚类主要包含较大的三角网，且其面积较周围三角网面积还大，这可能是因为极少数的两三个点距离很近，而距离相邻的其他点较远，这种点往往不是居民区域分割对象的中心点。这种聚类中的三角网个数往往较少，且其三角形面积的平均值比需要识别的破碎区域的三角网面积的平均值大很多，所以进一步引入聚类三角网面积均值的概念来去除 AUTOCLUST 聚类过程中这类错误聚类，方程如下：

$$\text{Local\_Mean}_{\Delta\text{area}}(C_j) = \sum_{i=1}^{n} T_i / n \tag{7.13}$$

$$\text{Mean}_{\Delta\text{area}}(C) = \sum_{j=1}^{m} \text{Local\_Mean}_{\Delta\text{area}}(C_j) / m \tag{7.14}$$

$$\text{Mean\_Dev}_{\Delta\text{area}}(C_j) = \sqrt{\sum_{j=1}^{m} [\text{Local\_Mean}_{\Delta\text{area}}(C_j) - \text{Mean}_{\Delta\text{area}}(C)]^2 \Big/ m} \tag{7.15}$$

式中，$\text{Local\_Mean}_{\Delta\text{area}}(C_j)$ 表示第 j 个聚类的三角形均值；$\text{Mean}_{\Delta\text{area}}(C)$ 表示对 m 个聚类均值取平均；$\text{Mean\_Dev}_{\Delta\text{area}}(C_j)$ 表示各聚类均值的方差，j 表示聚类的个数；l 表示第 j 个聚类中的三角形序号。如果 $\text{Local\_Mean}_{\Delta\text{area}}(C_j) > \text{Mean}_{\Delta\text{area}}(C) + \text{Mean\_Dev}_{\Delta\text{area}}(C_j)$，那么删除该聚类。

3. 最大方差约束

提出的方法虽然能够对居民地聚集区域进行聚类，并将其剔除，但是对于平原地区，其还零星存在不少林地，由于林地的纹理特征相差不大，对应的分割对象往往较大，很难用三角网聚类方法将其剔除。而林地的纹理粗糙，方差较大，耕地较为光滑，方差较小，所以这里提出用方差约束的方法对耕地信息提取结果做修剪。将 2 倍最大光谱方差均值与最大光谱方差标准差之和作为阈值进行识别。如式 (7.16)：

$$\text{Max.diff} > 2 \times \text{mean\_Max.diff} + \text{Standard Deviation\_Max.diff} \tag{7.16}$$

式中，mean_Max.diff 表示所有对象的最大光谱方差特征的均值；特征 Max.diff 的标准差表示为 Standard Deviation_Max.diff。

7.4　实验与分析

研究使用经过正射纠正并融合后的 UAV 影像数据进行分割和分类实验，以证明利用无人机航拍的影像数据进行耕地信息提取的可行性。实验选择三景无人机影像，其与2.1.1 节提到的无人机影像同期获取，同为三波段 RGB 影像，分辨率为 0.2m，但提出的方法有较大的地域限制，所以单独选择三景平原地区的影像测试耕地提取效果，如图 7.6所示。实验区 1，如图 7.6(a)所示，影像大小为 3350 像素× 4400 像素；实验区 2，如图 7.6(b)所示，影像大小为 2400 像素× 1500 像素；实验区 3，如图 7.6(c)所示，影像大小为 5000 像素× 5000 像素。对于三组影像，首先利用提出的三角网聚类方法(triangulation cluster for cultivated land extraction, TCLE)提取耕地信息，随后利用 eCognition 自带的 KNN 监督分类方法提取耕地信息，并分别比较两种方法的提取效果。

(a)　　　　　　　　　　　(b)　　　　　　　　　　(c)

图 7.6　三景无人机实验影像

(a) 3350 像素× 4400 像素；(b) 2400 像素× 1500 像素；(c) 5000 像素× 5000 像素

7.4.1　实验区 1

1. 多尺度分割

在实验区 1 选择了有沟渠、道路等纵横交错基础设施覆盖的耕地区域，覆盖范围为862m×614m，这也近似于一景无人机影像的范围，所以分析结果能够较好地说明提出的方法对从无人机影像中提取耕地信息的适用性。这里采用的影像是经过正射纠正、匀光匀色的 DOM 数据，所以提取的耕地信息带有地理坐标信息，它能够直接用于数字制图。首先利用 eCognition 进行多尺度分割，分割参数 Shape 为 0.4，Smoothness 为 0.5。分别实施三个尺度的分割(包括尺度 50、100、180)，分割参数及统计结果如表 7.1 所示，图 7.7 分别展示其分割结果，通过观察不同尺度的分割结果，选择对耕地地块分割较好的尺度进行后续分析。容易发现，随着分割尺度的增大，分割对象的面积逐渐增大。相对于分割尺度 50 和 100，当分割尺度为 180 时，能够更好地将分辨率为 0.2m 的无人机影像数据中具有相同像素特征的耕地地块分割出来，实验区 1 选择尺度 180 的分割结果。

表 7.1　多尺度分割参数

分割尺度	光谱/形状	光滑度/紧致度	分割对象个数/个	平均面积/m²
50	0.6/0.4	0.5/0.5	6749	78.5
100	0.6/0.4	0.5/0.5	1740	304.5
180	0.6/0.4	0.5/0.5	761	695.3

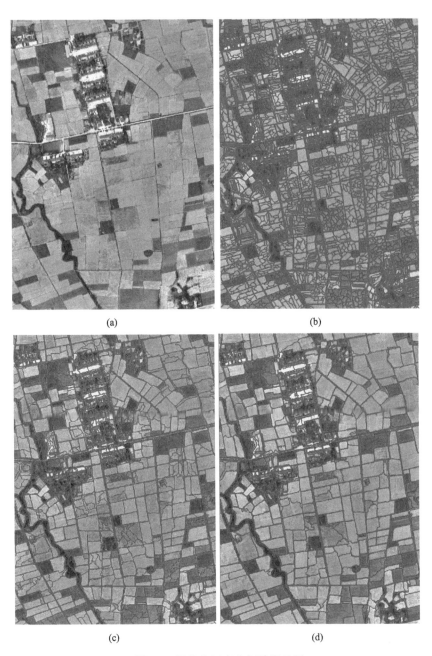

(a)　　　　　　　　　　　　　　　　(b)

(c)　　　　　　　　　　　　　　　　(d)

图 7.7　影像多尺度分割结果示例

(a)表示原始影像；(b)是分割尺度为 50 的结果；(c)是分割尺度为 100 的结果；(d)是分割尺度为 180 的结果

2. 三角网构建与特征检测

成功对无人机影像数据进行分割后，使用三角网聚类剔除破碎的居民地区域，以提取耕地信息。首先利用分割对象提取中心点(参考 7.2 节)，提取的中心点个数和该区域分割对象数目相同，为 761 个(表 7.1)。图 7.7(d)中的耕地虽然分布较集中，但是难免夹杂有道路、沟渠、田埂等地物，在高分影像中，这些地物都能被分割出来，且它们都属于长条形状地物，与耕地的矩形有较大差别。提取的中心点中，多了这些地物的中心点，它们会影响方法精度，为提高方法的可靠性，在构建三角网之前，需要将这些条状地物剔除。所以，首先使用空间特征矩形拟合度(rectangular fit)阈值剔除条状地物(rectangular fit<0.5)对应的中心点，例如灌溉渠道、道路，总数为 212 个，然后利用剩余的 549 个中心点(图 7.8 中的黄色点)构建三角网[图 7.8(a)]，为了使三角网能够准确代表点密度分布特征，需要对构建的 Delaunay 三角网进行剥皮操作(参考 7.3.1)，以消除三角网边缘过长的三角网边[图 7.8(b)]。图 7.8(a)显示 A、B、C、D 区域是居民地，他们的点群密度明显大于周边耕地区域的点群密度，且他们的边长相比于周边耕地区域对应的边长小。为了识别这样的特征，研究利用 AUTOCLUST 聚类方法自动提取高密度的三角网范围，提取效果如图 7.8(b)所示。在图 7.8(b)中，红色网点为聚类识别的非耕地地块对应的中心点，B、C、D、E 区域能够作为整体被较好地识别出来，对于 A 区域，和预想的聚类结果有一定差别，主要原因在于 A 区域中段部分建筑物结构统一，且存在面积较大的块状林地与其邻接，导致这一区域分割对象较为松散，相应三角网的密度较小，以至于出现欠聚类现象，但是这并不妨碍考虑优先用 AUTOCLUST 进行聚类，以识别农村破碎居民地区域，因为 AUTOCLUST 聚类总点数为 170 个[图 7.8(b)]，参考正确的聚类网点数为 150 个，通过目视判别可知，其中 44 个耕地的中心点被误判为聚类点，导致过度聚类，错误率为 29.3%。另外，图 7.8(b)中有 27 个网点没有被聚类识别，主要集中于图中的矩形和三角形区域，导致欠聚类现象，欠聚类错误率为 18.0%。

通过上面的分析，AUTOCLUST 聚类已能够较准确地识别无人机高分影像数据中破碎的居民地区域，但是仍然存在过度聚类与欠聚类现象，错误率分别为 29.3%和 18.0%。为了进一步补充这里的欠聚类现象，引入 Voronio 多边形面积限制方法，对于欠聚类区域，通过设置下限阈值，添加小于该下限阈值的 Voronio 多边形对应的中心点到聚类区域(参考 7.3.2)，由于生成的 Delaunay 三角网对应的 Voronio 图中多边形的面积平均值 Voronio_mean 为 945m^2，设置下限阈值为 0.5×Voronio_mean，即 472.5 m^2，小于该阈值的 Voronio 多边形能容易被筛选出来，形成一个新的关于 Voronio 图下限阈值约束的聚类图[图 7.8(c)]，能够发现，图中出现三组仅有一个 Voronio 多边形的聚类，这样的单个多边形并不能表示一个聚类，一般地，删除聚类数小于 4 的多边形区域，然后将 Voronio 多边形对应的中心点加入需剔除的破碎区域中，增加聚类网点 32 个。另外，由于成块林地的影响，居民地与耕地分界区域三角网的密度变化并不是很明显，导致临近居民地部分耕地被错误聚类，导致出现过度聚类现象，通过设置 Voronio 多边形上限阈值的方法消除该错误(参考 7.3.2)，这里设置上限阈值为 0.9×Voronio_mean，即 850.5 m^2，图 7.8(d)展示了大于该阈值的 Voronio 多边形聚类，删除该 Voronio 多边形聚类与 AUTOCLUST

聚类对应的相同中心点，以达到消除过度聚类影响的目的，共计删除聚类网点 11 个。

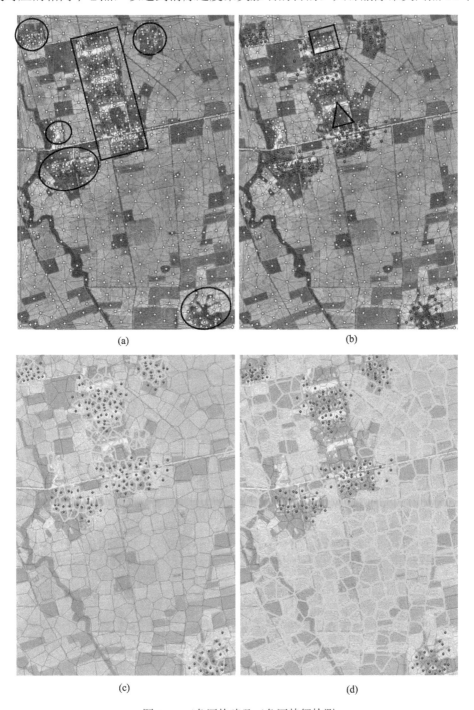

图 7.8　三角网构建及三角网特征检测

(a) 构建 Delaunay 三角网；(b) AUTOCLUST 聚类结果；(c) Voronio 图下限阈值约束的聚类图；

(d) Voronio 图上限阈值约束的聚类图

实验证明，用构建三角网的方法进行聚类分析，能够较好地剔除集中连片耕地区域中的居民地、道路信息。但是，影像中大块的水体以及孤立的林地并未被识别和剔除，这里采用灰度值方差约束的方法剔除沟渠与林地，利用灰度值求取每个分割对象的光谱均值与方差，由于耕地表面光滑，方差较小。这里使用式(7.16)进行最后的约束，移除满足式(7.16)的对象，根据计算，$\text{mean\_Max.diff} = 0.239761$，$\text{Standard Deviation\_Max.difff} = 0.227033$。

移除上述提取的非耕地信息后，结合目视解译，统计耕地信息提取结果，正确的参考耕地提取对象个数为 362 个，实际提取的耕地对象个数为 343，正确提取的耕地对象个数为 325。最后，对提取结果进行精度评估，计算总体精度(OA)、生产者精度(PA)、用户精度(UA)，以及卡帕系数(Kappa)(Congalton and Green, 2009)。其中生产者精度为89.8%，用户精度为 94.8%，总体精度为 92.8%，卡帕系数为 0.855(参考表 7.2)。

3. 与 eCognition 分类比较

为与常用的面向对象的工具进行对比，研究也采用 eCognition 面向对象的分类方法提取耕地信息，并与提出的方法做比较。选择的监督分类方法为 KNN，一方面，eCognition 早期版本仅有 KNN 监督分类方法；另一方面，根据第 5 章监督分类方法不确定性研究，在限制的训练样本条件下，各分类方法差异不大，即 KNN 在小样本条件下能够代表一般的监督分类方法。首先，选择 180 的分割尺度进行影像分割，产生 761 个分割对象。在实际分类中，面向对象的方法只需要 2~3 倍于影像波段数目的训练样本就可以达到高且稳定的分类精度(Bo and Ding, 2010)。为区分耕地与非耕地对象，选择耕地类型样本14 个(包括旱地、水田)与非耕地类型样本 15 个(包括道路、居民地、林地、水泥地等)，共计 29 个样本，几乎包含所有耕地与非耕地类型，图 7.9 展示了部分样本类型，这些样本类型也进一步说明了样本选择的困难，很容易导致遗漏某一类型或不同时期的耕地，发展非监督分类方法十分必要。导入 14 个特征并在分类前对其实施特征选择，包括光谱、空间和纹理特征选择。随后利用选择的样本，基于 eCognition 自带的最邻近分类的特征空间优化方法(feature space optimization, FSO)获取优化的特征组合(Laliberte et al., 2012)。通过分析，采用 8 维的特征空间能够达到最大分类距离(best separation distance)——6.42。需要注意的是，距离的计算依赖于选择的训练样本，因此，训练样本的变化直接影响计算结果，这里经过多次实验，确定该结果。

通过可视化评估，eCognition 实际提取的耕地对象个数为 319 个，其中正确提取的耕地对象个数为 308 个，正确的参考耕地提取对象个数仍然为 362 个，即生产者精度为85.1%，用户精度为 96.6%，总体精度为 91.5%，卡帕系数为 0.828。表 7.2 显示提出的方法的整体精度高于 eCognition，图 7.10 展示了用两种方法提取的结果，用 eCognition 提取的结果中存在零星错分的耕地地块[图 7.10(b)]，提出的方法能够保持耕地提取的整体性，能避免零星错分的现象。所以，在保持精度要求的前提下，用提出的方法还能很好地保持耕地提取的整体性。另外，样本选择在监督分类中是十分烦琐的任务，对于面向对象的分类，对象的不确定性导致训练样本的选择更加困难。提出的方法避免了训练样本的选择，提高了耕地信息提取效率。

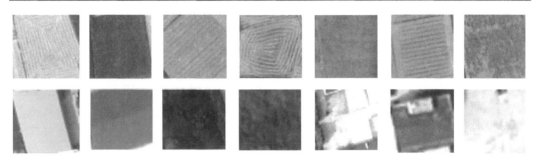

图 7.9 选择的样本类型

上行是部分耕地样本，下行是部分非耕地样本

表 7.2 实验区 1 的分类精度分析

项目	基于三角网的方法		eCognition	
	耕地/个	非耕地/个	耕地/个	非耕地/个
耕地/个	325	18	308	11
非耕地/个	37	381	54	389
生产者精度/%	89.8		85.1	
用户精度/%	94.8		96.6	
总体精度/%	92.8		91.5	
卡帕系数	0.855		0.828	

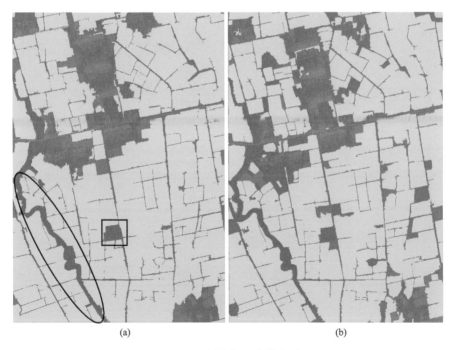

(a)   (b)

图 7.10 最终提取的耕地图

(a)用提出的方法提取的效果图，椭圆区域的沟渠与矩形区域的独立林地通过方差约束被准确地移除；(b)用 eCognition 方法提取的效果图。其中，绿色区域表示耕地，红色区域表示非耕地

7.4.2　实验区 2

实验区 2 的研究中选择的实验区的非耕地区域更加破碎，覆盖房屋、水泥地、林地。由于非耕地区域更加破碎，独立对象更小，为了使得分割对象能够突出这些特征，设置较小的分割尺度 120，分割参数“Shape”和“Smoothness”保持不变，分别为 0.4 和 0.5。泰森多边形约束的参数分别为 $\partial_1 = 0.5$，$\partial_2 = 0.9$。随后，利用提出的方法提取的耕地结果如图 7.11(b) 所示，用 eCognition 方法提取的结果如图 7.11(c) 所示，总体精度分别为 90.3% 和 87.6%（表 7.3）。

(a)

(b)　　　　　　　　　　　　　　　　　　　　　　　　(c)

图 7.11　实验区 2 的结果

(a) 分割尺度为 120 的分割结果；(b) 用提出的方法提取的结果；(c) 用 eCognition 方法提取的结果
其中，绿色区域表示耕地，红色区域表示非耕地

表 7.3　实验区 2 的分类精度分析

项目	基于三角网的方法		eCognition	
	耕地/个	非耕地/个	耕地/个	非耕地/个
耕地/个	144	17	143	20
非耕地/个	42	403	55	388
生产者精度/%	77.4		72.2	
用户精度/%	89.4		87.7	
总体精度/%	90.3		87.6	
卡帕系数	0.762		0.705	

7.4.3　实验区 3

实验区 3 的研究中选择的实验区选择更大区域(5000 像素×5000 像素),覆盖范围为 1km×1km,且整个区域在城乡结合地带,包含各种土地类型,如图 7.12(a)所示,如果要单独选择样本对其进行识别相对困难。该区域比实验区 1 和实验区 2 中的非耕地区域复杂得多,利用这样的区域得到的结果,更能说明提出的方法的实用性。分割尺度设置为 180,分割参数"Shape"和"Smoothness"保持不变,分别为 0.4 和 0.5[图 7.12(a)]。泰森多边形约束的参数分别为 $\partial_1 = 0.5$,$\partial_2 = 0.9$。用提出的方法提取的耕地结果如图 7.12(b)所示,用 eCognition 方法提取的结果如图 7.12(c)所示,总体精度分别为 86.9% 和 85.8%(表 7.4)。实验结果显示与实验区 1 和 2 相似,提出的方法的检测精度同样优于 eCognition。在实验区 3 用两种方法得到的检测精度比实验区 1 和 2 的精度差,这主要是由于实验区 3 的覆盖范围更广,地物更加复杂,很难保证同一规则对所有区域有效。此外,对于提出的方法,小块耕地聚集的区域容易被误判为非耕地而进行聚类,从而被移除,这也会导致提取的正确的耕地对象进一步减少,使得提出的方法的优势没有前面两个实验区明显。

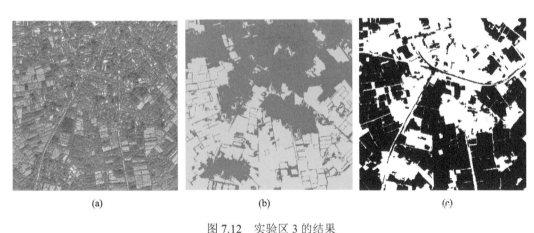

(a)　　　　　　　　　　　(b)　　　　　　　　　　　(c)

图 7.12　实验区 3 的结果

(a)分割尺度为 180 的结果;(b)用提出的方法提取的结果;(c)用 eCognition 方法提取的结果

其中,绿色区域表示耕地,红色区域表示非耕地

对于三个实验区,使用不同的分割尺度都获取了较好的结果(表 7.5),其中实验区 1 的结果最好。最后,根据三个实验区的测试,发现利用提出的方法,粗糙尺度范围(例如 100~200)比较适合提取耕地地块。为避免过度聚类和欠聚类,补偿 AUTOCLUST 聚类方法的不足,三个实验区的泰森多边形阈值参数设置为 $\partial_1 = 0.5$ 和 $\partial_2 = 0.9$(表 7.5)。

提出的方法也存在一些不足,主要考虑居民地的破碎和紧凑特征,以及耕地的集中连片和松散特点,对于分割后与耕地有类似集中连片和松散特点的地块难以剔除,例如丘陵地区的大片林地,山地区域的高分影像耕地信息提取技术是值得进一步研究的课题。为发挥高分遥感影像的特征优势,发展更高效的信息提取方法或算法更重要,特别是研究高分遥感影像中的耕地信息提取方法时,应更加侧重于利用耕地自身的空间分布特点,研究对不同区域具备较强适应能力的方法。

表 7.4　实验区 3 的分类精度分析

项目	基于三角网的方法		eCognition	
	耕地/个	非耕地/个	耕地/个	非耕地/个
耕地/个	572	133	670	125
非耕地/个	117	1082	145	964
生产者精度/%	83.0		82.2	
用户精度/%	81.1		84.3	
总体精度/%	86.9		85.8	
卡帕系数	0.717		0.709	

表 7.5　三组实验的参数设置

实验区	尺度	光谱	紧致度	∂_1	∂_2
实验区 1	180	0.6	0.5	0.5	0.9
实验区 2	120	0.6	0.5	0.5	0.9
实验区 3	180	0.6	0.5	0.5	0.9

7.5　本　章　小　结

　　研究结果显示，采用提出的方法能达到耕地信息提取的预期效果，其对当前高分遥感影像的耕地信息提取具有现实意义，特别是在大尺度航空影像在耕地监测中的应用需求增加的大背景下。同时，无人机作为一种灵活的航空影像数据获取方式，由于无人机载重的限制，多搭载消费型的轻型相机，导致获取的影像缺乏光谱信息，大量研究成果不能有效直接应用于这种新型的数据源，特别是对于植被提取具有重要意义的 NDVI 等植被指数。提出的方法能克服这一困难，充分发挥高分遥感影像具有丰富语义信息的优势。具体地，相对于目前流行的面向对象的高分遥感影像分类软件 eCognition，提出了基于三角网空间特征检测的耕地信息提取方法。主要包括以下优势：

　　(1)提高耕地信息提取效率。针对集中连片耕地中出现的农村破碎居民地特征，提出了有针对性的耕地地块信息提取方法，省去了分割后选择样本、训练分类模型的过程，使用 AUTOCLUST 方法实现对破碎居民区域的聚类，简化了耕地信息提取过程中的人机交互强度。

　　(2)有效剔除破碎居民地，实现耕地集中连片提取。对于以村组为单位的耕地，很难使得耕地上种植的作物相同，往往一幅影像中同时包括休耕地、水田、旱地等，使用 eCognition 进行样本选择时，难免会出现某些耕地类型漏选或错选的情况，导致耕地被错误识别。另外，由于样本选择不全面，eCognition 很难完全剔除破碎居民地地块。提出的方法充分利用居民地分割对象的破碎特点，以及耕地地块的松散特征，不用考虑耕地覆盖类型，集中破碎的分割对象就能被有效剔除，具有集中连片特性的耕地被提取，同时保持耕地提取的整体性。

参 考 文 献

Congalton R G, Green K. 2009. Assessing the Accuracy of Remotely Sensed Data: Principles and Practices. New York：CRC Press

Dwyer R A. 1987. A faster divide-and-conquer algorithm for constructing Delaunay triangulations. Algorithmica, 2: 137-151

Estivill-Castro V, Lee I. 2002. Argument free clustering for large spatial point data sets via boundary extraction from Delaunay Diagram. Computers, Environment and Urban Systems, 26(4): 315-334

Laliberte A S, Browning D M, Rango A. 2012. A comparison of three feature selection methods for object-based classification of sub-decimeter resolution UltraCam-L imagery. International Journal of Applied Earth Observation and Geoinformation, 15: 70-78

Lee D T, Schachter B J. 1980. Two algorithms for constructing a Delaunay triangulation. International Journal of Computer and Information Sciences, 9(3): 219-242

Paul B. 1988. Calculating the Area and Centroid of a Polygon. Swinburne: Swinburne University of Technology

第8章 面向对象影像分析的精度评估方法

面向对象影像分析的精度评估方法按评估单元不同主要分为两种：一种是将用OBIA 所得的矢量图栅格化后，以像元或者面积作为基本评价单位，即经典精度评价框架或者基于像元的精度评价框架(per-pixel approach)；另一种是保留 OBIA 原始矢量图，并以矢量图中的多边形为单位进行精度评价，称为基于多边形的精度评价框架(per-polygon approach)。本章我们将首先介绍经典精度评价框架，即基于像元的精度评价框架；其次介绍 OBIA 中的基于多边形的精度评价框架；再次介绍图像分割精度评价常用的方法和评价依据；最后比较总结基于像元和基于多边形的精度评价，并提出 5 个OBIA 精度评价中尚无明确结论的研究问题。

精度评价是任何遥感项目和产品必不可少的一部分。精度评价能让我们了解一个遥感产品是否可靠，更好地比较不同遥感算法的优劣，帮助分析误差来源以及明确算法的改进方向。此外，从哲学角度上讲，所谓的"科学"就是通过科学理论或者模型去描述、解释和预测我们的现实世界(reality)。精度评价作为检验科学理论或者模型的一种重要方法(其他方法如检查内在逻辑)，能将模型与现实联系在一起，是我们运用"科学"去理解现实的必要步骤之一。

对于面向对象的影像分析，除去遥感图像的大气和几何校正误差，误差主要来自三部分：①图像分割误差。图像分割是面向对象的影像分析最重要也是最难的步骤，是主要的误差来源，尤其是当分割尺度不理想的时候，会产生严重的分类误差；②面向对象的特征选择。面向对象的影像分析有别于传统的面向像元分类的重要一点就是分类对象的几何特征(如面积、形状和周长)可以被作为分类器的输入特征，这也增大了特征选择(feature selection)的难度；③分类器以及相关参数的选择也可能会导致分类的不确定性。正是由于这些误差来源，精度评价对于面向对象的影像分析尤其重要。本章主要分三个部分：8.1 节介绍经典精度评价框架及其步骤；8.2 节介绍基于多边形的精度评价框架(per-polygon approach)；8.3 节概括总结评价分割质量精度评价方法；8.4 节对 OBIA 精度评价进行总结。

8.1 经典精度评价框架

通常情况下，精确评价所有像元集的总体精度非常困难，所以精度评价通常是先对图像像元进行抽样(sampling)，对样本进行评价，然后估计整幅遥感产品的精度。经典的精度评估主要分为三个步骤(Congalton and Green, 2008)：①抽样设计(sampling design)；②响应设计(response design)；③精度分析(accuracy analysis)。

8.1.1　抽样设计

1. 抽样单位(sampling unit)

抽样单位是指在分类结果图中进行抽样，被用作精度评价的地图单元。根据前人总结(Congalton and Green, 2008; Stehman and Wickham, 2011)，常见的抽样单元有三种：①像元(pixel)；②像元聚类(cluster of pixels)；③多边形(polygons)。在实际应用中，此前大部分研究都是以单个像元作为抽样单元。但 Congalton 和 Green(2008)认为单个像元缺乏对地物的真实表达，而且将单个像元作为抽样单位容易受 GPS 精度和图像的自身几何精度的影响，不易在实际样地调查中找到相对应的地理位置。像元聚类指的是将一定数目的相邻的像元作为抽样单元，能一定程度地克服图像位置误差导致的取样不确定性。对于中等分辨率影像，像元聚类常采用 3×3 的像元方块；对于高分影像，可采用更大数目的像元作为像元聚类抽样的单元。多边形，相比于像元聚类，能更简单地选取单一类别的像元作为验证单位。通常，用作抽样的多边形的边缘可以通过目视解译绘制，或者通过分割算法提取。

2. 抽样策略(sampling strategy)

常见的抽样策略主要分为：①简单随机抽样(simple random sampling)；②分层随机抽样(stratified random sampling)；③系统抽样(systematic sampling)；④聚类抽样(cluster sampling)(图 8.1)。简单随机抽样赋予每一个可能抽样单元相同的抽样概率，是唯一的无区别(unbiased)的抽样方法，其优点是绝对随机性能可以增强后期精度估计的可靠性；缺点是用户将难以对抽样类别和抽样地点进行控制，若随机选到了不易调查的地点，实地考察很难进行(表 8.1)。分层随机抽样法一般是根据地物类别将抽样单元分为几个子类别(strata)，然后从各子类别中分别进行一定数目的样本随机选取。分层抽样之前需要获取各个土地类别的大致地理分布信息，获取该信息的最简单的方法是依据已分类的土地利用图，若如此，则分层抽样发生在分类图已经确定之后。分层随机抽样的优点是我们能对每个类别的抽样数目进行控制，所以能够对数目很小的类别进行充分抽样。系统抽样法是先规定大致抽样区域(如放置抽样带)，然后以一定间隔进行抽样。系统抽样法能方便野外工作者选取适宜进行野外调查的地点进行工作(如可以将抽样带放在道路附近)，此方法对于研究地点为山区的情况特别适用。但用该方法选取的抽样点失去了随机性，导致其后的精度评价可能会有偏差。聚类抽样是以像元或者多边形聚群作为采样单位进行采样。该方法的优点是便于集中实地考察邻近的像元，从而节约了考察成本。值得一提的是，聚类抽样与上文的像元聚类的区别是，聚类抽样指的是抽样位置的聚类，即多个抽样点聚集在一起；像元聚类指的是从单个抽样点里选取多个像元作为采样单位。聚类抽样容易受空间同质性的影响：如若邻近像元地物特征相近，则在该邻近像元采样会提供冗余信息，不利于得到精确的精度估计。若采取聚类抽样，应选取空间异质性高的区域进行邻近像元的采样和调查(Banko, 1998)，因为空间异质性高的区域的聚类抽样能包含更多不同类型的地物。总体来说，抽样策略要根据研究地点、研究主题和经费情况灵活选择和设计。

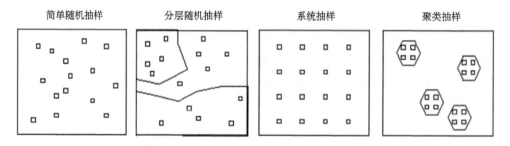

图 8.1   四种抽样策略的空间抽样点布局图示(Banko，1998)

表 8.1   四种常见的抽样方法的总结和比较(Congalton and Green, 2009)

抽样方法	优点	缺点
简单随机抽样	统计上无偏差抽样	做外业调查成本高；不能保证每一土地类型有足够抽样数目
分层随机抽样	保证每一土地类型被充分抽样	需要土地类别面积分布的先验知识(可以从已分类的土地利用图中获得)
系统抽样	实际中比较容易实现(如沿着道路进行一定间隔抽样)	不是随机抽样，可能导致最后精度结果可能有偏差
聚类抽样	可以在一个地点抽取多个样点，节约外业调查的旅行成本	容易受空间相关性的影响，造成同一聚类中的样本点不独立

3. 抽样数目(sampling size)

精度评估需要足够的样本数目来保证结果的可靠性，但是采集过多的样本，采集成本较高。Congalton 和 Green(2008)介绍了一种根据多项分布(multinomial distribution)计算最少合理样本数的方法。该方法公式如下：

$$n = \max_{i \in 1,2,\cdots,k}\left(\left(B \times P_i \times (1-P_i)\right)/b_i^2\right) \tag{8.1}$$

式中，n 是抽样总数；P_i 是土地类别 i 占总土地面积的百分比；B 是置信度为 $\hat{\alpha} = 1 - \alpha / k$（$k$ 是分类类别数，α 是期望的显著性水平)、自由度为 1 的卡方检验值；b_i 是该类的期待分类误差比百分比。例如，假设我们有 8 类土地类别需要分类($k = 8$)，期待的显著性水平是 $0.05(\alpha = 0.05)$，则 $\hat{\alpha} = 1 - \dfrac{0.05}{8} = 0.99375$，卡方检验值 $B = \chi^2_{(1,0.99375)} = 7.568$，某土地类型预估占有 30%的总土地面积($P_i = 30\%$)，该类的期待分类误差比百分比是 $0.05(b_i = 0.05)$。所以，该类最少合理抽样数的计算如下：

$$n = \frac{B \times P_i \times (1-P_i)}{b_i^2} \tag{8.2}$$

$$n = \frac{7.568 \times 0.3 \times (1-0.3)}{(0.05)^2} \approx 636 \tag{8.3}$$

以此方法分别计算 8 种土地类别的理想抽样值，取最大值 n 作为最后抽样总数。

在实际生产中，也可以按照"每土地类型至少 50 个样本"原则进行抽样数目的设计 (Congalton and Green, 2008)。

8.1.2　响应设计

响应设计是指确定样本评价单元的参考分类的过程。在确定样本之后，需要先对样本进行空间上的定位，然后通过目视解译或者实地调查赋予其参考土地类别。根据 Olofsson 等 (2014) 的建议，响应设计需要遵守两个原则：①参考类别的信息来源需要相比于原图像具有更高的识别质量，如分类影像是 Landsat 系列产品 (30m)，样本分类的参考信息可以从分辨率比 Landsat 高的遥感影像中获取，如 IKONOS (4m)，Worldview-2 (1.8m)。②如果参考类别和分类结果是同一信息来源，则确定参考类别的过程必须比对原图像分类的过程更加可靠，例如，若无法取得分辨率更高的影像作为参考分类的依据，可以通过结合多个地图工作者对原分类影像进行的目视解译结果，获取比分类结果更准确的参考分类结果。

1. 参考土地类别信息来源

根据 Congalton 和 Green (2008) 的总结，参考土地类别的信息获取主要有三种途径，包括：①目视解译；②样地调查；③已有土地类型图。目视解译指人工判读原遥感影像或者其他遥感影像，从而获取参考土地类别。目视解译分辨率高于原影像的遥感影像一般能够提供比分类结果更加准确的参考类别信息，但是影像分析者的主观性以及分析技术差异经常导致目视解译的不统一或者不准确。因此，Congalton 和 Green (2008) 建议即使采用目视解译获取参考土地类别信息，也需要实地调查一部分子样本区域去验证目视解译的正确性。相比于目视解译，样地调查能提供更加准确地参考分类信息 (Congalton and Green, 2008)，但是收集地面信息在实际研究中非常消耗人力和物力，需要合理地设计和规划。利用已有土地类型图提取参考土地类别信息能大大减少精度评估过程的开销，但其缺点是已有分类图很有可能与原影像采集于不同的时间，无法准确地反映该影像的土地类别，而且在有些情况下，已有土地类型图的精度无法保证。Congalton 和 Green (2008) 建议只有目视解译和样地调查都无法进行时，才使用已有土地类型图作为参考土地类别。

2. 参考土地类别采集时间

参考土地类别的采集时间原则上越接近遥感影像的采集时间越好，这样能排除不同时间土地类型可能不一致造成的误判断。最理想的情况是土地参考类别采集时间应与卫星数据采集时间完全一致。但对于分层抽样，所分的层次往往需要土地类别的大致分布信息，所以参考类别信息采集往往只能在分类图的绘制之后。若采用分层采样，原则上两者时间间隔最好小于一年 (Congalton and Green, 2008)。

8.1.3 精度分析

混淆矩阵(confusion matrix)，又称误差矩阵(error matrix)，是一种分析遥感分类图和参考样本相似度的交叉表(cross tabulation)(表 8.2)。

表 8.2 混淆矩阵模型

项目		参考类别				
		类别 1	类别 2	类别 3	类别 4	行求和
分类结果	类别 1	n_{11}	n_{12}	n_{13}	n_{14}	n_{1+}
	类别 2	n_{21}	n_{22}	n_{23}	n_{24}	n_{2+}
	类别 3	n_{31}	n_{32}	n_{33}	n_{34}	n_{3+}
	类别 4	n_{41}	n_{42}	n_{43}	n_{44}	n_{4+}
	列求和	n_{+1}	n_{+2}	n_{+3}	n_{+4}	N

表 8.2 中，n_{ij} 表示分类结果为 i 和参考类别为 j 的样本数；混淆矩阵的对角线(n_{11}，n_{22}，…)表示各土地类型中正确分类的样本数；N 表示样本的总数目。总体精度通常可以表示为(k 为土地类别总数)

$$\mathrm{OA} = \left(\sum_{j=1}^{k} n_{jj}\right) / N \tag{8.4}$$

类别精度分两种：制图精度和用户精度。制图精度是对生产者分类精度的一个度量，即实际分类相比于参考类的一致性程度(所以计算式的分母是该类在参考图中的百分比和)。j 土地类型的生产精度可以表示为

$$\mathrm{PA}_j = \frac{n_{jj}}{n_{+j}} \tag{8.5}$$

用户精度指的是用户使用分类图时感兴趣类的一种精度度量(所以计算式的分母是该类在分类图中的百分比和)。i 土地类型的用户精度可以表示为

$$\mathrm{UA}_i = \frac{n_{ii}}{n_{i+}} \tag{8.6}$$

文献中还经常出现漏分误差(omission error)和错分误差(commission error)，其表达式为

$$\mathrm{OE}_j = 1 - \mathrm{PA}_j \tag{8.7}$$

$$\mathrm{CE}_i = 1 - \mathrm{UA}_i \tag{8.8}$$

8.2 基于多边形的精度评价框架

8.2.1 基本介绍

面向对象的影像分析的精度评价常用的两种模式是基于像元的精度评价(per-pixel accuracy assessment)和基于多边形的精度评价(per-polygon accuracy assessment)(Recio et al., 2013; Stehman and Wickham, 2011)。基于像元的精度评价先将面向对象的分类结果栅格化，其后步骤与经典的精度评价(8.1 节)没有任何差异。基于多边形的精度评价是基于统计分类正确的多边形数目，不是像元数目。 Stehman 和 Wickham (2011)首次提出了基于多边形的精度评估(per-polygon accuracy assessment)的概念。基于多边形的精度评价关注的是每个多边形是否被正确分类，其精度评定的基本单元是多边形，即对于基于多边形的精度评估，混淆矩阵中的 n_{ij} 表示分类结果为 i 和参考类别为 j 的多边形数目(若是基于像元，则表示的是像元数目)。基于多边形的精度评价结果往往和基于面积的评价结果没有直接关系，因为每个多边形的面积不相同。如图 8.2 所示，若所有多边形的面积相同[图 8.2(a)]，则基于多边形的和基于面积的总体精度一致；若多边形面积不同，则有可能造成两种精度的差异[图 8.2(b)]。在有些文献中，基于像元的精度评价也可以被称作基于面积(area-based)的精度评价(因为每个像元面积相同，基于像元的精度评价结果等同于基于面积的精度评价结果)，基于多边形的精度评价也被称基于点(point-based)的精度评价(即每个多边形被认为是一个独立单元，其与基于多边形的精度评价方法类似)(Ma et al., 2015, 2017)。

值得一提的是，这里的基于像元和基于多边形中的"像元"和"多边形"指的是评价单元，不是抽样单元。一般来说，若评价单元是多边形，抽样单元大多是多边形；但如果评价单元是像元或面积，抽样单元可以是像元、像元聚类或者多边形。对于抽样单元是像元聚类或者多边形，评估单元是像元这种情况，需要额外地将抽样单元转化为评价单元(Stehman and Wickham, 2011)。

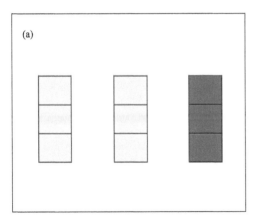
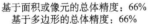
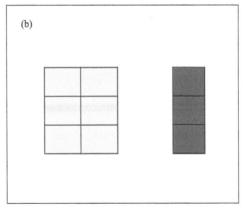

图 8.2　不同多边形面积导致基于像元和基于多边形的精度评价结果不同(Radoux and Bogaert, 2017)
黄色代表正确分类的多边形，红色代表错误分类的多边形

Ye 等(2018)调查了最近 15 年发表的 209 篇面向对象的遥感影像分类论文，其中 93 篇采用基于多边形的精度评价，107 篇采用基于像元的精度评价，其他 9 篇采用了两种结合的方式。尤其是最近四年(2014～2017 年)，基于多边形的精度评价的文章数目都超过了基于像元的精度评价，表明基于多边形的精度评价方式正在逐渐受到学界关注。基

于多边形的精度评价和面向对象的影像分析一样，都是基于相同的基于对象（object-based）的分析地物的哲学观点。这种模式不仅帮助我们理解面向对象分类的专题精度（thematic accuracy，即类别精度），也能方便我们评价多边形的几何质量（geometric accuracy）。下文我们将从抽样设计、响应设计和精度分析三方面介绍基于多边形的精度评价模式。

8.2.2　抽样设计

基于多边形的精度评价估计抽样单元在大部分情况下都为多边形。Stehman 和 Wickham（2011）概括了两种在空间中采样多边形的办法：①空间点抽样法（spatial-point sampling）；②列表框抽样法。空间点抽样法先将随机抽样点布置在分类图之上（图 8.3），选择凡是包含抽样点的多边形作为抽样多边形。空间点抽样法类似于经典精度评价框架中的简单随机抽样（见 8.1 节），不同之处在于简单随机抽样抽取的是像元，该方法选取的是随机点所落在的多边形。该方法的弊端是面积大的多边形会有更大概率被选择（Stehman and Czaplewski, 1998; Whiteside et al., 2014），导致面积较小的多边形会被欠采样。列表框抽样法是将所得多边形汇成一张列表，表中每行对应着一个多边形（相当于 ArcGIS 中的属性表），然后对列表行进行抽样。因为列表框形式已经舍去了空间信息，所以聚类抽样和系统抽样都无法在列表框方法中简单实现。但列表框抽样法非常适合做随机抽样和分层抽样，尤其是分层抽样，根据多边形的属性，我们能很容易地将所有多边形分为几个层（strata），然后分别对各层进行随机抽样。由于列表框抽样法的易操作性，且其避免了多边形因为面积不同而被不等概率抽样，这里我们推荐读者采用列表框抽样法进行基于多边形的抽样。

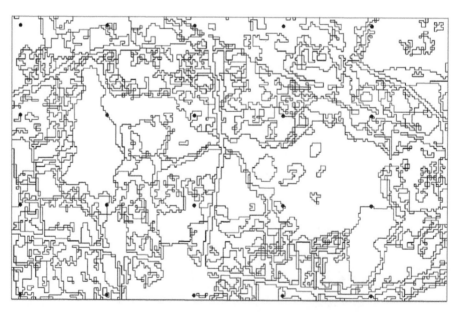

图 8.3　基于空间点抽样法的多边形抽样示例（Stehman and Wickham, 2011）

其中黑点代表的抽样点，黑点落入的多边形将会被选取成为样本多边形

8.2.3　响应设计

基于多边形的响应设计主要任务是给参考多边形赋予参考类别。响应设计首先要确定样本的地理位置和范围。基于多边形的响应设计可以使用图像分割后的结果，或者通过 GPS 实地采集样本多边形的边界。但实地采集样本多边形边界通常难以获得，尤其是在地图分辨率优于 GPS 定位精度的情况下。多数文献还是采用使用图像分割后所得的多边形作为参考多边形（reference polygons）的边界。然后通过目视解译或者实地调查赋予参考多边形的类别定义。在实际精度评价中，该过程产生的多边形可能包含一类以上的土地类型。参考多边形的解译者需要记录该多边形内的主要和次要土地类别，并记录其各占该多边形总面积的百分比（Olofsson et al., 2014）。解译者需要制定详细的确定混合参考多边形类别的规则（如当主要类型土地类别大于一定百分比阈值时，将该多边形类别定义为该主要土地类型），并且剔除一些类别不确定性很大的多边形。

因为参考多边形和评价多边形（mapped polygons）几乎完全一致，使用分割结果作为多边形边界的弊端在于无法评估面向对象的分类结果的分割精度，所以有些文献采用从分辨率更高的图像源中目视解译绘制地物对象的边界作为参考多边形的边界（Pham et al., 2016）。总体来说，该方法优于直接使用图像分割后的多边形，因为该方法能更精确地绘制边界，从而一定程度上避免了"混合多边形"的问题。

需要注意的是，确定参考多边形和评价多边形的匹配关系的方法现存争议。由于独立于图像分割过程，人工目视解译的多边形很有可能与多个图像分割后的多边形边界有重合，即无法很容易地确定两类多边形的匹配关系，从而无法进行之后的专题精度（thematic accuracy）评价。过去很多文献运用人为设重叠区域阈值的办法来定义参考多边形和评价多边形的对应关系，例如 Conrad 等（2010）认为两多边形的重叠区域需要大于40%的评价多边形面积和大于60%的参考多边形面积，则判定两多边形为对应关系；Zhan 等（2005）采用的重叠区域的阈值是大于50%的参考多边形面积。经实验发现，阈值越高，两多边形的对应情况会越好，所得分类总体精度也会越高（Li et al., 2016）。但高阈值也会导致符合条件的多边形对变少。笔者在其参与的非洲农田绘制项目中所设的阈值为重叠区域需要同时大于50%的参考多边形面积和大于50%的评价多边形面积。

8.2.4　精度分析

基于多边形的精度评估可以以多边形个数为单位，进行用户、生产和总体精度的计算。但 Ye 等（2018）在其面向对象的影像分析的文献综述中发现，在所有基于多边形的精度评价方法的研究中，只有72%的研究报告了总体精度；同时，只有47%的采用基于多边形的精度评价的研究中采用了混淆矩阵，少于其在采用基于像素的精度评价的研究中的比例（59%）。其原因主要是缺乏确定参考多边形和评价多边形匹配关系的有效方法（Ye et al., 2018）。8.2.3 节已经介绍了文献中根据重叠区域进行匹配关系确定的方法。总体来说，如果一旦制定了合理的对应关系规则，笔者建议在基于多边形的精度评价中报告总体精度和混淆矩阵，能方便读者对总体和个别类别精度有全面的了解。

在很多研究中，地图使用者非常关注基于土地面积（area-based）的精度信息。由于基于多边形的精度评价的混淆矩阵缺少多边形面积信息，无法直接估计基于面积的各类精度。Radoux 和 Bogaert (2014)介绍了利用多边形面积和基于多边形的总体结果推导基于面积的总体精度。由于篇幅有限，不能在此对该方法进行阐述，有兴趣的读者可以阅读原文。

8.3　分割精度评估

图像分割是面向对象分类的独有步骤。图像分割的精度评价能提供面向对象分类的几何信息，它与基于多边形的专题精度信息进行互补，能更好地帮助我们发现错误分类来源。根据 Ye 等(2018)最近关于 OBIA 精度评估的综述，发现自 2010 年以来，精度评估方法的研究逐渐受到重视，已有 34 篇文献针对分割精度评估开展研究。Ye 等(2018)将其总结成 11 种方法(表 8.3)，并将这些分割精度评估方法的评估依据分成六大类：

(1)基于重合面积的精度测量(area-based measures)：该方法主要是计算分类和参考多边形的重叠面积，例如 Clinton 等(2010)所定义的欠分割指数(under segmentation)和过分割指数(over segmentation)。这里的欠分割是指本应属于参考多边形的部分却没有被分割进对应的评价多边形，过分割指的是评价多边形中包含的却未被包含在参考多边形中的部分。对于一对匹配的参考多边形和评价多边形，Clinton 等(2010)将欠分割和过分割的数学公式定义如下(A_int、A_map、A_ref 表示重叠部分、分类多边形和参考多边形的面积)，总体欠分割和过分割指数可以通过计算各对参考多边形和评价多边形的平均精度指数获得

$$\text{UnderSegmentation} = 1 - A_\text{int} / A_\text{ref} \tag{8.9}$$

$$\text{OverSegmentation} = 1 - A_\text{int} / A_\text{map} \tag{8.10}$$

(2)基于位置的精度测量(location-based measures)：例如 Zhan 等(2005)采用参考多边形和评价多边形的中心距离(Q_Loc)作为两者相似度的评价标准之一；

(3)基于形状的精度测量(shape-based measures)：例如 Lizarazo(2014)定义的形状相似度(edge similarity)为"评价多边形边界落在一条以参考多边形边界为中心的缓冲区内的长度(E_int)"占"原参考多边形边界长度(E_ref)"的百分比(缓冲区的宽度可以定义为参考多边形边缘位置最大的错误容许值，k 是-1 或者+1，使得形状相似度在[0,1]的范围内)

$$\text{EdgeSimilarity} = \left(\frac{E_\text{int}}{E_\text{ref}} \right)^k \tag{8.11}$$

(4)基于局部方差的精度测量(local-variance measures)：例如 eCognition 软件中 Estimation of Scale Parameter(ESP)工具通过计算多边形内像元值的标准方差，从而进行分割质量评估和确定分割算法的尺度(Mariana and Lucian, 2014)。理论上讲，随着分割尺度从小变大，评价多边形的面积逐渐增大，多边形内的局部方差缓慢上升；到达理想分割尺度之后的尺度上升不能明显改变多边形的分割边缘，所以局部方差值逐渐趋于饱和；随着分割尺度增大，一些不属于同一地物的多边形开始发生合并(欠分割)，造成局部方差突然陡增(Dao and Liou, 2015; Drăguţ et al., 2010)。通过分析分割尺度与局部方差的关系，能获得各尺度的分割精度状况。

表 8.3　11 种分割精度评定方法总结（根据所采用该方法的文章数量排名）

方法	相似度测量类别	公式描述	首次提出方法的文献	采用此方法的文献
完整度和正确度，多边形面积精度，位置精度	1 基于多边形数目 2 基于重合面积 3 基于位置	完整度: $N_{matched}/N_{map}$ 正确度: $N_{matched}/N_{ref}$ 面积精度: $\dfrac{\min(A_{ref},A_{map})}{\max(A_{ref},A_{map})}$ 位置精度: $D_{centroid}$	Zhan 等(2005)	Zhan 等(2005), Höfle 等(2012), Pu 和 Landry (2012), Doxani 等(2015), Santos 等(2010), Tsai 等(2011), Whiteside 等(2014)
欠分割，过分割	1 基于重合面积	欠分割: $1-A_{int}/A_{ref}$ 过分割: $1-A_{int}/A_{map}$ 总体精度: $\sqrt{\dfrac{(US)^2+(OS)^2}{2}}$	Clinton 等(2010)	Clinton 等(2010), Mariana 和 Lucian (2014), Pham 等(2016), Xiao 等(2015), Yang 等(2015), Conrad 等(2010)
多边形面积精度	基于重合面积	A_{int}/A_{ref} 或 A_{int}/A_{mapped}		Ke 等(2010), Holt 等(2009), Liu 和 Bo (2015), Liu 和 Xia (2010)
空间自相关性	基于局部方差	空间异质性		Kim 等(2009), Drǎguţ 等(2010), Dao 和 Liou (2015), Robson 等(2015), Hagenlocher 等(2012)
欠分割(US), 过分割 (OS), 边缘精度 (EL), 破碎误差(FE), 形状精度(SE)	1 基于重合面积 2 基于形状	欠分割: $1-A_{int}/A_{ref}$ 过分割: $1-A_{int}/A_{map}$ 边缘精度: $1-E_{int}/E_{map}$ 破碎误差: $(n-1)/|O-1|$ 形状精度: $|S_{ref}-S_{map}|$	Persello 和 Bruzzone (2010)	Persello 和 Bruzzone (2010), Cai 和 Liu (2013), Ardila 等(2012), Chemura 等(2015)
巴式距离 (BD)	基于多边形之间的光谱区别度	多边形之间的巴氏距离	Wang 等(2004)	Wang 等(2004), Li 等(2015)
多边形数目	基于多边形数目	生产者精度: $N_{matched}/N_{ref}$ 用户精度: $N_{matched}/N_{map}$		Yin 等(2015), Alonzo 等(2014)

续表

方法	相似度测量类别	公式描述	首次提出方法的文献	采用此方法的文献
对象"命运"分析（Object fate analysis, OFA）	基于重合面积	具体公式请参照文献	Schöpfer 等(2008)	Hernando 等(2012), Tiede 等(2010)
分割精度分析	基于重合面积	具体公式请参照文献	Anders 等(2011)	Anders 等(2011)
分割错误，多边形数目比，欧式距离（ED2）	1 基于重合面积 2 基于多边形数目	分割错误：$1 - A_{int}/A_{ref}$ 多边形数目比：$\mathrm{abs}(N_{ref} - N_{map})/N_{ref}$ 欧式距离：$\sqrt{(\mathrm{PSE})^2 + (\mathrm{NSR})^2}$	Liu 等(2012)	Liu 等(2012)
形状、专题、边缘、位置相似度	1 基于重合面积 2 基于子位置 3 基于子形状	形状精度：标准化周长指数 专题精度：A_{int}/A_{ref} 边缘精度：$(E_{int}/E_{ref})^k$ 位置精度：$1 - \dfrac{D_{centroid}}{D_{combined}}$	Lizarazo (2014)	Lizarazo (2014)

注：$N_{matched}$、N_{map}、N_{ref} 表示多边形中匹配的数目、分类的数目、参考多边形的数目；O 是一个参考多边形中的像元数目；$D_{combined}$ 表示参考多边形和评价多边形评价的中心多边形的中心欧氏距离；A_{int}、A_{map}、A_{ref} 表示重叠部分面积、分类面积、参考多边形的面积；E_{int}、E_{map}、E_{ref} 是重叠部分的边界长度、分类的边界长度、参考多边形的边界长度；n 是一个参考多边形中的评价多边形的数目，参考多边形的面积；S_{ref} 和 S_{map} 表示分类的形状指数和参考多边形的形状指数；k 是−1 或者 1，用作限定边缘精度指标在 [0,1] 的范围内；$D_{centroid}$ 表示包含分类与参考多边形的最小外接圆的周长。这些数学公式的详细定义请参考表中"首次提出该方法的文献"一列。

（5）基于多边形总数目的精度测量（quantity-based measures）：Liu 等（2012）通过计算参考多边形和评价多边形数目的差值除以评价多边形数目来评定分割精度，差值越接近 0，说明分割结果越符合实际地物尺度，即分割精度越高；

（6）基于多边形之间的光谱区别度（spectral separability）：Wang 等（2004）用面向对象的各土地类型之间的巴氏距离，若分割分类后类之间的 Bhattacharya 距离越大，说明分割效果越好。

若是基于多边形的精度评价，笔者建议一定要进行额外的分割精度评价，因为基于多边形个数的专题精度结果并不能完整地反映整幅分类结果的精度；例如若存在过分割（即存在一个真实多边形被分割成几个子多边形），以多边形作为评估单位的方法有可能取得不错的专题分类精度（thematic accuracy），因为过分割可能并不影响面向对象的光谱特征提取。但是 OBIA 所得的多边形的几何质量却不高，不能用作下一步研究使用（例如在农田分类中，OBIA 结果用作研究农田大小）。对于基于像元的精度评价，因为基于像元的精度评价并不关注 OBIA 所得地物分类图的几何质量，而是关注整个区域的平均分类精度，总的来说分割精度评价并不是必需的。但在实际情况允许下，笔者依然建议对基于像元的精度评价进行分割精度评估。因为分割精度能更好地帮助我们理解 OBIA 的误差来源（即来自分割过程或是分类过程），从而帮助我们改良 OBIA 整个流程。

8.4　本 章 小 结

本章主要围绕面向对象的分类精度评价模式的两种模式，即基于像元的和基于多边形的精度评价展开。本章首先介绍了经典精度评价框架，当面向对象的影像分析采用基于像元的精度评价时，必须要将面向对象分类所得的矢量图栅格化，其后步骤与经典精度评价并无差异；然后介绍了基于多边形的精度评价，此模式不需要栅格化、抽样，响应设计和精度分析都需要以多边形作为基本单元；最后介绍了面向对象的影像分析独有的图像分割的精度评价。

在实际生产中，我们应根据面向对象分类（OBIA）的具体项目目标来选择基于像元，或者基于多边形的精度评价方式（表 8.4）。根据 Radoux 和 Bogaert（2017）研究，我们将面向对象分类的具体目标分成三类：① 全面的土地类型调查（wall-to-wall mapping）（Brennan and Webster, 2006; Hu et al., 2013; Johnson, 2013）；② 特定地物的绘制，例如树木（Gougeon, 1998）、滑坡（Li et al., 2015b）和农田（Montaghi et al., 2013）；③ 提高基于像元的传统分类精度（Myint et al., 2011）。对于全面的土地类型调查，我们关注的是一个完整、连续的研究区域（spatial region）的分类精度，即近似一种"面"（surface）的概念，其中所有地物和背景被无差别对待。对于该类土地调查项目，基于像元的精度评价会更加适合，因为基于像元的评价能更好地反应以面积为单位的精度情况；若面向对象分类有具体的调查目标，例如需要识别不同的树种、农田或者滑坡类型。最后输入数据库的分类结果往往是矢量图形式。该类项目的绘图结果往往具有很明显的"二元性"（binary），即地物和背景，且目标地物的分类精度往往比背景更加重要。对于这种分类项目，基于多边形的精度评价会更有优势，因为基于多边形的精度评价能更好地反映目标地物作为识别单位的分类精度。对于利用 OBIA 提高基于像元的传统分类结果，我们认为还是基于像元的精度评价更适合，因为这样更利于比较 OBIA 和传统分类的精度差异（基于像元的传统分类只能采用基于像元的精度评价），而且基于像元的精度评价在响应设计上更容易实现（Radoux and Bogaert, 2017）。总体来说，基于像元的精度评价适用于普遍的土地调查场景，更容易实现，评估结果也更容易被理解；基于多边形的精度评价适合有特定识别目标的地物分类场景。

表8.4 基于像元和基于多边形的 OBIA 精度评价比较

项目	基于像元的精度评价	基于多边形的精度评价
抽样设计	1. 简单随机 2. 分层随机 3. 系统抽样 4. 聚类抽样	1. 简单随机：空间点抽样，列表框抽样 2. 分层随机：列表框抽样 3. 系统抽样、聚类抽样：尚无简单方法
响应设计	1. 目视解译 2. 样地调查 3. 已有土地类型图	1. 多以目视解译绘制多边形边界； 2. 样地调查或者目视解译多边形的主要参考类型，并且记录次要土地类型
精度设计	1. 生产、用户总体精度； 2. 混淆矩阵	需要第一步定义评价和参考多边形的匹配关系，然后进行生产、用户、总体精度、和混淆矩阵的运算
分割精度	建议进行	必须进行
应用场景	1. 全面土地类型调查（Brennan and Webster, 2006; Hu et al., 2013; Johnson, 2013） 2. OBIA 提高基于像元的传统分类精度（Myint et al., 2011）	特定地物的识别，例如滑坡（Li et al., 2015a）、单木（Gougeon, 1998）、农田（Montaghi et al., 2013）

最后，笔者总结了当今在面向对象的影像精度评价中 5 个尚未解决的研究问题（表8.5），可供读者参考，并挖掘未来可供研究的方向。

表8.5 在面向对象的影像精度评价中 5 个尚无明确解决方案的研究问题

步骤	尚未完全解决的研究问题
抽样设计	如何根据多边形面积大小进行基于多边形的概率抽样
响应设计	(1)如何合理地确定具有多种土地类型的参考多边形的参考类别 (2)如何确定评价多边形和参考多边形的对应关系，以及其对精度评价的影响
精度设计	(1)图像分割质量及其与基于面积的精度的关系 (2)缺乏对各类分割精度评价方法的比较

参 考 文 献

Alonzo M, Bookhagen B, Roberts D A. 2014. Urban tree species mapping using hyperspectral and lidar data fusion. Remote Sensing of Environment, 148: 70-83

Anders N S, Seijmonsbergen A C, Bouten W. 2011. Segmentation optimization and stratified object-based analysis for semi-automated geomorphological mapping. Remote Sensing of Environment, 115(12): 2976-2985

Ardila J P, Bijker W, Tolpekin V A, et al. 2012. Multitemporal change detection of urban trees using localized region-based active contours in VHR images. Remote Sensing of Environment, 124: 413-426

Banko G. 1998. A Review of Assessing the Accuracy of Classifications of Remotely Sensed Data and of Methods Including Remote Sensing Data in Forest Inventory. Laxenburg: International Institute for Applied Systems Analysis.

Brennan R, Webster T. 2006. Object-oriented land cover classification of lidar-derived surfaces. Canadian Journal of Remote Sensing, 32(2): 162-172

Cai S, Liu D. 2013. A comparison of object-based and contextual pixel-based classifications using high and medium spatial resolution images. Remote Sensing Letters, 4(10): 998-1007

Chemura A, van Duren I, van Leeuwen L M. 2015. Determination of the age of oil palm from crown projection area detected from WorldView-2 multispectral remote sensing data: The case of Ejisu-Juaben district, Ghana. ISPRS Journal of Photogrammetry and Remote Sensing, 100: 118-127

Clinton N, Holt A, Scarborough J, et al. 2010. Accuracy assessment measures for object-based image segmentation goodness. Photogrammetric Engineering and Remote Sensing, 76(3): 289-299

Congalton R G, Green K. 2008. Assessing the Accuracy of Remotely Sensed Data: Principles and Practices. Boca Raton: CRC Press

Congalton R G, Green K. 2009. Assessing the Accuracy of Remotely Sensed Data: Principles and Practices. New York: CRC/Taylor & Francis Group, LLC

Conrad C, Fritsch S, Zeidler J, et al. 2010. Per-field irrigated crop classification in arid Central Asia using SPOT and ASTER data. Remote Sensing, 2(4): 1035-1056

Dao P, Liou Y A. 2015. Object-based flood mapping and affected rice field estimation with landsat 8 OLI and MODIS data. Remote Sensing, 7(5): 5077-5097

Doxani G, Karantzalos K, Tsakiristrati M. 2015. Object-based building change detection from a single multispectral image and pre-existing geospatial information. Photogrammetric Engineering and Remote Sensing, 81(6): 481-489

Drǎguţ L, Tiede D, Levick S R. 2010. ESP: a tool to estimate scale parameter for multiresolution image segmentation of remotely sensed data. International Journal of Geographical Information Science, 24(6): 859-871

Gougeon F A. 1998. Automatic individual tree crown delineation using a valley-following algorithm and rule-based system. Paper presented at the Proc. Victoria: International Forum on Automated Interpretation of High Spatial Resolution Digital Imagery for Forestry

Hagenlocher M, Lang S, Tiede D. 2012. Integrated assessment of the environmental impact of an IDP camp in Sudan based on very high resolution multi-temporal satellite imagery. Remote Sensing of Environment, 126(11): 27-38

Hernando A, Tiede D, Albrecht F, et al. 2012. Spatial and thematic assessment of object-based forest stand delineation using an OFA-matrix. International Journal of Applied Earth Observation and Geoinformation, 19(1): 214-225

Höfle B, Hollaus M, Hagenauer J. 2012. Urban vegetation detection using radiometrically calibrated small-footprint full-waveform airborne LiDAR data. ISPRS Journal of Photogrammetry and Remote Sensing, 67: 134-147

Holt A C, Seto E Y W, Rivard T, et al. 2009. Object-based detection and classification of vehicles from high-resolution aerial photography. Photogrammetric Engineering and Remote Sensing, 75 (7): 871-880.

Hu Q, Wu W, Xia T, et al. 2013. Exploring the use of Google Earth imagery and object-based methods in land use/cover mapping. Remote Sensing, 5 (11): 6026-6042

Johnson B A. 2013. High-resolution urban land-cover classification using a competitive multi-scale object-based approach. Remote Sensing Letters, 4 (2): 131-140

Ke Y, Quackenbush L J, Im J. 2010. Synergistic use of QuickBird multispectral imagery and LIDAR data for object-based forest species classification. Remote Sensing of Environment, 114 (6): 1141-1154

Kim M II, Madden M, Warner T A. 2009. Forest type mapping using object-specific texture measures from multispectral Ikonos imagery: segmentation quality and image classification issues. Photogrammetric Engineering and Remote Sensing, 75 (7): 819-829

Li D, Ke Y, Gong H, et al. 2015a. Object-based urban tree species classification using Bi-Temporal WorldView-2 and WorldView-3 images. Remote Sensing, 7 (12): 16917-16937

Li M, Ma L, Blaschke T, et al. 2016. A systematic comparison of different object-based classification techniques using high spatial resolution imagery in agricultural environments. International Journal of Applied Earth Observation and Geoinformation, 49: 87-98

Li X, Cheng X, Chen W, et al. 2015b. Identification of forested landslides using LiDar data, object-based image analysis, and machine learning algorithms. Remote Sensing, 7 (8): 9705-9726

Liu D, Xia F. 2010. Assessing object-based classification: Advantages and limitations. Remote Sensing Letters, 1 (4): 187-194

Liu X, Bo Y. 2015. Object-based crop species classification based on the combination of airborne hyperspectral images and LiDAR data. Remote Sensing, 7 (1): 922-950

Liu Y, Bian L, Meng Y, et al. 2012. Discrepancy measures for selecting optimal combination of parameter values in object-based image analysis. ISPRS Journal of Photogrammetry and Remote Sensing, 68: 144-156

Lizarazo I. 2014. Accuracy assessment of object-based image classification: Another STEP. International Journal of Remote Sensing, 35 (16): 6135-6156

Ma L, Cheng L, Li M, et al. 2015. Training set size, scale, and features in geographic object-based image analysis of very high resolution unmanned aerial vehicle imagery. ISPRS Journal of Photogrammetry and Remote Sensing, 102: 14-27

Ma L, Li M, Ma X, et al. 2017. A review of supervised object-based land-cover image classification. ISPRS Journal of Photogrammetry and Remote Sensing, 130: 277-293

Mariana B, Lucian D. 2014. Comparing supervised and unsupervised multiresolution segmentation approaches for extracting buildings from very high resolution imagery. Isprs Journal of Photogrammetry and Remote Sensing, 96 (4): 67-75

Montaghi A, Larsen R, Greve M H. 2013. Accuracy assessment measures for image segmentation goodness of the Land Parcel Identification System (LPIS) in Denmark. Remote Sensing Letters, 4 (10): 946-955

Myint S W, Gober P, Brazel A, et al. 2011. Per-pixel vs. object-based classification of urban land cover extraction using high spatial resolution imagery. Remote Sensing of Environment, 115 (5): 1145-1161

Olofsson P, Foody G M, Herold M, et al. 2014. Good practices for estimating area and assessing accuracy of land change. Remote Sensing of Environment, 148: 42-57

Persello C, Bruzzone L. 2010. A novel protocol for accuracy assessment in classification of very high resolution images. IEEE Transactions on Geoscience and Remote Sensing, 48 (3): 1232-1244

Pham L T H, Brabyn L, Ashraf S. 2016. Combining QuickBird, LiDAR, and GIS topography indices to identify a single native tree species in a complex landscape using an object-based classification approach.

International Journal of Applied Earth Observation and Geoinformation, 50: 187-197

Pu R, Landry S. 2012. A comparative analysis of high spatial resolution IKONOS and WorldView-2 imagery for mapping urban tree species. Remote Sensing of Environment, 124: 516-533

Radoux J, Bogaert P. 2014. Accounting for the area of polygon sampling units for the prediction of primary accuracy assessment indices. Remote Sensing of Environment, 142: 9-19

Radoux J, Bogaert P. 2017. Good practices for object-based accuracy assessment. Remote Sensing, 9(7): 646

Recio M R, Mathieu R, Hall G B, et al. 2013. Landscape resource mapping for wildlife research using very high resolution satellite imagery. Methods in Ecology and Evolution, 4(10): 982-992

Robson B A, Nuth C, Dahl S O, et al. 2015. Automated classification of debris-covered glaciers combining optical, SAR and topographic data in an object-based environment. Remote Sensing of Environment, 170: 372-387

Santos T, Freire S, Navarro A, et al. 2010. Extracting buildings in the city of Lisbon using QuickBird images and LIDAR data. Ghent: Third international conference GEOBIA

Schöpfer E, Lang S, Albrecht F. 2008. Object-Fate Analysis-Spatial Relationships for the Assessment of Object Transition and Correspondence. Berlin Heidelberg: Springer

Stehman S V, Czaplewski R L. 1998. Design and analysis for thematic map accuracy assessment: fundamental principles. Remote Sensing of Environment, 64(3): 331-344

Stehman S V, Wickham J D. 2011. Pixels, blocks of pixels, and polygons: Choosing a spatial unit for thematic accuracy assessment. Remote Sensing of Environment, 115(12): 3044-3055

Tiede D, Lang S, Albrecht F, et al. 2010. Object-based class modeling for cadastre-constrained delineation of geo-objects. Photogrammetric Engineering and Remote Sensing, 76(2): 193-202

Tsai Y H, Stow D, Weeks J. 2011. Comparison of object-based image analysis approaches to mapping new buildings in Accra, Ghana using multi-temporal QuickBird satellite imagery. Remote Sensing, 3(12): 2707-2726

Wang L, Sousa W P, Gong P. 2004. Integration of object-based and pixel-based classification for mapping mangroves with IKONOS imagery. International Journal of Remote Sensing, 25(24): 5655-5668

Whiteside T G, Maier S W, Boggs G S. 2014. Area-based and location-based validation of classified image objects. International Journal of Applied Earth Observation and Geoinformation, 28: 117-130

Xiao T, Liu H, Gao X. 2015. Land cover changed object detection in remote sensing data with medium spatial resolution. International Journal of Applied Earth Observation and Geoinformation, 38: 129-137

Yang J, Jones T, Caspersen J, et al. 2015. Object-based canopy gap segmentation and classification: quantifying the pros and cons of integrating optical and LiDAR data. Remote Sensing, 7(12): 15917-15932

Ye S, Pontius R G, Rakshit R. 2018. A review of accuracy assessment for object-based image analysis: From per-pixel to per-polygon approaches. ISPRS Journal of Photogrammetry and Remote Sensing, 141: 137-147

Yin W, Yang J, Yamamoto H, et al. 2015. Object-based larch tree-crown delineation using high-resolution satellite imagery. International Journal of Remote Sensing, 36(3): 822-844

Zhan Q, Molenaar M, Tempfli K, et al. 2005. Quality assessment for geo-spatial objects derived from remotely sensed data. International Journal of Remote Sensing, 26(14): 2953-2974

第 9 章　基于主动学习的训练样本对象优化

遥感影像分割存在不确定性，使得分割结果出现大量混合对象，这是在当前技术条件下无法避免的问题，然而混合对象将影响训练样本的采集和对象的标签，导致分类表现具有很大不确定性。因此，本章首先评估了混合对象对分类的影响，并提出一种新的基于主动学习的采样策略，进而从优化训练样本对象的角度，提升面向对象的遥感影像的分类精度。采样策略主要包括：①将信息熵作为分割对象的分类不确定性的度量指标，根据熵值，分割对象被分为 0 熵对象和非 0 熵对象，假设 0 熵对象为纯净对象，非 0 熵对象为混合对象。②引入主动学习技术，选择一定比例的纯净对象作为初始样本，学习剩余的混合对象，进而得到最佳的纯净对象和混合对象的组合，即优化的训练样本。研究使用 3 组高分影像进行试验，试验结果表明，一定的混合对象作为训练样本，将有助于提高面向对象的遥感影像分类的精度。训练样本中纯净和混合对象的最佳分配比例为1∶4，提出的采样策略能够有效地提高分类的精度和稳定性。

9.1　基于信息熵的分割对象分类不确定性评估

在面向对象的影像分析中，分割不确定性导致存在大量的混合对象，这是面向对象的影像分析中无法回避的问题。我们假设不同混合程度的分割对象会对分类结果造成较大影响，这也是在前述章节中初步被证明过的。因此，本章的目的在于通过对混合对象进行定量评估，进而在选择训练样本时，使有目的的筛选能够最大化提高分类精度的对象。然而由于难以获取全覆盖的先验知识，因此无论是使用混合对象中存在的类别个数，还是通过主要类别面积占整个分割对象面积的比例来表示混合程度，都是不可行的。另外，除了混合对象，分类结果也受到多种因素的不确定性影响，仅评估混合对象的混合程度，也难全面表征分割对象的分类不确定性，所以这里直接从分类结果考虑单个分割对象的分类不确定性，其也能在一定程度上反向表征分割对象的混合程度。针对分割对象的分类不确定性，我们提出利用多次分类结果提供的信息熵来测度分类不确定性。计算每个对象的信息熵主要包括两个步骤：①初始随机获取 100 个样本对象（该值仅针对本章实验设置），并标签这 100 个样本对象，在这 100 个已标签样本中按照分层随机采样获取子样本集，将该子样本集作为训练样本分类所有的分割对象，并记录该次分类结果；②重复采样子样本集，获取同一分割对象的多次分类的结果，统计每个分割对象的分类结果信息，即其分别被标签的类别，及每一类别被标签的次数，从而计算每个分割对象对应的信息熵值，并将熵值归一化到[0, 1]区间。具体步骤描述如下。

步骤 1：由以上描述可知，每个对象的分类不确定性是根据多个分类模型对它的分类结果进行统计得到的，所以必须有针对性地采集一部分样本并对其标签。在实际应用过程中，一般缺乏先验知识，因此可以观察实验区，对每种土地覆盖类型随机选取一定比例的样本对象，这个比例不需要绝对的精确，只需要大致目视评估实验区的土地覆盖情况，从而实现简单的分层随机采样即可，以避免样本的大量标记和类别偏见情况的出现。随后，通过随机重复地在原始训练集中有放回地采集 80%的样本，从而获取每一个分类器的训练集。80%是一个变量，可以人为调整，在本章实验中，由于评估方法在时间花费上的限制，将不对这个值的变动进行评估。最后，利用选取的训练样本集，分别使用 30 个 SVM 分类器和 30 个 RF 分类器对所有的分割对象进行分类，并记录每一次分类结果。具体的关于 SVM 和 RF 分类器的内容在其他章节已有详细介绍，这里不再赘述。

步骤 2：统计每个分割对象的信息熵，以表征不同分割对象的分类不确定性。信息熵是克劳德·艾尔伍德·香农(Shannon, 1938)于 1948 年将热力学的熵引入信息论中，因此它又称为香农熵。香农熵表示信息的复杂程度，熵值越高，则能传输的信息越多，熵值越低，则意味着传输的信息越少。香农熵已经被各个领域广泛使用并得到许多扩展，在此不做过多的介绍，本书中都简称其为熵值。熵值的计算公式为

$$H = -\sum_{i=1}^{n} p(x_i) \log_2 p(x_i) \tag{9.1}$$

式中，$p(x_i)$ 是分割对象被标签为类别 i 的概率；n 是该分割对象经过 60 次分类分别被标签过的类别数目。在本书中，若分割对象的熵值越大，则分割对象被判别的类别数越多，若熵值为 0，则表示 60 个分类器都被判为同一类别，若熵值越大，则表示分割对象的分类不确定性越高。为了便于比较，将其归一化至[0, 1]区间。根据熵值，将分割对象分为 0 熵对象和非 0 熵对象，假设 0 熵对象为纯净对象，非 0 熵对象为混合对象，并将非 0 熵对象的值从大到小排序，以便于后续有针对性地筛选样本。

9.2　基于主动学习的训练样本优化方法

确定每个分割对象的分类不确定性程度，为有针对性地采样奠定了基础。在机器学习中，采样问题一般可以通过主动学习(active learning)技术解决，主动学习作为构造有效训练集的方法，其目标是通过迭代抽样，寻找有利于提升分类效果的样本，进而减小分类训练集的大小，并在有限的时间和资源的前提下，提高分类算法的效率。目前常用的主动学习算法有三种形式(Tuia et al., 2009)：①基于委员会的启发式方法(query-by-committee, QBC)；②基于边缘的启发式方法(margin sampling, MS)；③基于后验概率的启发式方法(posterior probability, PP)。因此，为了实现训练样本优化，我们选择主动学习算法，其已经广泛应用于基于像素的遥感影像分类中(Tuia et al., 2011; Samat et al., 2016)。一般地，主动学习算法可以由以下五个组件构成(Settles, 2010; Wu et al., 2006)：

$$A = (C, L, S, Q, U) \tag{9.2}$$

式中，C 为一个或一组分类器，也被称为学习引擎(learning engine, LE)；L 为一组已标注的训练样本集；Q 为查询函数，用于在未标记的样本中查询信息量大的样本，也被称为主动学习的采样引擎(sampling engine, SE)；U 为整个未标记样本集，也被称为候选样

本集；S 为专家，可以对 Q 中选出的未标注样本进行标记。主动学习算法主要分为 2 个阶段：第一个阶段为初始化阶段，通过随机的从未标记样本中选取部分样本，由专家进行标记，作为训练样本集 L 并建立初始的分类器模型；第二个阶段为循环查询阶段，按照某种查询标准 Q，从候选样本集 U 中选取一定的未标记样本，交由 S 进行标记，并添加到训练样本集 L 中，重新训练分类器，直到训练样本集 L 满足某个条件后停止循环。

根据 Tuia 等(2011)的研究，主动学习算法的性能取决于最终分类模型的选择，基于边缘的启发式方法(MS)适合 SVM 分类器，基于委员会的启发式方法(QBC)能够适应大部分分类模型且较为稳定。本书重点在于测试提出的采样策略，而不在于选择最优的主动学习算法，因此使用基于委员会中广泛使用的熵值装袋查询(entropy query-by-bagging, EQB)算法进行主动学习。EQB 算法采用 Tuia 等(2011)实现的 Matlab 主动学习工具箱，其能够很好地与熵值评估结果衔接。根据本章后续的实验评估结果，将主动学习的主要参数进行如下设置：①随机抽取最终训练样本数 20%的 0 熵对象作为训练样本集；②将非 0 熵对象从大到小排序并作为候选样本集。其余参数使用工具箱中 EQB 算法的默认参数。本章分类不确定性测度是一种对象差异性的指标，使用分类不确定性小的对象优先学习分类不确定性大的对象，能够提高主动学习的稳定性和效率。

9.3　实验与分析

9.3.1　实验数据

研究除了使用前述无人机数据以外，还引入 ISPRS 标准数据集。ISPRS 标准数据集则是针对城市区域对象的提取，于 2013 年发布的开源数据集。整个数据集由数字航空图像(digital aerial image)数据和 ALS(airborne lasers canner)数据组成，并且还包含了每套图像的参考图层，目前所有的数据可以免费从国际摄影测量与遥感学会(International Socie for Photogrammetry and Remote Sensing，ISPRS)的官方网站上进行下载：http://www2.isprs.org/commissions/comm3/wg4/tests.html。研究将使用 ISPRS 数据集中德国斯图加特的数字航空图像，它是由德国的摄影测量与遥感协会(Association of Photogrammetry and Remote Sensing, DGPF)于 2010 年使用 Z/I DMC 相机采集并最终制成和发布的数字正摄影像数据，分辨率为 8cm(Rottensteiner et al., 2013)。图 9.1 分别展示了三组实验影像的分割图层和参考图层。

9.3.2　利用分类不确定性划分对象

根据前述分类不确定性的计算原理，针对以上三组实验数据，本节通过计算分割对象的分类不确定性，进而将分割对象划分为不同类型。为了更加清楚地认识不同实验区的分割对象类型的分布情况，在三个实验区中，我们按照地物类型统计了 0 熵对象和非 0 熵对象的个数，如表 9.1 所示。

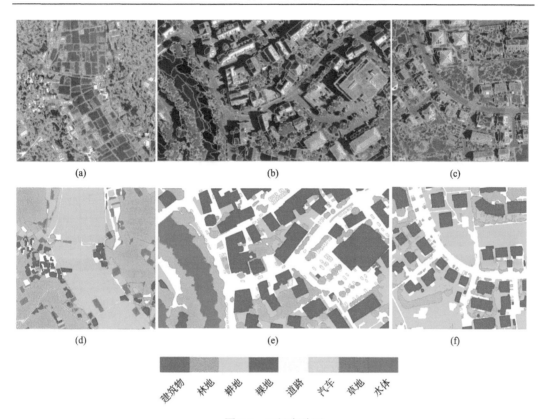

图 9.1　三组实验区

(a)、(b)、(c)是三组实验区的分割图层,分割尺度分别为 130、110、90;(d)、(e)、(f)是三组实验区对应的参考图层

表 9.1　每种地物类型中的 0 熵对象和非 0 熵对象的个数

实验区编号	地物类型	样本总数/个	0 熵对象样本总数/个	非 0 熵对象样本总数/个
1	裸地	69	4	65
	林地	430	278	152
	建筑物	109	27	82
	耕地	220	67	153
	道路	27	2	25
	小计	855	378	477
2	草地	96	23	73
	林地	277	194	83
	建筑物	458	341	117
	汽车	49	19	30
	水体	38	1	37
	小计	918	578	340
3	草地	412	151	261
	林地	204	44	160
	建筑物	368	144	224
	汽车	14	3	11
	小计	998	342	656

由于地物覆盖类型具有差异，整体上看，三组实验区的 0 熵对象和非 0 熵对象的比例是无明显规律性的(表 9.1)，比值分别为 1∶1.26(实验区 1)、1∶0.59(实验区 2)、1∶1.92(实验区 3)。但值得注意的是，实验区 1 中，除了林地，其他所有土地类型的 0 熵对象的个数都小于非 0 熵对象，林地为实验区 1 贡献了将近 74%的 0 熵对象。实验区 2 中，除了林地和建筑物，其他土地利用类型的 0 熵对象的个数也都小于非 0 熵对象，而林地为整个实验区 2 贡献了 33.6%的 0 熵对象，建筑物贡献了 59%，两种地物类型对 0 熵对象的贡献率已经超过 90%。实验区 3 中，每种地物类型的 0 熵对象的个数均小于非 0 熵对象。

虽然混合对象的相关理论标准还没有详细研究，但是混合对象常常多于纯净对象已得到共识(Mui et al., 2015; Costa et al., 2017)。然而在一些土地覆盖类型区域却存在例外，例如上述提到的实验区 1 和 2 中的林地，实验区 2 和 3 中的建筑物。这主要是由实验区 2 和 3 中的建筑对象内部的光谱高度一致性导致，这实际上也是我们希望看到的结果。然而由于大部分的影像区域光谱不一致，以及异物同谱现象，往往难以生成这么好的分割对象，所以这也是前人的研究常常存在混合对象多于纯净对象的结果的原因。值得注意的是，实验区 1 和 2 中的林地也存在纯净对象较多的情况，这主要是因为两个实验区中的林地相对于其他地物有很强的辨识度，同时林地对象中的地物类型本身也较单一。总的来看，在这一次的划分中，三个实验区的分割对象划分结果是有共同点的，即除了一些个别的类别外，0 熵对象的个数均小于非 0 熵对象的个数。

9.3.3　评估不同对象类型对分类结果的影响

为了确定训练样本对象中 0 熵对象和非 0 熵对象以多少比例组合将会有最好的分类效果，以便为后续的主动学习策略提供依据，我们对每个实验区分别进行比例测试。测试步骤：①将 0 熵对象和从大到小排序的非 0 熵对象进行组合，组合时优先选取熵值大的分割对象；②组合按照 0 熵对象的个数占最终样本数的 0、0.2、0.4、0.6、0.8 和 1 这 6 个比例进行(即当比例为 0 时，最终训练样本完全由非 0 熵对象组成，当比例为 1 时，最终训练样本完全由 0 熵对象组成)；③分类和精度评估。分类和精度评估结果如图 9.2 所示。比例测试结果显示：①当 0 熵对象占最终训练样本的 20%~60%时(蓝线、绿线、黑线)，分类效果较好，并且其分类精度在不同的训练样本个数下表现相对稳定。②当比例为 0(红线)和 1(黄线)时，分类精度和分类精度的稳定性都远不及其他比例。③当最终训练样本数较低时(低于 100 个)，分类精度的最优比例在 0.4~0.6。④当最终的训练样本数在 100~300 个时，比例为 0.2 时的分类精度总能快速增大，并且往往能得到最优的分类效果，相对而言，比例为 0.6 时的分类效果在大样本的区间则存在明显劣势。

分析以上现象的原因，比例为 0 时，最终的训练样本由从大到小排序的非 0 熵对象构成，非 0 熵对象的混乱程度高，特征间的界限不是特别明显，难以在小样本条件下表征复杂的混合对象类型特征，在小样本条件下，仅有少量类别数和各类别所占面积比都接近同类型非 0 熵对象得到的较好分类，从而整体分类效果差。比例为 1 时，最终的训练样本全由 0 熵对象构成，由于低混合对象有明确的类别特征，其都得到了较好分类。这也是在小样本区间，比例为 1 的分类效果明显优于比例为 0 的原因。更重要的是，由

于混合对象和纯净对象同时存在，且看起来纯净对象不能完全代表混合对象，所以由图
9.2 的实验结果能够得出一个重要结论——当分割对象中存在大量混合对象时，非 0 熵对
象一般有利于分类，这也与最近 Costa 等(2017)的研究结论一致。一般地，在大部分土
地类别上，纯净对象的个数是少于混合对象的，因此在最终训练样本的组成比例中，纯
净对象的个数也应少于混合对象，这样才能更好地表征所有的分割对象，这也与比例测
试的结果不谋而合(图 9.2)，所以在分割结果存在大量混合对象的情况下，大量的混合对
象是有利于提高分类精度的。

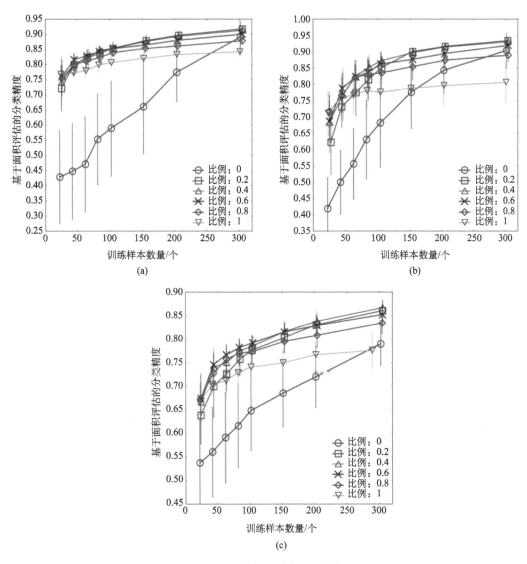

图 9.2 各实验区比例测试的结果

(a)中国德阳市农村区域； (b)德国 Vaihingen 编号 28 区域;(c)德国 Vaihingen 编号 37 区域

折线图的横坐标是训练样本数量，纵坐标是基于面积评估的分类精度；折线图每个节点的训练样本数量分别为 20 个、

40 个、60 个、80 个、100 个、150 个、200 个、300 个

综上所述，不同实验区中混合对象和纯净对象的分布有差异，尽管没有任何一个比例能够在各个训练样本区间占据绝对的分类优势，但是它们都呈现出一些明显的规律。基于这些规律，结合主动学习改进不同比例的缺点，从而得到令人满意的分类结果。那么究竟选择多大比例的样本进行主动学习较为合适呢？一般地，主动学习本身就是一种帮助专家选择更多更好训练样本的技术，既然使用主动学习，肯定是希望用最少的主动学习初始样本学习最多的候选样本，从而提高最终训练样本的质量。如果使用过大的比例，那么主动学习就失去了意义，并且其稳定性也会大大降低，所以结合上面的评估结果，本书选择比例 0.2 进行主动学习，即用最终样本数 20%的 0 熵对象作为主动学习的初始训练样本集，将熵值从大到小排序的非 0 熵对象作为主动学习的候选样本集，学习最终样本数 80%的非 0 熵对象。

9.3.4　评估基于主动学习的采样结果

图 9.3 是使用本书提出的策略后得到的分类精度折线图，为了展示提出的方法的优势，分别与随机采样方法及固定混合对象和纯净对象比例的分类结果进行比较。图 9.3 中，RS 曲线(红线)表示使用随机采样方法进行分类精度评估的结果，它是对所有的分割对象进行 20 次随机采集训练样本，并经过 RF 分类器分类后得到的分类精度的平均值，每个节点上的误差棒则代表了 20 个分类精度的标准偏差。EQB 曲线(蓝线)是在将所有分割对象划分成 0 熵对象和非 0 熵对象后，对所有的 0 熵对象进行 10 次随机采样，得到 10 个主动学习算法的初始训练样本，而后使用这 10 个初始样本进行 10 次主动学习，得到分类精度的平均值，其每个节点上的误差棒代表经过 10 次主动学习后分类精度的标准偏差。最后，比例为 0.2 的曲线(绿线)是 9.3.3 节中比例评估结果，这里不再赘述。根据图 9.3 的结果可以发现，比例为 0.2(绿线)的分类效果并不一定优于随机采样，特别是在实验区 3[图 9.3(c)]，因此使用主动学习进行不同类型训练样本对象的比例优化非常有必要。

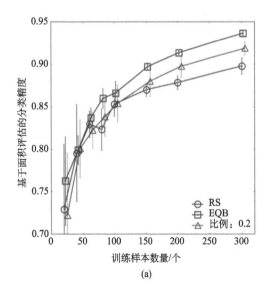

(a)

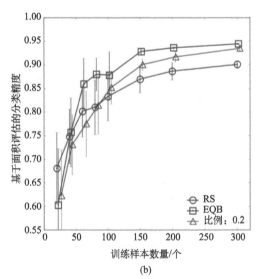

(b)

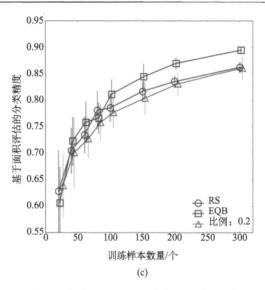

(c)

图 9.3　各实验区不同方法的分类结果比较

(a)中国德阳市农村区域；(b)德国 Vaihingen 编号 28 区域；(c)德国 Vaihingen 编号 37 区域。折线图的横坐标表示用于最终训练 RF 分类器的训练样本数量，纵坐标则表示通过基于面积估计后得到的分类精度；折线图每个节点的训练样本数量分别为 20 个、40 个、60 个、80 个、100 个、150 个、200 个、300 个；RS 是随机采样的简称，EQB 是熵值装袋查询的简称

　　进一步利用 t 检验法进行统计测试，比较了提出的采样方法与随机采样方法(表 9.2)。能够发现三个实验区在大样本区间都取得了很好的分类效果，两种方法具有显著性差异(置信度水平为 95%)。而在小样本区间，本书提出的策略没有很大的优势。这是因为：①EQB 算法本就不适用于小样本的区间(Tuia et al.，2011)；②由于主动学习的策略是优先学习熵值大的非 0 熵对象，这使得在最开始的一两个递归中，由于 0 熵对象和非 0 熵对象的差异较大，因此只要是非 0 熵就会学习进来，还无法发挥主动学习挑选信息量最大的样本的优势。但当样本数递增时，非 0 熵对象有了一定的规模，主动学习就能很好地基于已有的 0 熵对象和非 0 熵对象寻找信息量最大的非 0 熵对象，以此解决非 0 熵对象难以采样的劣势，这也是随着样本数的增加，基于面积的分类精度还继续提高的原因。

表 9.2　利用统计测试方法比较提出的采样方法与随机采样方法

实验区 1							
样本数量/个	20	40	60	80	100	150	200	300
EQB/RS (p 值)	$p > 0.05$	$p > 0.05$	$p > 0.05$	$p < 0.05$	$p < 0.05$	$p < 0.05$	$p < 0.05$	$p < 0.05$
实验区 2							
样本数量/个	20	40	60	80	100	150	200	300
EQB/RS (p 值)	$p > 0.05$	$p > 0.05$	$p < 0.05$	$p < 0.05$	$p < 0.05$	$p < 0.05$	$p < 0.05$	$p < 0.05$

续表

样本数量/个	20	40	60	80	100	150	200	300
	实验区 3							
EQB/RS (p 值)	$p > 0.05$	$p > 0.05$	$p > 0.05$	$p > 0.05$	$p < 0.05$	$p < 0.05$	$p < 0.05$	$p < 0.05$

为了直观展示分类结果差异，选择分类效果较好的 200 个样本大小时，制作三个实验区的分类效果图，如图 9.4 所示。可以看出相比于随机采样[(d)、(e)、(f)]，本书提

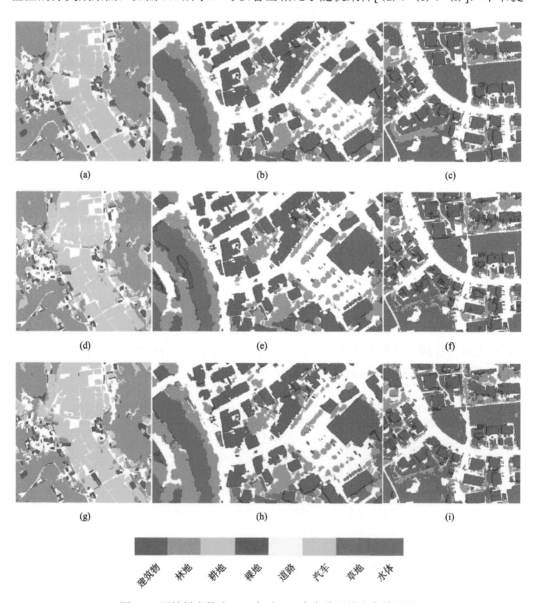

图 9.4　训练样本数为 200 个时，三个实验区的分类效果图

(a)、(b)、(c)为三个实验区的参考图层；(d)、(e)、(f)为随机采样分类结果；(g)、(h)、(i)为本书采样方法的分类结果

出的采样策略[(g)、(h)、(f)]能更好地接近正确的分类效果[(a)、(b)、(c)]。实验区 1[(a)、(d)、(g)]中，本书提出的策略(g)在裸地(灰色)和建筑物(红色)两种土地类型上得到了较好的分类效果；实验区 2[(b)、(e)、(h)]中，随机采样(e)水体(蓝色)和草地(深绿色)出现大面积的错分，而本书提出的策略(h)大幅度提高了草地和水体的分类精度；实验区 3[(c)、(f)、(i)]中，随机采样(f)建筑的部分分类较为混乱，而本书提出的策略很好地提高了建筑物的分类精度。由图 9.4 可以看出，相比于随机采样，本书提出的策略能提高实际地物面积较小对象的分类效果，例如实验区 1 中的房屋和裸地[(a)、(d)、(g)]，实验区 2 中的水体[(b)、(e)、(h)]，实验区 3 中房屋[(c)、(f)、(i)]。这是因为本书通过对象的分类不确定性测度，对混合对象进行初步排序，之后结合主动学习选择混合对象中不确定性高的对象，使训练样本包含最能代表分类不确定性的样本。此外，提出的策略结合前期比例评估的结果，保证了纯净对象分类所需的训练样本数量，在这两点的支撑下选择最具有代表性的训练样本集，所以提出的方法能够避免欠分割对象(同一地物被分割成多个子对象)被标签为多个地物类型的问题。

9.4　本　章　小　结

本书旨在针对面向对象的监督分类的采样问题，提出一种新的针对混合对象的采样策略，从而提高面向对象的监督分类的采样效率，并且得到最具有代表性的训练样本集。首先，本书评估了混合对象对采样的影响，得出在分割结果存在大量混合对象的条件下，一定数量的混合对象作为训练样本将有利于分割对象的分类这一重要结论。必须指出的是，这并没有与前面章节中混合对象对监督分类器具有影响的评估结果矛盾，因为前文的分析是建立在改变重叠率条件下，导致参与分类的混合对象个数可变，进而评估混合对象是否有助于分类，结论是必然的，参与分类的混合对象越少，对分类表现越有利。而本章研究从实际出发，目的在于解决混合对象客观存在条件下的问题，其参与分析的混合对象的数量是不变的。本章还引入主动学习技术，并结合其特点，确定了使用最终训练样本数 20%的 0 熵对象学习最终训练样本数 80%非 0 熵对象的主动学习策略，以此得到优化的训练样本对象集合。实验表明本书提出的策略在分类效果和分类的稳定性方面，比随机采样有很大提高。所以本书提出的采样策略是一种优秀的采样方案，但提出的采样策略还是有许多需要进一步探讨的问题，例如计算效率以及初始样本确定等。

参　考　文　献

Costa, H, Foody G M, Boyd D S. 2017. Using mixed objects in the training of object-based image classifications. Remote Sensing of Environment, 190: 188-197

Mui A, He Y, Weng Q. 2015. An object-based approach to delineate wetlands across landscapes of varied disturbance with high spatial resolution satellite imagery. ISPRS Journal of Photogrammetry and Remote Sensing, 109: 30-46

Rottensteiner F, Sohn G, Gerke M, et al. 2013. ISPRS test project on urban classification and 3D building reconstruction. Commission III-Photogrammetric Computer Vision and Image Analysis, Working Group III/4-3D Scene Analysis: 1-17

Samat A, Li J, Liu S, et al. 2016. Improved hyperspectral image classification by active learning using pre-designed mixed pixels. Pattern Recognition, 51: 43-58

Settles B. 2010. Active learning literature survey. Computer Sciences Technical Report 1648. Madison, WI: University of Wisconsin Madison

Shannon C E. 1938. A symbolic analysis of relay and switching circuits. Electrical Engineering, 57(12): 713-723

Tuia D, Ratle F, Pacifici F, et al. 2009. Active learning methods for remote sensing image classification. IEEE Transactions on Geoscience and Remote Sensing, 47(7): 2218-2232

Tuia D, Volpi M, Copa L, et al. 2011. A survey of active learning algorithms for supervised remote sensing image classification. IEEE Journal of Selected Topics in Signal Processing, 5(3): 606-617

Wu Y, Kozintsev I, Bouguet J, et al. 2006. Sampling strategies for active learning in personal photo retrieval. Penang: 2006 IEEE International Conference on Multimedia and Expo: 529-532

第 10 章　基于封装的对象特征选择方法

一般地，机器学习算法能够提高面向对象的遥感影像的分类精度，然而由于分类的最小处理单元是不规则的分割对象，涉及精度评估的机器学习算法，在 OBIA 中往往会遇到各种问题，例如基于封装的对象特征选择算法，是一种利用十折交叉验证策略确定最优特征组合的方法，简单的基于点的分类精度评估方法容易导致过拟合现象，为了克服不规则对象所导致的精度评估不确定性，本章以该算法为例，提出一种基于面积的交叉验证方法，从而保证封装特征选择过程的可靠性和稳定性。本章的研究也为类似的机器学习算法与 OBIA 的结合提供了示范案例，有助于机器学习相关算法在 OBIA 中得到更好的应用。

10.1　基于封装的对象特征选择方法的问题

虽然前面的章节已经系统地比较研究过不同的特征选择方法在 OBIA 中的表现，并取得了有益成果，然而我们也发现，在基于像素的分析过程中具有优势的机器学习特征选择算法，在 OBIA 中经常表现较差，例如基于封装的对象特征选择方法(wrapper-based feature selection) 一般用于评估和优化特征子集，其已经在许多遥感应用中表现出优势 (Pal, 2013; Löw et al., 2013; Poona et al., 2016)，Löw 等(2013)将该方法用于高光谱波段选择中，达到了很好的效果，然而目前仅 Duro 等(2012)直接使用 R 中的 "Boruta" 包，将封装方法应用于面向对象的监督分类，显然他们没有使用基于面积的精度评估方法，而是直接统计 "正确分类" 的分割对象，且其使用了 RF 分类器，从某种程度上说，虽然他们从实验中取得了较好的成果，然而根据第 5 章对监督分类器的评估结果可知，相对于 SVM 分类器等其他分类器，RF 分类器能够很好地克服特征干扰，即其在特征选择条件下和全部特征条件下的分类结果并没有显著性差异，也就是说，我们有理由怀疑 Duro 等(2012)证明的，在基于点的精度评估条件下，使用封装方法能够得到满意的结果，可能是因为其使用了 RF 分类器。若使用其他对特征选择较为敏感的分类器，则不一定能够达到预期效果。

基于封装的方法很少应用于面向对象的影像分析，这可能是由于该方法使用迭代计算最终精度，从而选取能够获得最好精度的特征组合，这种方式往往容易导致大量的计算负担(Pal, 2013)，另外，根据前述对不同特征选择方法的比较研究结果可知，直接从机器学习成果代码中导入该方法难以实现基于面积的精度评估，进而会导致分类精度过度拟合，使得用封装方法获取的特征组合在 OBIA 中的表现并不好。类似地，最近针对同一场景下多分辨率数据的土地利用/覆盖分类，Johnson(2015)也指出简单的基于像素或点的精度评估方法，容易导致分类精度过度拟合，难以表征分类的客观情况，所以尽管基于面积的精度评估方法会导致封装方法的计算负荷进一步增大，但是为了使该方法能够在 OBIA 中获取更高的精度，仍然有必要开展适用于面向对象分类的封装方法研究。

这一章的主要目的是将基于面积的精度评估方法应用于封装方法中，并在面向对象的监督分类中对其进行验证。因此，我们提出一种面向对象的封装特征选择策略（图 10.1）。首先，利用信息增益率对不同特征的重要性进行排序，然后使用最好优先搜索（best first search）对排序的特征进行检索，以避免遍历所有的特征，进而降低计算强度。其次，封装 SVM 分类器，采用基于面积的 10 折交叉验证方法实现平均分类精度的计算。最后，基于优化的特征组合，利用 SVM 分类器进行最终分类，进而验证提出的方法的有效性。

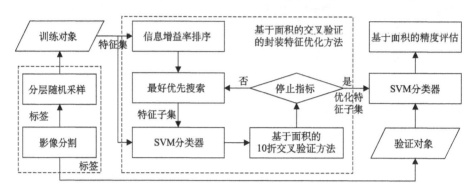

图 10.1　提出方法的主要流程

10.2　基于面积的交叉验证的封装特征优化方法

为了克服精度评估方法的差异导致的基于封装的特征选择方法的不确定性，这里提出一种基于面积的交叉验证的封装特征优化方法（polygon-based CV SVM wrapper, Polygon-SVMCV）。该方法的本质还是基于封装的特征选择方法，其比较重要的两个部分分别是特征检索和精度评估。在特征检索方面，利用信息增益率计算不同特征的重要性分值，随后对其重要性进行排序，然后使用最好优先搜索（best first search）对排序的特征进行检索，按照排序依次将特征添加到特征组合中，若相对于未添加的情况，分类精度有改进，则保留该特征，反之，不保留该特征，若连续 5 次添加的特征都不能改进分类精度，则结束该次循环或检索。这种检索方式能够避免遍历所有的特征，进而降低计算强度。在分类精度评估方面，基于获取的训练样本和每一次检索的特征组合，利用 SVM 分类器训练分类模型，并采用基于面积的精度评估方法计算每一组特征组合下的分类总体精度。为了获取更加可靠的精度评价结果，这里采用了十折交叉验证的方法，取相同特征组合条件下 10 次重采样分类的平均值，使得优化的特征组合更加可信。此外，我们也在相同条件下，开展了基于点的 10 折交叉验证的封装特征优化方法（point-based CV SVM wrapper, Point-SVMCV）的实验，并与提出的方法进行比较。

10.3　实验与分析

10.3.1　实验数据

本章的实验采用三景高分影像，包括前述的两景无人机数据（空间分辨率为 0.2m）

实验区 1 和实验区 2，其主要土地覆盖类型为耕地；实验区 3 是一景 ISPRS 的标准数据集（空间分辨率为 0.08m）（Rottensteiner et al., 2014），土地覆盖类型主要是建筑物、植被、树木、汽车等（图 10.2）。

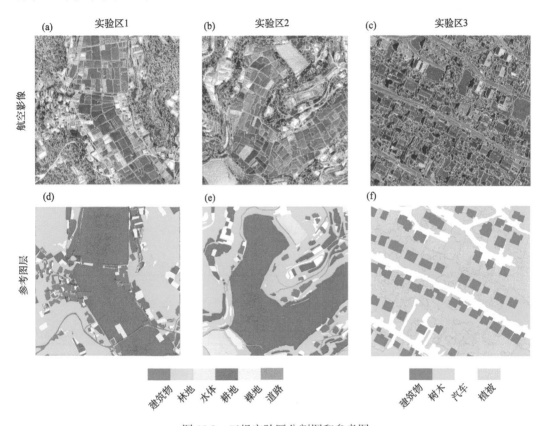

图 10.2　三组实验区分割图和参考图

实验区 1 影像的(a)分割结果与(d)参考图层；实验区 2 影像的(b)分割结果与(e)参考图层；
实验区 3 影像的(c)分割结果与(f)参考图层

10.3.2　不同特征选择方法下的分类结果比较

为了验证我们提出的方法的有效性，针对三组实验区，在 Polygon-SVMCV 和 Point-SVMCV 的特征选择结果下，利用分层随机采样和 SVM 分类器，开展面向对象的监督分类实验。重复 10 次该过程，得到分类总体精度的平均值，并绘制不同实验区的箱线图（图 10.3）。进一步采用双尾 t 测试，定量比较分析两种情况是否具有显著性差异（表 10.1）。能够发现，提出的方法在三组实验区中均具有较明显的优势，分类平均总体精度都高于直接使用基于封装的特征选择方法，且在 95% 的置信水平上，提出的方法的分类精度要显著地优于传统的封装方法。

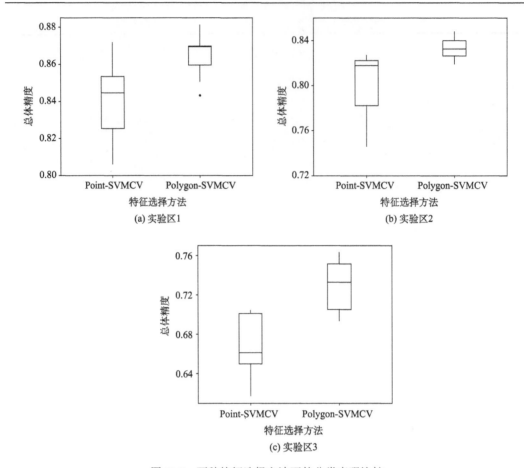

(a) 实验区1　　　　　　　　　　　　(b) 实验区2

(c) 实验区3

图 10.3　两种特征选择方法下的分类表现比较

表 10.1　三组实验区中不同方法的均值和显著性差异统计测试结果

实验区	Point-based CV 方法平均总体精度	Polygon-based CV 方法平均总体精度	p
实验区 1	0.8406	0.8648	0.004053*<0.1
实验区 2	0.8013	0.8333	0.008121*<0.1
实验区 3	0.6676	0.7289	0.0002395*<0.1

注：＊表示利用两种特征选择结果进行分类的精度具有显著差异

10.3.3　特征选择结果比较

　　10.3.2 节从最终分类结果的角度证明了提出的方法的优势，这一节将从特征选择结果的角度，深入地分析两种方法的具体差异。我们对每个实验区都进行了 10 次分类，即也进行了 10 次特征选择，每次分类的训练样本都是重新收集的，所以虽然训练样本对象个数一样，但是组合可能发生变化，即上一次训练样本中用到的分割对象可能在下一次的分类中并没有作为训练样本，这为我们分析两种方法的差异提供了机会，因此为了分析两种特征选择方法的差异，我们统计了每个特征在 10 次特征选择结果中分别被选择的总次数，由于三个实验区的统计结果差异不大，这里仅展示了实验区 1 的统计结果，两种特征选择方法在 10 次分类中的统计结果如图 10.4 所示。

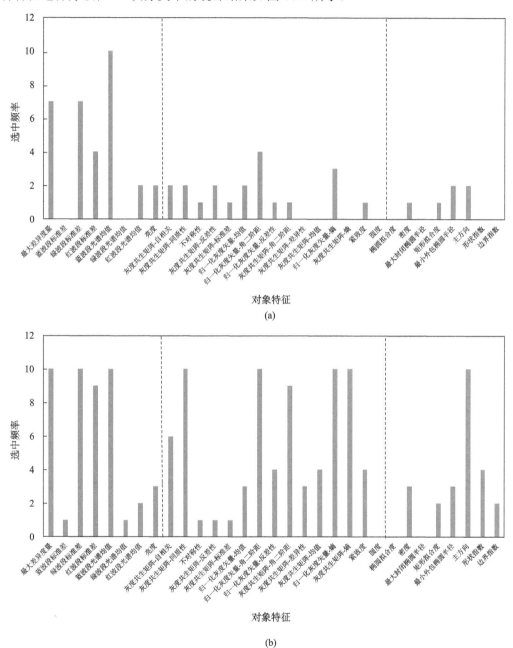

图 10.4　不同特征在两种方法中被选中的次数统计

(a) 和 (b) 分别表示 Point-SVMCV 和 Polygon-SVMCV 的特征选择结果。图中的垂直虚线将三种特征类型依次区别开，
从左至右分别为光谱特征、纹理特征、形状特征

图 10.4 的结果显示，Point-SVMCV 方法更倾向于保留对象的光谱特征，而 Polygon-SVMCV 方法对于光谱、纹理、形状特征没有太大的偏见，尽管根据前面的分析 (图 3.6)

可知,相对于光谱和纹理特征,形状特征的重要性分值更低,因此我们推断,Point-SVMCV 方法可能更倾向于选择高分值的特征,然而大量的研究已经证明纹理或形状特征有助于改进面向对象分类的结果(Laliberte and Rango, 2009; Kim et al., 2011),因此特征选择结果的比较分析进一步证明了 Polygon-SVMCV 方法是一种更加适用于面向对象分类的特征选择方法,因为其考虑了多类特征的影响。

10.4　本　章　小　结

本章的研究不仅解决了基于封装的特征选择方法在 OBIA 中表现较差的问题,更重要的是,通过这次研究,为机器学习在 OBIA 中的应用研究提供了很好的示范作用,为今后其他机器学习算法在 OBIA 中遇到类似的问题提供了很好的解决方案。另外,研究证明提出的 Polygon-SVMCV,能够克服 Point-SVMCV 的过度拟合问题,保证封装方法在面向对象的监督分类中的有效执行。

参 考 文 献

Duro D C, Franklin S E, Dubé M G. 2012. Multi-scale object-based image analysis and feature selection of multi-sensor earth observation imagery using Random Forests. International Journal of Remote Sensing, 33(14): 4502-4526

Johnson B A. 2015. Scale issues related to the accuracy assessment of land use/land cover maps produced using multi-resolution data: comments on "the improvement of land cover classification by thermal remote sensing". Remote Sensing, 7: 13436-13439

Kim M, Warner T A, Madden M, et al. 2011. Multi-scale GEOBIA with very high spatial resolution digital aerial imagery: Scale, texture and image objects. International Journal of Remote Sensing, 32(10): 2825-2850

Laliberte A S, Rango A. 2009. Texture and scale in object-based analysis of subdecimeter resolution unmanned aerial vehicle(UAV)imagery. IEEE Transactions on Geoscience and Remote Sensing, 47(3): 761-770

Löw F, Michel U, Dech S, et al. 2013. Impact of feature selection on the accuracy and spatial uncertainty of per-field crop classification using support vector machines. ISPRS Journal of Photogrammetry and Remote Sensing, 85: 102-119

Pal M. 2013. Hybrid genetic algorithm for feature selection with hyperspectral data. Remote Sensing Letters, 4(7): 619-628

Poona N K, van Niekerk A, Nadel R L, et al. 2016. Random Forest(RF)wrappers for waveband selection and classification of hyperspectral data. Applied Spectroscopy, 70(2): 322-333

Rottensteiner F, Sohn G, Gerke M, et al. 2014. Results of the ISPRS benchmark on urban object detection and 3D building reconstruction. ISPRS Journal of Photogrammetry and Remote Sensing, 93: 256-271

第 11 章　基于深度学习的对象分类方法模型

卷积神经网络(convolution neural network，CNN)正被越来越广泛地应用于高分遥感影像分类中。其中基于对象的方式能大幅度减少样本的数量，因此受到越来越多的关注，然而由于分割算法的限制，分割生成的分割对象往往是极不规则的，这对 CNN 和 OBIA 的结合造成了困难。针对这个问题，本章基于多尺度分割算法，以重心生成图像块的方式深层次地探究了使用 CNN 对不规则分割对象进行分类的可行性。首先，本章比较了基于传统分类器的 OBIA 分类和基于 CNN 的 OBIA 分类效果。其次，系统地总结了图像块与不规则分割对象间存在的 5 种情形，并统计了 5 种情形的错误率。最后从混合对象的角度出发，详细地分析了 CNN 对于混合对象分类的影响。本章中三个不同场景的高分辨率影像被用于测试，得出以下结论：相比于传统分类器，以重心生成图像块的方式将 CNN 应用于 OBIA 中能从整体上大幅度提高 OBIA 的分类效果。该方式不仅能提高纯净对象的分类精度，更能提高混合对象的分类精度，且对象的混合程度越高，这种提升越大。本章给出以下两点建议：①分割对象的重心不在分割对象内会生成错误的样本，因此建议对该情形采用标签点(图像块的中心必须落在分割对象内)的方式生成图像块，并且标签点应尽可能接近重心；②虽然以重心生成图像块的方式大幅度提高了混合对象的分类精度，但混合对象的分类精度依然明显低于纯净对象，因此建议使用小尺度分割影像，从而避免混合对象的产生。

11.1　卷积神经网络在对象分类中的问题

深度学习(Hinton et al.，2006)自提出以来受到了广大学者的关注，它从生物大脑的模型中获取灵感，基于分层激活的规则，通常包含多层彼此反馈的神经元。与"浅"层结构模型(例如 SVM 等)不同，它能够利用"深"层结构，以层次的方式自动产生复杂而抽象的高层次特征(Krizhevsky et al.，2012)。高层次特征对于描述复杂的对象(例如高分图像)是非常有效的(Penatti et al.，2015)。CNN(LeCun et al.，1989; Lecun et al.，1998)是深度学习中发展最快的技术之一，它被专门设计用于图像分类的任务。CNN 以端对端的方式自动地对原始图像进行特征提取，图像作为层级结构的最低层输入，每层通过一个卷积层(convolution filters)(Cheriyadat，2014)去获取上一层的特征，随着层级越来越深，特征变得越来越鲁邦和复杂，这种方法能够获取在平移、缩放和旋转的情况下不变数据的显著特征(Ciresan et al.，2012)。截至目前，CNN 已经在计算机领域的物体识别和图像场景解析方面显示出了巨大的潜力(Jia et al.，2014; Lee et al.，2009)。显然，CNN 适合用于空间分辨率不断提高的遥感影像，但需要指出是，CNN 框架存在一大缺陷，即 CNN

框架的输入必须是固定大小的图像块，这对 CNN 与面向对象的遥感影像分类的结合产生了一定的困难，因为 OBIA 处理的最小单元从规则的像素变成了不规则的分割对象。

　　在基于像素的遥感影像分类中，通常将 CNN 作为特征描述符。Chen 等（2014）就以无监督的方式分别使用单层的 AE（Autoencoders）和 Stacked AE（Schölkopf et al., 2007）来提取高光谱数据的浅层和深层特征；此外，使用预训练 CNN 无疑是最优的方式，Penatti 等（2015）在预训练的 CNN 的基础上，使用少量的训练样本微调 CNN，之后将输出的特征输入到 SVM 分类器中进行分类。以上研究均针对单一像元，而针对单一像元的方式易忽视像元所处的空间环境，因此基于块的像素分类（patch-based pixel classification）是常用的方式（Volpi and Tuia, 2017），即以每个像素为中心，使用滑动窗口的方式（Lagrange et al., 2015; Penatti et al., 2015）生成固定尺寸的图像块，最终预测中心像元的标签。基于块的像素分类方式的缺点是生成的图像块的数量是巨大的，特别是当影像拥有非常高的空间分辨率时。因此，使用对象进行分类的方式正在受到越来越多人的关注，例如超像素，超像素（SP）是图像分割的一种方式（Zhang et al., 2011），通过控制 SP 的尺寸和紧致度，影像可以被分割成具有多个固定像元数、大小相近并且形状较为规则的均匀区域，之后生成完全包含这些区域的图像块，作为 CNN 的输入（Gonzalo-Martin et al., 2016），这大大减少了数据量。

　　可以看出，一方面已经有许多研究很好地将 CNN 与遥感影像分类结合起来；另一方面，使用对象的方式将是日后 CNN 与遥感影像分类结合的重要研究方向。然而在基于对象的遥感影像分类领域中，针对如何将不规则分割对象和 CNN 结合的研究还很少。基于此，本章使用多尺度分割算法（Baatz and Schäpe, 2000）生成极不规则的分割对象，之后根据分割对象的重心生成图像块，进而实现对不规则对象和 CNN 的结合，并在三个实验区上系统地比较了该方式和传统分类器的差异，并分析了其内在的优点和缺点。本章将详细介绍提出的方法和相关实验结果。

11.2　基于 CNN 的面向对象分类

11.2.1　分割对象图像块的生成

　　在 OBIA 中使用 CNN 需要对每个分割对象生成固定大小的图像块，图像块的大小受 CNN 网络的深度和计算机内存的限制，而本章的后续实验主要是小样本量的监督分类测试，不会使用超大型的 CNN 框架。所以经过综合考虑，选择 32×32 和 64×64 窗口作为图像块的大小。此外，本章使用分割对象的重心作为图像块的中心点，每个分割对象对应唯一一个图像块，图像块的类别与分割对象的类别一致。图 11.1 是不规则分割对象的图像块生成示意图，图中黑色的线是不规则分割对象的分割边界，红色的十字点是不规则分割对象重心，红色的正方形框是采样的图像块。

图 11.1　不规则分割对象的图像块生成示意图

黑色的线是不规则分割对象的分割边界，红色的十字点是不规则分割对象的重心，红色的正方形框是采样的图像块范围

　　从图 11.1 中可以看出，凸多边形的重心往往在多边形的里面，但是对于非凸多边形，其重心是有可能出现偏移的，即其重心不在不规则分割对象内，并且图像块与分割对象之间的关系也呈现以下 3 种情形：①图像块完全包含分割对象；②分割对象完全包含图像块；③图像块包含分割对象的一部分。因此分割对象与图像块之间的关系是非常复杂的，我们将会在后续章节对这些情形进行详细的分析。

11.2.2　卷积神经网络

　　CNN 主要由三种不同类型的层次结构组成，分别为卷积层(convolutional layers)、池化层(pooling layers)和完全连接层(fully connected layers)。卷积层是 CNN 架构中的主要层，也可称为特征提取层。卷积层的输入是由一组固定尺寸大小的二维特征图组成的，在卷积阶段，可训练的滤波器 W(卷积核)(Hubel and Wiesel, 1962; LeCun et al., 2010)以滑动窗口的方式，沿着每个二维特征图 X 的长和宽进行卷积运算，假设卷积核大小为 $i×j$，则 X 对应的输出特征图 Y 为

$$Y_{m,n} = f\left(b + \sum_{i=0}\sum_{j=0} W_{i,j} X_{m+i,n+j} \right) \tag{11.1}$$

式中，m 和 n 表示隐藏神经元在二维特征图中的行号和列号；b 是可训练的偏执参数；f 是特定的非线性激活函数。

池化层是 CNN 架构中的下采样层，它能够增强卷积架构的空间不变性（Scherer et al., 2010）。通常采用最大池化层（max pooling）（Serre et al., 2006）的方式对每个二维特征图进行下采样操作。最大池化操作是计算局部区域内的神经元的最大值，公式如下：

$$Y = \max_{1<m<i,1<n<j} X_{m,n} \tag{11.2}$$

式中，(i, j) 是局部区域 X 的大小；m 和 n 是神经元在局部区域内的行号和列号；Y 是最大池化操作的输出。

完全连接层通常是 CNN 架构中的最后几层，它接收二维特征图中的所有神经元，并将其连接到一维神经元上。在多类别问题中，最后的完全连接层的神经元数量为最终分类的类别数。此外，Softmax 层通常被连接在最后的完全连接层后面，用于求出每种类别的判别概率，公式如下：

$$Y_i = \frac{\exp(X_i)}{\sum_{j=1}^{k} \exp(X_j)} \tag{11.3}$$

式中，X_i 表示最后的完全连接层中类别 i 的输出；k 表示类别的数量；Y_i 表示类别 i 的判别概率。

本章借鉴 VGG 网络（Simonyan and Zisserman, 2014）的结构，使用图 11.2 中的 CNN 结构对分割对象的图像块进行端对端的训练。

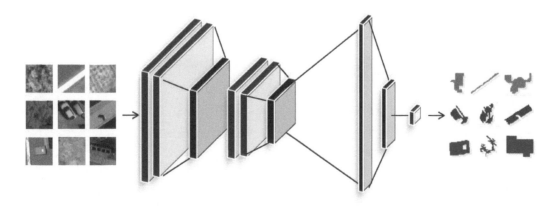

图 11.2　本章使用的 CNN 架构

CNN 的输入是 3.2.1 节生成的图像块，输出是图像块对应的分割对象的类别；蓝色层表示卷积层（使用 ReLU 作为激活函数）；红色层表示池化层（使用最大池化层）；紫色层表示完全连接层；绿色层则是 Softmax 层

图 11.2 的 CNN 架构由四个卷积层组成（图 11.2 中的蓝色层），每个卷积层使用 3×3 的卷积核，并以步长 1 对前一层的二维特征图进行卷积运算。前两个卷积层生成 32 维的输出，后两个卷积层生成 64 维的输出。Rectified Linear Unit（ReLU）（Krizhevsky et al., 2012）能很好地解决梯度消失的现象（He et al., 2015; Xu et al., 2015），因此均使用 ReLU

作为每个卷积层的激活函数。每两个卷积层后面设置 2×2 的最大池化层(图 11.2 中的红色层)。图 11.2 中的第一个紫色层是由 512 个神经元组成的完全连接层,而最后一个完全连接层(图 11.2 中的第二个紫色层)的神经元数量分别是 3 个实验区中土地类型的数量,本章中均为 5。最后,在最后一个完全连接层的后面使用 Softmax 函数,得到图 11.2 中绿色的类别输出。

将对象作为基础分类单元最直接的好处就是数据量会减少,但这增加了过拟合(overfitting)(Tetko et al., 1995)的风险,本章使用以下策略应对过拟合:

(1)在池化层和完全连接层后使用 Dropout 技术(Srivastava et al., 2014)。Dropout 技术是为了在训练中避免神经元的共同适应。它在 CNN 的训练过程中随机"关闭"给定百分比的神经元,以此减少过拟合的风险。本章中,将最大池化层后的 Dropout 百分比设置为 20%,完全连接层后的设置为 50%。

(2)使用早停法(EarlyStopping)技术,早停法通过监测某个值(通常是损失值),当该值在多个 epoch 后没有减小或者增大时,就停止训练。本章对训练样本的 loss 值进行监测,当其在 20 个 epoch 内均小于 0.1 时,便停止 CNN 的训练。

(3)使训练集增大是避免过拟合的有效策略,但获取更多的训练样本往往需要昂贵的成本。数据增强(Data augmentation)方法能够在不增加训练样本的基础上扩充数据。通常的增强策略有随机旋转图像、随机缩放图像、水平偏移图像和噪声注入等。为了保持图像的高分辨率,我们只对图像进行随机旋转和左右的随机偏移,不使用更复杂的增强策略。

此外,相比于传统的分类器,CNN 训练的时间损耗是非常多的。为了减少 CNN 训练的时间损耗,在卷积层中只进行有效的卷积操作,即不处理边界数据,并且卷积层和全连接层中的权重将全部被进行正态分布初始化(He et al., 2015)。本章将全部以端到端(end-to-end)的方式对 CNN 从头开始训练。

11.3 实验与分析

11.3.1 实验数据

本章采用 UAV 影像和 ISPRS 标准数据集进行实验,分别对应着农业区域和城市区域。实验区 1 在前面章节已有详细介绍,这里不再描述。实验区 2 和实验区 3 分别来自 ISPRS Commission Ⅲ提供的 Vaihingen 和 Potsdam 数据集,数据集可以免费从 ISPRS 的官方网站(http://www2.isprs.org/commissions/comm3/ wg4/tests.html)上进行下载。Vaihingen 数据集由总共 33 个图像组成(平均大小为 2494 像素×2064 像素),其中 16 个是经过目视解译的,每个图像的空间分辨率为 9cm。本章从 16 个经过目视解译的图像中随机选取一副(区域 26)作为实验区 2 的影像[图 11.3 (c)],其分布着建筑物(42%)、林地(29%)、水体(12%)、汽车(3%)和草地(14%)。Potsdam 数据集总共由 38 个图像组成(每个图像的大小均为 6000 像素×6000 像素),其中 24 个是经过目视解译的,每个图像的空间分辨率为 5cm。同样,本章从 24 个经过目视解译的图像中随机选取一副(区域 07_12)作为实验区 3 的影像[图 11.3 (e)],其分布着建筑物(69%)、林地(9%)、裸地(3%)、汽车(4%)和草地(15%)。三个实验区的影像及其目视解译图层如图 11.3 所示。

图 11.3　本章的实验区影像及其对应的目视解译图层

实验区 1 影像的 (a) 分割结果与 (b) 参考图层；实验区 2 影像的 (c) 分割结果与 (d) 参考图层；
实验区 3 影像的 (e) 分割结果与 (f) 参考图层

11.3.2　基于传统分类器的 OBIA 分类与基于 CNN 的 OBIA 分类的比较

表 11.1 和表 11.2 是分别使用传统分类器和 CNN 分类方法得到的三个实验区的最终分类结果。其中，SVM 和 RF 分类器的分类对象多尺度分割的结果，使用传统的分割对象的光谱、纹理、形状等特征，它们代表基于传统分类器的 OBIA 分类；CNN 的分类对象是 11.2.1 节中根据分割对象重心得到的图像块，这里测试了两种窗口大小的图像块(分别为 32×32 和 64×64)，它们代表了基于 CNN 的 OBIA 分类。本节对两种分类方式进行初步的比较。表 11.1 是分割尺度为 50 时，4 种分类方式在 5 个采样比例下，随机采样 20 次的分类精度的平均值和标准差。表 11.2 是分割尺度为 110 时，4 种分类方式在 5 个采样比例下，随机采样 20 次的分类精度的平均值和标准差。

表 11.1　分割尺度为 50 时，三个实验区在不同采样比例下，
随机采样 20 次的分类精度的平均值和标准差

实验区 1							
采样比例 /%	SVM		RF		CNN(32×32)		CNN(64×64)	
	分类精度平均值	分类精度标准差	分类精度平均值	分类精度标准差	分类精度平均值	分类精度标准差	分类精度平均值	分类精度标准差
10	0.7947	0.0070	0.7791	0.0093	0.8380	0.0052	0.8594	0.0069
20	0.8216	0.0065	0.7957	0.0078	0.8592	0.0049	0.8881	0.0037
30	0.8304	0.0073	0.8024	0.0073	0.8740	0.0036	0.8908	0.0052
40	0.8369	0.0054	0.8095	0.0059	0.8765	0.0034	0.9023	0.0044
50	0.8385	0.0061	0.8148	0.0063	0.8851	0.0041	0.9096	0.0030
实验区 2							
采样比例 /%	SVM		RF		CNN(32×32)		CNN(64×64)	
	分类精度平均值	分类精度标准差	分类精度平均值	分类精度标准差	分类精度平均值	分类精度标准差	分类精度平均值	分类精度标准差
10	0.8322	0.0142	0.8301	0.0097	0.8771	0.0056	0.9001	0.0041
20	0.8503	0.0079	0.8453	0.0060	0.9042	0.0061	0.9253	0.0059
30	0.8644	0.0088	0.8512	0.0065	0.9117	0.0034	0.9288	0.0046
40	0.8746	0.0064	0.8555	0.0081	0.9207	0.0037	0.9370	0.0040
50	0.8807	0.0100	0.8605	0.0099	0.9257	0.0039	0.9529	0.0038
实验区 3							
采样比例 /%	SVM		RF		CNN(32×32)		CNN(64×64)	
	分类精度平均值	分类精度标准差	分类精度平均值	分类精度标准差	分类精度平均值	分类精度标准差	分类精度平均值	分类精度标准差
10	0.7825	0.0055	0.7437	0.0063	0.8361	0.0032	0.8865	0.0046
20	0.8050	0.0051	0.7670	0.0055	0.8633	0.0042	0.9109	0.0050
30	0.8159	0.0055	0.7784	0.0044	0.8749	0.0046	0.9270	0.0043
40	0.8219	0.0051	0.7843	0.0065	0.8835	0.0046	0.9364	0.0046
50	0.8264	0.0048	0.7928	0.0038	0.8919	0.0018	0.9412	0.0017

表 11.2　分割尺度为 110 时，三个实验区在不同采样比例下，
随机采样 20 次的分类精度的平均值和标准差

实验区 1							
采样比例 /%	SVM		RF		CNN (32×32)		CNN (64×64)	
	分类精度平均值	分类精度标准差	分类精度平均值	分类精度标准差	分类精度平均值	分类精度标准差	分类精度平均值	分类精度标准差
10	0.7249	0.0240	0.7231	0.0191	0.7878	0.0105	0.7974	0.0115
20	0.7667	0.0162	0.7585	0.0169	0.8131	0.0082	0.8235	0.0108
30	0.7889	0.0129	0.7721	0.0155	0.8298	0.0132	0.8474	0.0105
40	0.8045	0.0136	0.7875	0.0178	0.8337	0.0096	0.8558	0.0091
50	0.8131	0.0150	0.7952	0.0192	0.8296	0.0068	0.8626	0.0090

实验区 2							
采样比例 /%	SVM		RF		CNN (32×32)		CNN (64×64)	
	分类精度平均值	分类精度标准差	分类精度平均值	分类精度标准差	分类精度平均值	分类精度标准差	分类精度平均值	分类精度标准差
10	0.8421	0.0170	0.8355	0.0271	0.8557	0.0109	0.8920	0.0110
20	0.8561	0.0120	0.8557	0.0100	0.8924	0.0071	0.8975	0.0071
30	0.8633	0.0100	0.8648	0.0121	0.8979	0.0077	0.9181	0.0076
40	0.8760	0.0150	0.8706	0.0164	0.9079	0.0064	0.9196	0.0064
50	0.8818	0.0121	0.8765	0.0143	0.9054	0.0061	0.9351	0.0065

实验区 3							
采样比例 /%	SVM		RF		CNN (32×32)		CNN (64×64)	
	分类精度平均值	分类精度标准差	分类精度平均值	分类精度标准差	分类精度平均值	分类精度标准差	分类精度平均值	分类精度标准差
10	0.7530	0.0164	0.7410	0.0171	0.7880	0.0075	0.8361	0.0096
20	0.7939	0.0126	0.7695	0.0099	0.8220	0.0067	0.8662	0.0107
30	0.8149	0.0083	0.7887	0.0080	0.8410	0.0074	0.8905	0.0047
40	0.8270	0.0098	0.7924	0.0111	0.8476	0.0051	0.8888	0.0073
50	0.8347	0.0096	0.7996	0.0126	0.8665	0.0059	0.9043	0.0063

　　横向观察表 11.1 和表 11.2 可以发现，当分割尺度为 50 和 110 时，CNN 在 5 个采样比例下的分类精度均优于 SVM 和 RF 分类器的分类精度(其中 64×64 图像块的分类精度明显优于 32×32)，并且相比于传统分类器，CNN 在不同采样比例下的精度提升是均匀且稳定的，例如相比于 SVM 分类器，当分割尺度为 50 时，CNN(64×64)在三个实验区不同采样比例下的精度提升均分别在 6%~7%、7%~8%和 11%~12%。类似地，当分割尺度为 110 时，CNN(64×64)的精度提升也分别保持在 5%~7%、4%~5%和 6%~8%。此外，值得注意的是，CNN 在尺度 50 的精度提升略优于尺度 110，并且在不同采样比例下，尺度 50 的分类精度也高于尺度 110。这说明 CNN 在小分割尺度上具有更好的分类效果，当然这需要更多的实验去证明。CNN 具有更好的分类稳定性，其分类精度的标准差在对应的采样比率下均是小于两个传统分类器的。基于表 11.1 和表 11.2 中 CNN 的实验结果，我们对相邻采样比例进行 Welch's t-test，结果如表 11.3 所示。

表 11.3   CNN 在相邻采样比例之间的 Welch's t-test 结果

相邻采样比例/%	分割尺度 50					
	实验区 1		实验区 2		实验区 3	
	p 值 (32×32)	p 值 (64×64)	p 值 (32×32)	p 值 (64×64)	p 值 (32×32)	p 值 (64×64)
10/20	< 0.05	< 0.05	< 0.05	< 0.05	< 0.05	< 0.05
20/30	< 0.05	> 0.05	< 0.05	> 0.05	< 0.05	< 0.05
30/40	< 0.05	< 0.05	< 0.05	< 0.05	< 0.05	< 0.05
40/50	< 0.05	< 0.05	< 0.05	< 0.05	< 0.05	< 0.05

相邻采样比例/%	分割尺度 110					
	实验区 1		实验区 2		实验区 3	
	p 值 (32×32)	p 值 (64×64)	p 值 (32×32)	p 值 (64×64)	p 值 (32×32)	p 值 (64×64)
10/20	< 0.05	< 0.05	< 0.05	> 0.05	< 0.05	< 0.05
20/30	< 0.05	< 0.05	< 0.05	< 0.05	< 0.05	< 0.05
30/40	> 0.05	< 0.05	< 0.05	> 0.05	< 0.05	> 0.05
40/50	> 0.05	> 0.05	> 0.05	< 0.05	< 0.05	< 0.05

注：p 值小于 0.05 时，表示两组数据之间存在显著性差异

结合表 11.3，纵向观察表 11.1 和表 11.2。当采样比例从 10%提升至 20%时，CNN 分类精度的提升是较明显的(绝大部分的 p 值均小于 0.05)。而对于剩下的相邻采样比例，分类精度提升会随着实验区、图像块大小和分割尺度的变化出现较大的差异，因此没有呈现较明显的规律。但随着训练样本数量的增加，分类精度依然是提升的。我们用采样比例为 50%时，20 次随机采样的最优分类结果，制作三个实验区的分类效果图(图 11.4)。

从图 11.4 中可以看出，相比于传统分类器(SVM 和 RF)，CNN 的分类效果更"干净"，即不同地物类型之间的界限更清晰，例如实验区 1 中的林地、耕地和裸地，实验区 2 中的水体和建筑物，实验区 3 中的建筑物、林地、裸地和草地。这说明 CNN 有效提高了混合对象的分类精度，因为不同地物的交界区域就是混合对象产生的区域，在后面的章节中会对这点进行更加详细的分析(见 11.3.4 节)。综上，我们能初步得出结论：以重心生成图像块的方式在 OBIA 中使用 CNN 能很好地提高 OBIA 的整体分类效果。首先，在两个跨度较大的分割尺度下(分割尺度为 50 和 110)，CNN 均能大幅度提高分类精度。其次，在不同采样比例下，CNN 都拥有更好的分类效果。

11.3.3 图像块与分割对象之间的关系

由于多尺度分割算法生成的分割对象通常是极不规则的，因此图像块与分割对象之间的关系非常复杂(见 11.2.1 节，表 11.4)。为了深层次地探究以分割对象重心生成图像块方式的可行性，本节对图像块和分割对象的关系进行系统的分析。

首先，当分割对象的重心落在分割对象内时，一共产生以下三种情形：

(1)重心在分割对象内，图像块完全包含分割对象(情形 1)；

(2)重心在分割对象内，分割对象完全包含图像块(情形 2)；

(3)重心在分割对象内，图像块包含分割对象的一部分(情形 3)。

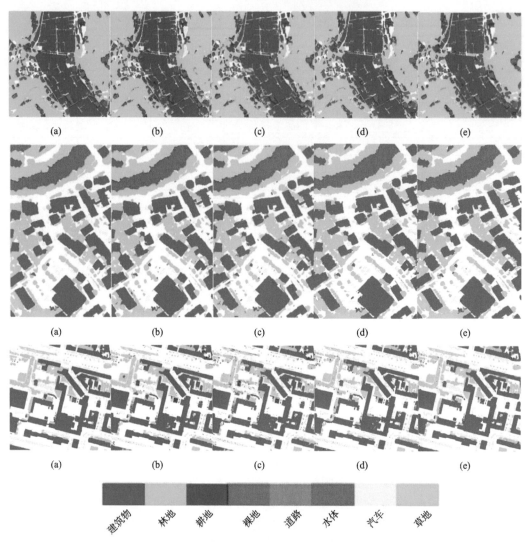

图 11.4　采样比例为 50%时，各实验区的分类效果图

各实验区中的(a)是完全正确分类的矢量图；(b)是 SVM 分类器分类的矢量图；(c)是 RF 分类器分类的矢量图；(d)是图像块大小为 32×32 时，CNN 分类的矢量图；(e)是图像块大小为 64×64 时，CNN 分类的矢量图

第一行图表示实验区 1，第二行图表示实验区 2，第三行图表示实验区 3

　　其次，在重心不在分割对象内的情况下，分割对象不可能包含图像块，并且重心点既可能落在同类型的分割对象中，也可能落在不同类型的分割对象中。而前者与情形 1 和情形 3 没有区别(表 11.4)。因为图像块的中心点始终在同一个类型的地物上，并且图像块对应的分割对象的类别没有改变，所以我们不将其单独列出，并将重心落在同类型地物中的情况对应地归入情形 1 和情形 3 中。则剩下的情形为：

　　(1)重心不在分割对象内，且落在不同类型的分割对象中，图像块完全包含分割对象(情形 4)；

　　(2)重心不在分割对象内，且落在不同类型的分割对象中，图像块包含部分分割对象(情形 5)。

表 11.4　图像块与分割对象之间的 5 种情形

类别	情形 1	情形 2	情形 3	情形 4	情形 5
林地					
草地					
裸地					
建筑物				—	
水体				—	
道路		—			
耕地				—	—
汽车		—			—

注：表中的"—"表示当前的地物类别不存在该情形；亮蓝色的虚线框是图像块的范围；亮绿色的实线框是分割对象的范围；红色的点是分割对象的重心

表 11.4 是上述 5 种情形在不同地物类型下的实例，表中的"—"表示在本章的实验区、图像块大小和分割尺度的条件下，该类别不存在当前情形。

在遥感影像中，不同地物类型的分割对象会呈现出不同特征，例如汽车的分割对象的单体面积通常较小，而农村道路的分割对象往往呈长条状，因此它们都难以存在情形 2，这是表 11.4 中某些地物类型不存在一些情形的原因。此外，值得注意的是，一些地物的情形 4 和情形 5 是存在明显错误的。特别是情形 5 下的道路，它的图像块已经无法表示道路了，而是房屋，这就生成一个错误的样本。当这些错误的样本被选择作为训练样本时，它们就会对 CNN 的训练产生影响，从而影响分类精度。表 11.5 是三个实验区的分割对象在不同情形下的数量。

表 11.5　不同情形中分割对象的数量

分割尺度 50

情形	实验区	分割对象的数量(32×32)/个	分割对象的数量(64×64)/个	实验区	分割对象的数量(32×32)/个	分割对象的数量(64×64)/个	实验区	分割对象的数量(32×32)/个	分割对象的数量(64×64)/个
1		743	2087		621	1503		1700	3925
2		113	13		80	3		432	43
3	1	3938	2696	2	2261	1456	3	8060	6224
4		0	12		0	3		0	1
5		56	42		15	12		24	23
总计		4850	4850		2977	2977		10216	10216

分割尺度 110

情形	实验区	分割对象的数量(32×32)/个	分割对象的数量(64×64)/个	实验区	分割对象的数量(32×32)/个	分割对象的数量(64×64)/个	实验区	分割对象的数量(32×32)/个	分割对象的数量(64×64)/个
1		23	159		79	210		248	717
2		134	30		91	9		410	109
3	1	992	959	2	657	608	3	2059	1891
4		0	0		0	0		0	0
5		20	21		7	7		8	8
总计		1169	1169		834	834		2725	2725

从表 11.5 中可以发现，情形 4 和情形 5 出现的概率是极低的。这一方面是因为情形 4 和情形 5 只出现在地物类型发生变化的区域，当实验区内地物类型的复杂程度较低时，它们的数量就十分少；另一方面，单纯地物类型的变化不足以生成情形 4 和情况 5，只有当两种地物交界线的曲率较大时，交界线外侧(曲率中心所在一侧的反方向)地物的重心才会落在交界线内侧(曲率中心所在一侧)地物中，而交界线内侧地物的重心依然落在同类型的地物上。这两点使情形 4 和情形 5 很难出现，但这是我们乐意看到的。为了最

小化情形 4 和情形 5 类型的训练样本对 CNN 训练的影响，我们用采样比例为 50%时，对分类效果最优的 CNN 模型对应实验区的所有分割对象进行分类，计算每种情形的分类错误率，结果如表 11.6 所示。

表 11.6 分割对象在不同情形下的分类错误率

分割尺度 50									
情形	实验区	分类错误率 (32×32) /%	分类错误率 (64×64) /%	实验区	分类错误率 (32×32) /%	分类错误率 (64×64) /%	实验区	分类错误率 (32×32) /%	分类错误率 (64×64) /%
1	1	4.98	4.22	2	0.00	0.00	3	4.41	2.68
2		2.65	0.00		1.25	0.00		4.86	0.00
3		5.26	3.93		4.64	3.50		5.42	2.84
4		—	50.00		—	66.67		—	100.00
5		37.50	23.81		60.00	41.67		45.83	34.78
总计		5.53	4.33		3.86	1.95		5.32	2.85

分割尺度 100									
情形	实验区	分类错误率 (32×32) /%	分类错误率 (64×64) /%	实验区	分类错误率 (32×32) /%	分类错误率 (64×64) /%	实验区	分类错误率 (32×32) /%	分类错误率 (64×64) /%
1	1	8.70	5.66	2	3.80	3.33	3	5.65	2.79
2		8.96	0.00		3.30	0.00		8.05	5.50
3		7.06	5.94		4.87	2.63		6.31	4.81
4		—	—		—	—		—	—
5		60.00	23.81		42.86	28.57		87.50	12.50
总计		8.21	6.07		4.92	3.00		6.75	4.33

注："—"表示当前情形不存在分割对象

从表 11.6 中可以很清楚地看到，虽然情形 4 和情形 5 的训练样本数量极少，但它们的错误率是非常高的，这是重心生成图像块的一个缺点，即当两种地物类型交界线的曲率较大时，图像块的中心就会落在不同类型的地物上，从而生成错误的样本。此外，情形 2 的错误率是非常低的，但它的数量是较少的。因此，情形 1 和情形 3 的分类精度决定了整体的分类精度，并且这两种情形的数量也占据了分割对象总个数的绝大部分。表 11.6 中，情形 3 的错误率并没有呈现出高于情形 1 的特征，这说明 CNN 的分类精度并不会因为图像块只包含分割对象的一部分而受到影响。这也证明了根据分割对象重心生成图像块的方式是可行的，只要分割对象的重心落在同类型的地物中，那么 CNN 的分类效果均是优秀的。最后，值得注意的是，在不同情形下，64×64 图像块的分类精度依然优于 32×32 图像块。

11.3.4 基于 CNN 的 OBIA 分类对混合对象分类的影响

根据 11.3.3 节的分析，我们知道重心落在不同类型的地物中会产生错误的样本。而对于混合对象而言，分割对象的内部就包含了不同类型的地物。因此本节从混合对象的角度出发，分析基于 CNN 的 OBIA 分类对混合对象分类的影响。我们将分割对象中主要类别的面积占分割对象总面积的比例（记作主类别占比）作为衡量分割对象混合程度的指标。主类别占比为 100% 时，分割对象为纯净对象，主类别占比越低意味着对象的混合程度越高。之后统计各个主类别占比区间的样本数占总样本数的比例，结果如图 11.5 所示。

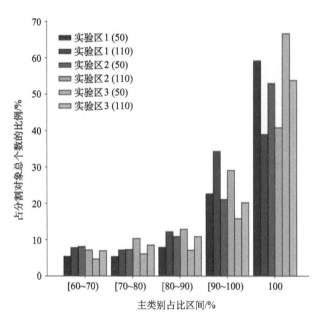

图 11.5　三个实验区中不同主类别占比区间的分割对象的个数占分割对象总个数的比例

主类别占比表示分割对象中主要类别的面积占分割对象总面积的比例

分割尺度越小，过分割现象越严重，因此在图 11.5 中，分割尺度为 50 的纯净对象的个数明显大于分割尺度为 110。此外，随着混合程度降低（主类别占比提高），分割对象的数量是逐渐增大的。基于图 11.5，不同主类别占比区间的分类精度将被计算。在采样比例为 10% 时，我们用每种分类方式训练好的 20 个分类模型（随机采样 20 次）分类所有分割对象，最后计算每个主类别占比区间分类精度的平均值和标准差。其中，采样比例选取为 10% 是为了最小化不同分类器对训练样本的拟合程度不同这个差异。图 11.6 是三个实验区不同主类别占比区间的分类精度的柱状折线图。

首先，从图 11.6 中可以发现，CNN 在不同的主类别占比区间上的分类精度几乎都优于 SVM 和 RF 分类器，尤其当图像块大小为 64×64 时。其次，CNN 大幅度提高了混合对象的分类精度，并且随着混合程度的提高（主类别占比降低），CNN 的优势更明显。这缘于以下两点：①图像块本身就是混合的，并且其混合程度比混合的分割对象更大，因此用图像块作为基础的分类单元大幅度缩小混合和纯净分割对象之间的差距；②重心生成图像块的方式存在一个潜在的优势，即重心是物体质量的中心，对于不规则图形，重心会落在或靠近其主要面积的区域。因此，只要混合对象中的主类别占比大于 50%，那么图像块的中心点就会有落在或接近混合对象中主要类别区域的趋势，并且主类别占

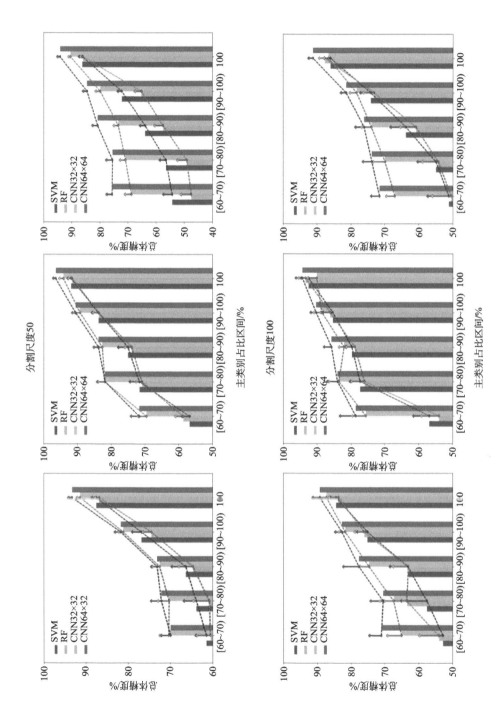

图 11.6　采样比例为 10% 时，三个实验区不同主类别占比区间的分类精度的柱状折线图

图中每个柱子顶端和节点的纵坐标表示的是 20 个分类精度的平均值，节点上的误差棒表示 20 个分类精度的标准差；主类别占比表示分割对象中主要类别的面积占分割对象总面积的比例

比越大，这种趋势越明显。这两点也是 CNN 的分类效果更加稳定的原因。但纯净对象的分类精度依然明显优于混合对象，这可能是依然有大量混合对象的重心落在了与混合对象类别不一致的其他类别中所导致。因此建议选小的分割尺度，从而减少混合对象的生成。

此外，相比于传统分类器，CNN 分类纯净对象的分类精度更加优秀，尤其当分割尺度为 50 时。纯净对象分类精度的提升是因为图像块包含了分割对象周围的上下文信息，并且不同于传统的人工提取特征的方式，CNN 对于复杂信息的自动提取是非常优秀的（Krizhevsky et al., 2012），这也更接近人工标签对象的思维（周围的地物信息有助于判断破碎分割对象的类别）。最后，在不同的实验区、分割尺度、采样比例、图像块的情形以及混合程度下，64×64 图像块的分类精度都更加优于 32×32 的图像块。这说明更丰富的上下文信息是有利于提高 CNN 的分类效果的，当然，图像块的大小与 CNN 的深度是直接相关的，并且在增大图像块大小的同时，CNN 训练时间会呈指数增长。

11.4　本章小结

本章基于多尺度分割算法，以重心生成图像块的方式，深层次地探究了使用 CNN 分类不规则分割对象的可行性。首先，我们在两个分割尺度、两种图像块大小、三个实验区上测试了 CNN 的分类精度，并得出采用重心生成图像块的方式，在 OBIA 中使用 CNN 能大幅度提高 OBIA 的分类效果。其次，本章系统地总结了图像块与不规则分割对象间的 5 种情形，得出了以下两个重要结论：①直接使用重心生成图像块的方式是存在缺陷的，即当两种地物类型交界线的曲率较大时，图像块的中心就会落在不同类型的地物上，从而生成错误的样本。因此建议对重心不在分割对象内的情况采用人工标签点（图像块的中心必须落在分割对象内）的方式生成图像块，并且标签点应尽可能接近重心；②CNN 的分类精度并不会因为图像块只包含分割对象的一部分而受到影响。此外，本章从混合对象的角度出发，计算了 CNN 在不同混合程度下的分类精度，得到以下结论：①以重心生成图像块的方式不仅能提高纯净对象的分类精度，还能大幅度提高混合对象的分类精度，并且对象的混合程度越高，这种提升越大；②混合对象的分类精度依然明显低于纯净对象，因此建议使用小尺度分割影像，从而减少混合对象的生成。综上，重心生成分割对象图形块的方式，在 OBIA 中使用 CNN 分类不规则分割对象不仅是可行的，而且其分类效果是优秀的，并且这种方式很好地降低了 OBIA 在分类过程中的不确定性，主要包括特征选择的不确定性和混合对象的不确定性。此外，更大的图像块可能更有利于分类，但这还取决于 CNN 的结构和深度。最后，使用 CNN 进行分类最大的缺陷在于它的训练非常耗时，这点可能会限制它的应用。

参 考 文 献

Baatz M, Schäpe M. 2000. Multiresolution segmentation-an optimization approach for high quality multi-scale image segmentation. In: Strobl J, Blaschke T, Griesebner G. Angewandte Geographische Informations Verarbeitung XII. Karlsruhe: Wichmann Verlag

Bengio Y, Lamblin P, Popovici D, et al. 2007. Greedy layer-wise training of deep networks. In：Schölkopf B, Platt J, Hofmann T. Advances in Neural Information Processing Systems 19, Proceedings of the Twentieth Annual Conference on Neural Information Processing Systems. London：The MIT Press

Chen Y, Lin Z, Zhao X, et al. 2014. Deep learning-based classification of hyperspectral data. IEEE Journal of Selected Topics in Applied Earth Observations and Remote Sensing, 7: 2094-2107

Cheriyadat A M. 2014. Unsupervised feature learning for aerial scene classification. IEEE Transactions on Geoscience and Remote Sensing, 52: 439-451

Ciresan D, Giusti A, Gambardella L M, et al. 2012. Deep neural networks segment neuronal membranes in electron microscopy images. Lake Tahoe, Nevada: Advances in Neural Information Processing Systems

Gonzalo-Martin C, Garcia-Pedrero A, Lillo-Saavedra M, et al. 2016. Deep learning for superpixel-based classification of remote sensing images. GEOBIA 2016: Solutions and Synergies

He K, Zhang X, Ren S, et al. 2015. Delving deep into rectifiers: Surpassing human-level performance on imagenet classification. Proceedings of the IEEE International Conference on Computer Vision, 7: 1026-1034

Hinton G E, Osindero S, Teh Y W. 2006. A fast learning algorithm for deep belief nets. Neural Computation, 18: 1527-1554

Hubel D H, Wiesel T N. 1962. Receptive fields, binocular interaction and functional architecture in the cat's visual cortex. The Journal of Physiology, 160: 106-154

Jia Y Q, Shelhamer E, Donahue J, et al. 2014. Caffe: convolutional architecture for fast feature embedding. Orlando: Proceedings of the 22nd ACM International Conference on Multimedia: 675-678

Krizhevsky A, Sutskever I, Hinton G E. 2012. ImageNet classification with deep convolutional neural networks. Nevada: Proceeding NIPS'12 Proceedings of the 25th International Conference on Neural Information Processing Systems: 1097-1105

Lagrange A, Le Saux B, Beaupere A, et al. 2015. Benchmarking classification of earth-observation data: From learning explicit features to convolutional networks. Milan: Geoscience and Remote Sensing Symposium（IGARSS）: 4173-4176

LeCun Y, Boser B, Denker J S, et al. 1989. Backpropagation applied to handwritten zip code recognition. Neural Computation, 1: 541-551

LeCun Y, Bottou L, Bengio Y, et al. 1998. Gradient-based learning applied to document recognition. Proceedings of the IEEE, 86（1）: 2278-2324

LeCun Y, Kavukcuoglu K, Farabet C. 2010. Convolutional Networks and Applications in Vision. Paris Circuits and Systems（ISCAS）, Proceedings of 2010 IEEE International Symposium: 253-256

Lee H, Grosse R, Ranganath R, et al. 2009. Convolutional Deep Belief Networks for Scalable Unsupervised Learning of Hierarchical Representations. Quebec: Proceedings of the 26th Annual International Conference on Machine Learning: 609-616

Penatti O A, Nogueira K, dos Santos J A. 2015. Do deep features generalize from everyday objects to remote sensing and aerial scenes domains. Proceedings of the IEEE Conference on Computer Vision and Pattern Recognition Workshops: 44-51

Scherer D, Müller A, Behnke S. 2010. Evaluation of Pooling Operations in Convolutional Architectures for Object Recognition. Saloniki: Artificial Neural Networks–ICANN 2010: 92-101

Serre T, Riesenhuber M, Louie J, et al. 2006. On the role of object-specific features for real world object recognition in biological vision. International Workshop on Biologically Motivated Computer Vision: 387-397

Simonyan K, Zisserman A. 2014. Very deep convolutional networks for large-scale image recognition. arXiv:

1409.1556

Srivastava N, Hinton G, Krizhevsky A, et al. 2014. Dropout: a simple way to prevent neural networks from overfitting. Journal of Machine Learning Research, 15: 1929-1958

Tetko I V, Livingstone D J, Luik A I. 1995. Neural network studies. 1. Comparison of overfitting and overtraining. Journal of Chemical Information and Computer Sciences, 35 (5): 826-833

Volpi M, Tuia D. 2017. Dense semantic labeling of sub-decimeter resolution images with convolutional neural networks. IEEE Transactions on Geoscience and Remote Sensing, 55 (2): 881-893

Xu B, Wang N, Chen T, et al. 2015. Empirical evaluation of rectified activations in convolutional network. ar Xiv: 1505.00853

Zhang G, Jia X, Kwok N M. 2011. Spectral-spatial based super pixel remote sensing image classification. Shanghai: International Congress on Image and Signal Processing: 1680-1684

第12章 面向对象监督分类的文献萃取分析与发展趋势预测

本章将从前人的研究成果中提取相关信息，进而综合分析面向对象的监督分类过程中不同影响因子的不确定性效应。首先，我们筛选了193篇已发表且与面向对象的监督分类高度相关的文献，其包含了254组分类实验，利用这些实验提供的信息，我们构建了具有28个字段的数据库。其次，在该数据库基础上进行萃取分析(meta-analysis)，定量评估不同影响因素的不确定性。在萃取分析结果的基础上，进一步揭示和讨论面向对象的监督分类研究的状态、问题、趋势等。这也是首次在OBIA领域实现萃取分析，为相关研究综述提供了新的视角。

12.1 概　　述

近年来，随着遥感数据获取技术的发展和遥感应用需求的增加，高分遥感影像数据日益增多(Belward and Skøien, 2015)，包括卫星(例如 Worldview, 高分)和航空(例如UAV)遥感数据。海量高分遥感影像数据的出现为遥感影像分类提出了挑战，为了解决数据量大和空间分辨率高导致的问题，OBIA 技术应运而生，相对于传统的基于像素的方法，它是一种被认为有利于高分遥感影像分类的新范式(Blaschke et al., 2014)。然而截至目前这并没有被定量地证明过，尽管这看起来已经在很多学者中达成共识。

过去十多年，遥感研究团体已经做了大量的努力，以促进面向对象的技术在土地覆盖制图领域中的研究和应用。自2008年第一届OBIA技术国际会议在加拿大卡尔加里举办以来，该会议每两年举办一次，截至目前已成功举办了5届，并成为OBIA领域极具影响力的国际盛会，其无疑极大地促进了 OBIA 技术及其应用发展(Hay and Castilla, 2008; Powers et al., 2012; Arvor et al., 2013; Costa et al., 2014; Blaschke et al., 2014)。伴随着各种期刊针对 OBIA 举办的特刊的发表，例如发表于 *Remote sensing* 杂志的特刊 *geographic object-based image analysis*(GEOBIA)(Hay and Blaschke, 2010)和特刊 *Advances in Geographic Object-Based Image Analysis*(GEOBIA)，面向对象的监督分类技术逐渐进入学者的视野。

这可能也是为什么自2010年开始，大量的研究开始在土地覆盖制图中使用面向对象的监督分类技术(Myint et al., 2011; Dronova et al., 2011; Duro et al., 2012a; Puissant et al., 2014; Ma et al., 2015; Li et al., 2016)。一般地，土地覆盖制图是一个复杂的过程，其产品质量受到多种因素的影响(Khatami et al., 2016)。例如对于面向对象的监督分类来说，首先得要确定遥感影像类型、分割方法、分类算法、精度评估方法、训练样本大小、输入特征、目标类别等。面对这么多的不确定性因素，尽管有很多研究设计了合适的面向对象的监督分类方法，并通过与现有方法流程进行比较，验证了他们的方法的适用性，然而由于研究区的限制，很难得出一些具有普适性意义的研究结论，即某种方法在这个研究区适用或分类精度表现好，而在另外的研究区可能得到不一致的结论，这种矛盾已经在面向对象的监督分类研究中表现得相当突出，例如 Tehrany 等(2014)认为在对 SPOT-5 遥感影像进行分类时，KNN 分类算法优于 DT 和 SVM 分类器，相反，Duro 等(2012a)利用 SPOT-5 遥感影像进行农业区域的制图时，发现 SVM 和 RF 分类器是更优秀的分类算法。因此，尽管已经有很多面向对象的监督分类的相关研究，但是针对该方向的很多问题依然没有得到很好的解决，例如哪种分类过程是最好的，多种不确定性因素是怎样影响分类表现的。所以，对该领域的前人研究结果的集成分析也许能够帮助我们更好地认识以上问题，而不是利用某个人的经验。

虽然已经有一些关于 OBIA 的综述，并得到了广泛关注和认可(Blaschke et al., 2014)，但是大部分综述都是综合性质的，缺乏对面向对象的监督分类的方法和流程进行系统的分析。此外，Blaschke(2010)的综述已经不能完全概括近 6 年(2010~2016 年)发展迅猛的面向对象的监督分类技术，并且他的研究是更加宽泛的关于 OBIA 的综述，可以涉及 OBIA 的所有领域，包括变化检测等。本章的综述更专注于监督分类，特别是近几年监督分类发展迅速，更多的问题也开始凸显出来，所以本章的综述是对当前的面向对象的监督分类技术发展的总结，同时也是对未来面向对象的监督分类技术发展的展望。虽然 Dronova(2015)也综述了面向对象的影像分类的相关理论，但是他们关注的分类对象仅为湿地制图中使用的面向对象的分类技术，同时他们的研究还包括了面向对象的模糊规则分类研究的文献，这都为他们的研究带来了很大局限，因为模糊规则分类本质上与监督分类过程是有很大差异的。

萃取分析技术是一种能够整合来自同行评议研究的结果综述方法，不是对相关研究结果的简单描述，该方法能够定量地评估相关不确定因素之间的关系和影响程度(Chirici et al., 2016)。特别地，为了定量地集成分析遥感领域的研究成果，近年来不断出现不同角度的对遥感应用研究的萃取分析研究成果，为该方向上各子领域的相关研究提供了科学和可靠的指导，例如 Seto 等(2011)利用萃取分析技术评估了世界范围内的城市扩张速率与幅度。Khatami 等(2016)整合了基于像素的监督遥感影像分类相关的研究成果，从使用的分类算法和输入的影像数据两方面，协同不同的分类过程，并提供有益的指导。Zolkos 等(2013)总结了与陆面生物量评估相关的研究成果，进而讨论传感器类型、植被类型、研究区范围等因素对模型误差的不确定性影响。

参考以上相关研究，本章同样对已发表的面向对象的监督分类相关研究成果进行总结，主要包括：①记录和面向对象的监督土地覆盖分类有关的各种因素，包括传感器、覆盖类型、监督分类器、研究区、训练样本的大小、分割算法、精度评估方法，以及其他不确定因素；②确定并简要总结面向对象的监督分类的发展现状；③为使用面向对象的监督土地覆盖分类的学者和生产人员提供科学的指导。因此，在下面的章节中，首先我们详细地描述了萃取分析的步骤，包括数据搜集、数据库构建，以及萃取分析。其次，构建的数据库和相关分析结果将用于评估多重不确定性因素(主要包括传感器、土地覆盖类型、相关理论方法，以及其他感兴趣的变量)之间的相关关系，以及他们对分类结果的不确定性影响。最后，研究成果为面向对象的土地覆盖制图的分类提供了一系列指导和重要的知识，也为进一步的研究指明了方向。

12.2　萃取分析方法

12.2.1　数据收集

利用 Scopus 数据库，本章对面向对象的监督图像分析技术在土地覆盖分类中的应用研究进行了系统的调查。Scopus 数据库全面涵盖了各种主要的国际遥感杂志，所以这里没有涉及其他数据库，因为其他数据库包含的遥感杂志已经存在于该数据库中，另外优先报道条目的系统审查和萃取分析方法用于相关研究的筛选(Moher et al., 2009)。具体地，首先设计了两种关键词组合用于检索相关文献，一种是与 OBIA 相关的关键词(object-based image analysis、object-oriented image analysis、geographic object-based image analysis、object-based classification、OBIA 或 GEOBIA)，另一种是与土地覆盖分类相关的关键词(Classification、 Land cover、Mapping、Land use 或 Classifier)。利用以上关键词，通过 Scopus 数据库进行自动检索，截止日期为 2016 年 4 月 15 日，得到 1275 篇结果，精炼为 Article、Article press、Review 后剩余 783 篇。通过对 783 篇文献的标题或摘要等相关信息进行简单浏览，人工筛选出 333 篇利用 OBIA 技术进行土地覆盖分类的相关研究，其中包括 193 篇与监督分类相关的文献，以及 140 篇与模糊分类相关的文献。进一步设计以下规则，从而人工筛选与面向对象的监督图像分类相关的文献和研究案例：

(1)将利用模糊规则进行分类的研究和监督分类的研究分别提取出来,从而对两种方法随着时间变化的关注程度进行分析。

(2)移除表述不清楚，只简单描述利用了 eCognition 软件进行面向对象的图像分类，但是不交代具体使用的是模糊分类方法还是监督分类方法的文献和研究案例，例如 Ventura 等(2016)的文献，因为在 eCognition 中除了利用集成模糊规则分类方法，还包含了相关监督分类器，例如最邻近分类算法。

(3)移除与其他分类方法(例如基于像素)比较,得到的结论却是面向对象的影像分类方法没有优势的研究,例如 Montereale Gavazzi 等(2016)的结果显示分类精度均是 OBIA 表现最差,尽管是与他们的研究中最好的分类精度进行比较。

(4)移除专注于对单个类别的检测,却不提监督分类方法相关技术的研究,例如杂草幼苗检测(Borra-Serrano et al., 2015)。

(5)对于仅提到使用了面向对象的分析技术，而并不明确阐述采样过程，以及具体分类方法，然后直接得到分类结果的研究；或者直接使用各种面向对象的非监督分类方法进行地物识别的研究。我们将这些研究排除在本章的萃取分析过程以外，例如 Ma 等(2014)、Langner 等(2014)、Pereira Júnior 等(2014)、Charoenjit 等(2015)。

(6)移除主要以变化检测为目的,而没有明确指出特定监督分类方法的分类表现结果的相关文章(Walter, 2004)。

(7)移除与 OBIA 相关的综述,尽管很多综述文献对面向对象的分类起到很大的推动作用，甚至对于 OBIA 来说具有里程碑式的意义，但是我们仍然将其排除在萃取分析以外，因为它们不能提供有用的分类结果数据进行定量分析，例如 Liu 等（2006）、Blaschke（2010）、Blaschke 等（2014）的文献。

（8）在对分类案例的精度评估方法进行筛选或确定时，我们将以像素作为精度统计单元的研究也看作使用了基于面积的精度评估方式，因为他们本质上是对像素个数进行统计，而每个像素的面积是固定的，例如 Fernandes 等（2014）的文献。

（9）由于 CART、C4.5、DT 等分类器在 OBIA 中最终都生成二元划分的决策树用以进行分类，所以本书将 CART、C4.5、DT 等分类器统一归为 DT 分类器。

根据以上原则，得到 333 篇与面向对象的监督遥感图像分类高度相关的研究文献，通过对这 333 篇文献进行详细阅读，最终筛选并详细交代了与面向对象的监督分类过程相关的 173 篇相关文献，并将这 173 篇文献用于萃取分析数据。

12.2.2　数据库构建

在搜集相关文献的基础上，为了实现萃取分析，考虑到面向对象的监督遥感图像的土地覆盖分类的具体情况，我们构建了一个包含了 28 个字段的数据库（表 12.1），用于记录与面向对象的监督遥感图像的土地覆盖分类实验研究相关的各种信息。一般地，该数据库除了涉及题目、作者等一般的文献识别字段外，还包括 OBIA 特有的分割方法、分割尺度、分类方法等信息字段，从而帮助识别面向对象的监督图像分类的一般特征。随后从 173 篇高度相关文献中，我们提取了 254 组独立的分类实验，并对每组实验的相关信息进行搜集，同时录入该数据库中。最终，构建的数据库包含 254 条记录和 28 个字段，为进一步萃取分析和系统综述奠定了坚实的数据基础。

表 12.1　面向对象的监督土地覆盖分类萃取分析数据库中的字段一览表

编号	字段	定义（中文解释）	数据类型（字段）	类别（待选）
1	Title	文章题目	Free text	
2	Authors	作者	Free text	
3	Year	出版年份	Free text	
4	Source title	期刊名称	Free text	
5	Document type	发表类型	Classes	期刊论文；会议论文；书籍
6	Citations	被其他文章引用量	Numeric	
7	Study type	研究类型	Classes	应用研究；理论研究；比较类型；综述
8	Research institute	第一研究单位名称	Free text	
9	City research institutes	第一研究单位所在城市	Free text	
10	Study country	研究区所在国家	Free text	
11	Geographic area	所属国家中的区域（省等）	Free text	
12	Image resolution	影像空间分辨率	Numeric	

续表

编号	字段	定义(中文解释)	数据类型(字段)	类别(待选)
13	Sensor (Data) type	传感器	Classes	UAV; SPOT-5; IKONOS; GeoEye-1; Airborne; Worldview-2; Landsat; PolSAR; RapidEye; ASTER; Pléiades; 其他
14	Area	研究区面积	Numeric	
15	Pre-processing	是否有执行波段转换等预处理,例如主成分分析等	Classes	是; 否; 没有交代
16	Sampling strategy	搜集训练样本对象的采样方法	Classes	分层随机采样; 简单随机采样; 其他; 没有交代
17	Site type	研究区域的主要土地利用/覆盖类型	Classes	城市; 农业; 其他; 没有交代
18	Segmentation method	分割方法	Classes	多尺度分割; 其他
19	Feature selection	是否特征选择	Classes	FSO; RF; GINI; Relief-F; CFS; 其他; 没有交代
20	Classification method	监督分类方法	Classes	SVM; RF; NN; DT; 其他; 没有交代
21	Accuracy measure	精度评估指标	Classes	总体精度; 其他; 没有交代
22	Accuracy value	分类精度值	Numeric	
23	Accuracy assessment level	使用的精度评估方法	Classes	基于点; 基于面积
24	Confidence interval	是否使用了置信度进行精度评估的可靠性验证	Classes	是; 否; 没有交代
25	Samples	样本个数	Numeric	
26	Class number	分类类别数	Numeric	
27	Scale	分割尺度	Numeric	
28	Feature calculation	计算特征和分割使用的软件	Classes	eCognition; ENVI; SPRING; 其他; 没有交代

12.2.3　萃取分析

除了统计发表文献的期刊和国家的相关信息,我们更加关注如何集成分析已发表的研究成果,进而评估面向对象的图像分类过程中的典型要素:①使用的影像的传感器或空间分辨率;②分割方法和分割尺度;③训练样本情况;④监督分类器;⑤研究区类型或分类类别的个数。我们从单个实验中提取分类的总体精度信息,分析以上要素之间,以及它们与总体精度之间的关系。一般地,在确定条件下,通过计算不同分类精度的平均值和标准差,来分析单个因子对分类表现的影响,例如每一种分类器的分类总体精度的平均值用于评估不同分类器的表现。另外,也可通过不同因子之间的交互效应的评估和分析,进而通过控制这些不确定性因子改进分类精度,例如通过分析前人使用的影像空间分辨率和研究区域大小之间的关系,能够发现使用的影像的空间分辨率一般能决定研究区域的大小，它们之间存在高度的相关性。

为了评估空间分辨率的影响，我们将空间分辨率 0～30m，以 2m 为步长，划分为15 组，从而统计不同空间分辨率范围内的影像的使用频率。此外，根据空间分辨率对传感器进行了分类，所以也能发现不同传感器使用的频率的差异。为了评估训练样本对象对分类精度的影响，根据不同文献报道的方法，我们将分类精度评估方法划分为基于点和基于面积两大类，分别评估训练样本大小与分类精度的相关性。

需要注意的是，我们在分析每一种不确定性因素的影响时，由于有些研究并没有明确交代表 12.1 中提到的所有字段的信息，所以针对特定的研究目标，我们在统计分析时，仅考虑明确交代了该因素的相关研究，所以读者也许能够发现后面结果中的大部分统计分析的实验案例数目都小于 254 个。

12.3　萃取分析结果

12.3.1　研究的一般特征

通过深入地阅读 173 篇面向对象的监督分类的文献，根据前述方法获取文献中的信息。这项研究的主要信息来源是发表在科学期刊上的文章，统计显示，总共有 47 种期刊发表了面向对象的遥感影像监督分类的研究成果 173 篇。剔除仅发表了一篇文献的期刊，发表的文献主要集中在以下 20 个期刊上，包括 146 篇文献，占所有用于萃取分析文献的84%。剩余的 27 篇文献主要分布于计算机、城市规划、湿地、野火以及森林应用等领域的期刊中。发表文献排在前 20 位的期刊如图 12.1 所示。其中收录文献最多的 5 种期刊

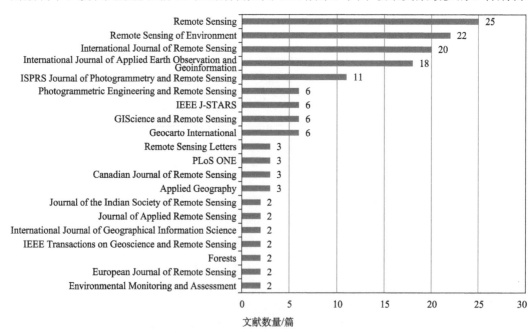

图 12.1　各期刊发表的面向对象的监督分类相关文献数量

分分别为 *Remote sensing*(25 篇, 14.5%)、*Remote Sensing of Environment*(22 篇, 12.7%)、*International Journal of Remote Sensing*(20 篇, 11.6%)、*International Journal of Applied Earth Observation and Geoinformation*(18 篇, 10.4%)、*ISPRS Journal of Photogrammetry and Remote Sensing*(11 篇, 6.4%)。

从这 173 篇文献中能够发现,第一篇面向对象的监督分类的文献可以追溯到 2004 年(Laliberte et al., 2004)。尽管如此,2010 年以前的面向对象的监督分类仍然一直没有受到重视,因为发表的文献数量并没有明显增加。从 2010 年开始,面向对象的监督分类开始逐年增多,一直到现在,并且增多速度仍然有加快的趋势(参考 12.3.5 节)。所有的发表的 173 篇文献中,大约 61.6%的研究聚焦于应用研究,剩余的研究更加侧重于理论方法的研究。

发表的关于面向对象的监督分类的相关文献的研究机构主要集中在欧洲和北美(图 12.2)。所有的发表的文献来自 34 个国家,发表超过 10 篇文章的国家分别是美国(44 篇)、中国(20 篇)、加拿大(15 篇)、德国(13 篇)、西班牙(11 篇)。除此之外,澳大利亚(9 篇)、巴西(6 篇)、荷兰(5 篇)、比利时(4 篇)、日本(4 篇)、希腊(4 篇)也是值得关注的国家,他们的发表量均超过 3 篇。

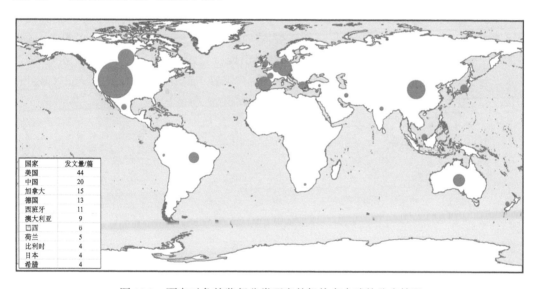

国家	发文量/篇
美国	44
中国	20
加拿大	15
德国	13
西班牙	11
澳大利亚	9
巴西	6
荷兰	5
比利时	4
日本	4
希腊	4

图 12.2　面向对象的监督分类研究的机构在全球的分布情况

总体来讲,对于面向对象监督分类中使用的数据源,高分遥感影像无疑是最频繁被使用的数据源。其中有关于分辨率为 0～2m 的研究超过 90 个,主要包括 WV-2、QB、GeoEye-1、IKONOS、UAV、Airborne(图 12.3)。关于 SPOT 影像有超过 20 个研究案例。在中等分辨率遥感影像中,研究的数据源主要来自 ASTER 和 Landsat TM/ETM+/OLI 卫星遥感影像,其中使用 15m 分辨率的 ASTER 和 Landsat OLI 的遥感影像的研究有 17 个,30m 分辨率的 Landsat TM/ETM+的遥感影像的研究有 28 个,Landsat 是 OBIA 中比较流行的中等分辨率遥感影像。

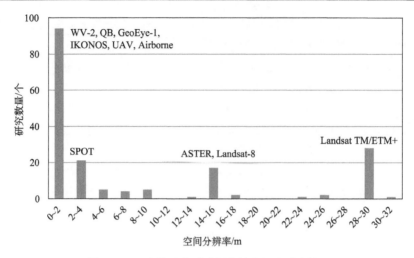

图 12.3　研究使用的遥感图像的空间分辨率情况

使用的遥感影像的空间分辨率决定着研究区的范围大小。一般地，遥感影像的空间分辨率与研究区大小存在正相关关系（R^2=0.22, p<0.001）（图 12.4）。更多的研究使用的遥感影像的面积还是集中在小于 300hm^2 的范围内（95.6%）。其中，当使用分辨率小于 15m 的遥感影像时，研究区范围主要集中在一般 0～100hm^2。当使用 30m 分辨率的 Landsat 影像时，研究区的范围才有超过 100hm^2 的情况出现。另外，也有不多的使用 MODIS 等影像，导致研究区范围很大的情况，例如大于 1000km^2 的研究区（Mohler and Goodin, 2012），这里我们不考虑，因为他们的数量很少。

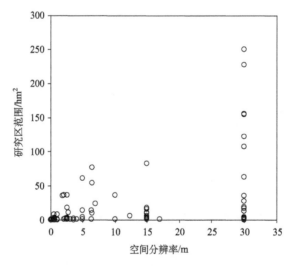

图 12.4　空间分辨率与研究区范围的相关关系（R^2=0.22, p<0.001）

当前的 254 个研究案例中，对训练样本的表达并不一致，有直接使用训练样本对象个数的，有使用训练样本占所有分类对象的比例的。通过对归一化训练样本个数的描述，报道的训练样本从最小的 0.098% 到最大的 80% 不等。针对精度评估方法，在明确交代了精度评估方法的 121 个研究中，基于面积的精度评估方法有 26 个，基于点的精度评估方法 95 个。能够发现，当前面向对象的监督分类中的大部分研究还是采用基于点的精度评估方法。

另外，当前的面向对象的影像分类研究中，特征选择仍然没有得到足够的重视，在所有的 254 个分类研究案例中，明确使用了特征选择方法的研究比例仅为 22%，同时 61% 的研究都没有使用或没有明确说明是否使用特征选择。其中，使用较多的特征选择方法为 FSO（8 个）、DT（7 个）、JM 距离（6 个），同时也包括 RF、CART、CFS、封装等方法。另外，也有少量研究直接通过人工确定特征组合进行分类的，例如人工确定仅使用光谱、光谱+纹理（Kim and Yeom, 2014）、光谱+几何（Maxwell et al., 2015）、光谱+纹理+几何（Đurić et al., 2014）。

12.3.2　不同传感器影像的分类表现

为了分析面向对象的监督分类中使用传感器的情况，删除了少于三个研究案例的传感器类型研究，例如 Gaofen-1、Hyperion、AVIRIS、PALSAR、NAIP、TerraSAR-X，剩余的频繁使用的传感器主要包括 12 个。图 12.5 显示这 12 个不同传感器的平均分类精度，能够发现，除了 ASTER 影像和 Pléiades 影像以外，一般的传感器平均分类精度都能够达到 80%以上。UAV 的平均分类精度最高，高达 86.33%，其次是 SPOT-5、QuickBird、IKONOS，平均分类精度分别为 85.72%、85.50%、85.49%（表 12.2）。令人惊奇的是，Worldview-2 的平均分类精度仅有 83.61%，但是它的分辨率高于 SPOT-5 和 IKONOS。这可能是因为关于城区的研究中大量使用了 Worldview-2，总共 35 个使用 Worldview-2 影像的研究案例中包含了 24 个城区分类的案例，比例高达 68.57%，而城区由于其地物类型复杂，其分类精度一般低于其他地物类型（例如农业区域等）（见 12.3.6 节的分析结果）。而对于 Pléiades 影像，仅有的 6 个研究实验全部是针对城区的研究（Li et al., 2015b），看起来需要进一步的研究以验证 Pléiades 和 ASTER 在 OBIA 中的适用性，并利用非城区的实验区。

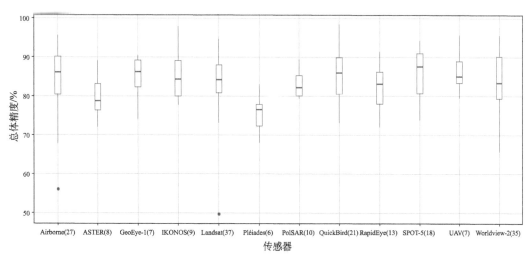

图 12.5　使用不同传感器影像的分类总体精度表现

表 12.2　不同传感器影像的平均总体精度

传感器	平均总体精度/%	标准差/%
UAV	86.33	5.25
SPOT-5	85.72	6.43
QuickBird	85.50	7.40
IKONOS	85.49	7.02
GeoEye-1	84.63	6.22
Airborne	84.14	9.08
Worldview-2	83.61	7.72
Landsat	83.28	7.89
PolSAR	82.93	3.51
RapidEye	82.42	5.70
ASTER	79.49	5.45
Pléiades	75.50	5.32

12.3.3　分割尺度与空间分辨率的关系

在 254 个研究案例中，使用 eCognition 软件进行分割的研究占比为 73.8%，FNEA（Fractal Net Evolution Approach）软件的占比为 7.1%，ENVI 软件的占比为 4.4%，其余的分割软件主要包括 SPRING、ERDAS 等。为了更好地理解分割尺度与遥感影像的空间分辨率的关系，统计所有使用 eCognition 和 FNEA 软件进行多尺度分割的研究，其中明确交代了优化的分割尺度和影像空间分辨率的研究案例为 92 个，对分割尺度和分辨率进行相关性分析，发现分割尺度一般与影像分辨率具有显著的相关性（R^2=0.058，$p<0.05$），优化的分割尺度一般与分辨率呈反比（图 12.6）。一般地，分辨率越高，设置的最佳分割尺度越小，反之，分辨率越低，设置的最佳分割尺度越大。

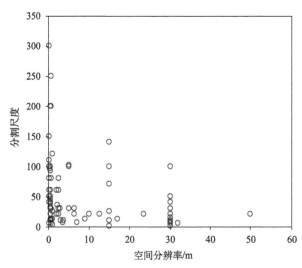

图 12.6　空间分辨率与分割尺度的相关关系（R^2=0.058，$p<0.05$）

12.3.4　训练样本大小对精度的影响

图 12.7 统计分析了明确交代了关于训练样本数量的研究结果，不同的研究采用的样本并不一致，例如有些研究使用样本对象的个数，有些研究使用样本的比例。为了便于比较分析，这里统一使用训练样本比例来描述监督分类中的训练样本尺寸，即训练样本对象占分类对象的比例。总体上讲，随着训练样本尺寸的增大，能够发现分类精度随之增大[图 12.7(a)]，即分类精度与训练样本尺寸存在正相关关系，这是与很多研究相一致的一般性结论(Ma et al., 2015)。然而我们也能发现这种正相关性的强度很弱，随着训练样本的增加，分类精度的增大相当有限[图 12.7(a)、图 12.7(b)、图 12.7(c)]，这不符合逻辑。特别是对于基于点的精度评估方法，分类精度与训练样本尺寸的相关系数(R^2)仅有 0.0042，这可能是基于点的精度评估方法具有很大的不确定性所导致的，当分割对象都为纯净对象时，该方法具有较大优势，不仅计算速度快，而且准确性高；但是当分割对象存在很多混合对象时，则认为分类精度会具有很大的波动性，这主要由于很难判断混合对象是否被正确分类，从而导致采用基于点的精度评估方法是随着训练样本的增加，

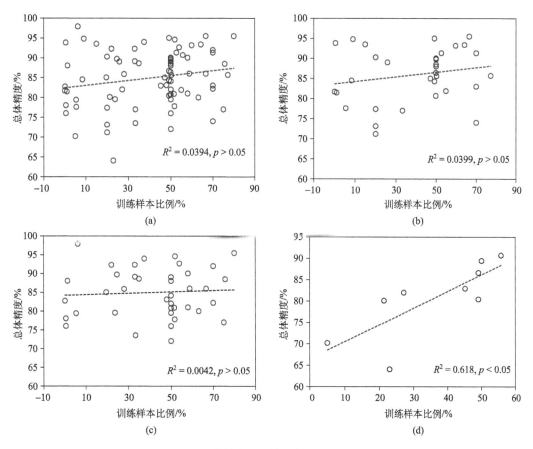

图 12.7　总体精度与训练样本比例的相关关系

(a) 83 个明确交代了训练样本大小的研究；(b) 82 个研究中没有明确交代精度评估方法的 33 个研究。明确交代了精度评估方法的有：(c) 40 个基于点的精度评估方法的研究；(d) 9 个基于面积的精度评估方法的研究(R^2 =0.618, $p<0.05$)

分类精度的增大有限。而对于基于面积的精度评估方法，我们能够观测到分类精度与训练样本尺寸存在显著的正相关关系$(R^2=0.62, p<0.05)$[图 12.7(d)]。我们假设这是由于基于面积的精度评估方法更适用于 OBIA，它能够明确地界定混合分割对象中被正确分类的部分和错误分类的部分(Whiteside et al., 2014)。这里的统计分析也从侧面证明了基于面积的方法对 OBIA 精度评价的适用性，然而不幸的是，当前很多研究并没有采用该方法进行精度评价，这里我们也想号召读者在 OBIA 的精度评价中更多地使用基于面积的精度评价方法。

12.3.5　监督分类方法与模糊分类方法

1. 监督分类方法和模糊分类方法的使用情况

OBIA 范式更倾向于高或中等分辨率遥感影像分类(图 12.3)。在这个监督的荟萃分析中，我们分析了 2004 年以来于不同年份发表的 173 篇文献的分布情况。同时，我们也统计了自 2003 年以来共计 140 篇基于模糊规则的面向对象的影像分类的文献发表情况。图 12.8 显示了自 2003 年以来，每一年发表的模糊规则分类和监督分类的文献数量。2010年以前，相对于监督分类技术，看起来模糊规则分类技术更受学者的青睐，并且从 2008年开始，发表的文献有略微增加的趋势，面向对象的影像分类技术逐渐受到重视，我们认为这主要得益于 2008 年举办的第一届 OBIA 技术国际会议(Hay and Castilla, 2008)。特别地，自 2010 年开始，关于面向对象的监督分类的研究文献开始快速增长，尽管关于模糊规则分类技术的研究仍然有增加趋势。然而 2015 年关于模糊规则分类的研究开始出现减少的趋势，同时关于监督分类的研究文献表现出更快的增长速度(图 12.8)，这可能是由于在 OBIA 领域模糊分类技术已经得到很好的测试并被大多数研究人员熟知，以至于相关研究有减少的趋势。相反，随着监督分类器在 OBIA 中的深入应用，监督分类器在 OBIA 中的诸多问题也开始受到学者的关注(Ma et al., 2015)，例如样本选择(Rougier et

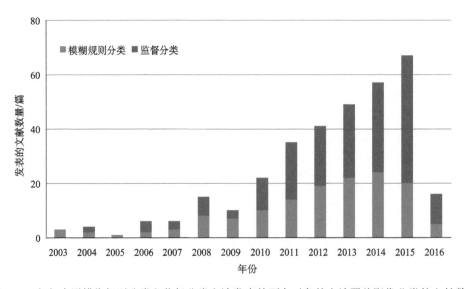

图 12.8　每年应用模糊规则分类和监督分类方法发表的面向对象的土地覆盖影像分类的文献数量

al.，2016）、特征选择（Laliberte et al.，2012）、监督分类技术（Li et al.，2016）、精度评估（Whiteside et al.，2014）等。因此，我们认为面向对象的遥感影像监督分类技术也许是将来 OBIA 研究的重要领域和趋势。

2. 监督分类方法的表现

具体研究了监督分类器与分类总体精度的关系，研究统计了 220 个相关研究，其中使用 NN 分类器的有 64 个，使用 SVM 分类器的有 55 个，使用 RF 分类器的有 44 个，使用 DT 分类器的有 33 个，使用 MLC 分类器的有 14 个，其他分类器 10 个。总体上讲，对于常用的监督分类器，还是 RF 分类器的平均分类精度最高（85.81%），其次是 SVM 分类器（85.19%），再次是 DT 分类器（84.15%），而 NN 与 MLC 分类器的平均分类精度相对较低，分别为 81.58% 和 81.55%（图 12.9）。尽管使用的训练样本或遥感影像会有所不同，常用的不同分类器的精度估计结果基本与大部分前期的研究结论一致（Li et al.，2016），同时也说明相对于其他因素来说，分类器对监督分类是十分重要的影响因素。其他分类器的平均分类精度总体较高可能是因为这些研究中多用到了改进的分类方法，包括研究者提出的新方法、Adaboost、ANN 等优秀分类技术（Zhang，2015），另外也包括 NB 等较一般的分类器，所以分类精度波动也较大。

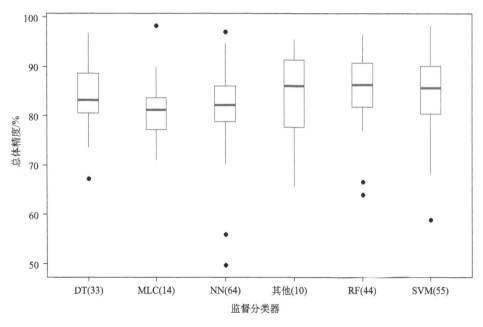

图 12.9　几种常用监督分类器的总体分类精度

12.3.6　分类类型对分类结果的影响

本节主要分析了分类精度与分类类别的个数和研究区的主要覆盖类型之间的关系。研究结果表明分类精度与分类类别的个数存在相关关系，且随着类别个数的增加，精度减小。除此之外，分类精度明显受到研究区覆盖类型的影响。

1. 分类类型数量对分类精度的影响

Dronova(2015)的综述研究已经证明了总体分类精度与分类的目标类别数量存在线性相关关系。但他们仅仅是针对 OBIA 在湿地制图方面的研究进行的统计结果。相反地，我们的研究针对 OBIA 在所有的遥感制图方面的研究成果进行全面综述，得到满足条件的 225 个研究案例，远远超过 Dronova(2015)的 61 个研究案例。对于分类类型数量对精度的影响分析，删除了分类类型数量大于或等于 25 的 5 个分类精度值的记录，剩余 220 个记录，统计得到散点图 12.10。图 12.10 展示了不同分类类型数量与分类精度间的关系，分类类别数量主要集中在 2～11 个。一般地，随着分类类型数量的增加，分类精度有显著减小的趋势($p<0.05$)，这与 Dronova(2015)的研究结论基本一致，他认为分类精度与分类类型数量存在弱相关关系。值得注意的是，通过对 144 个明确交代了分类精度和研究区范围的研究结果进行分析，发现分类精度与研究区范围并不存在显著的相关关系($p>0.1$)，这也与 Dronova(2015)的针对湿地的面向对象的分类研究中的综述结论一致。

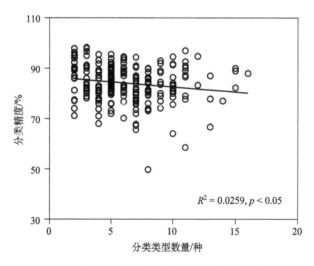

图 12.10　分类精度与分类类型数量的关系

2. 研究区类型对分类精度的影响

另外，研究统计的 225 个研究案例，涉及 5 个主要地物覆盖类型，包括农业用地(Agriculture)(50 个分类精度)、森林(forest)(53 个分类精度)、城市(urban)(64 个分类精度)、植被(vegetation)(28 个分类精度)、湿地(wetlands)(9 个分类精度)。这里的其他覆盖类型主要包括滑坡(landslide)、岛礁(coral reef)、洪水(flood)、海底生境/海底测绘(benthic habitat/seabed mapping)、矿区(coal mining areas)等，总计 20 个分类精度。结果显示农业用地的平均总体分类精度为 86.04%，表现最好，其次是湿地研究区的 84.46%，城市、植被和森林研究区的平均分类精度相似，分别为 83.15%、83.25%、82.45%(图 12.11)。有些惊奇的是，植被和森林等一致性相对较高的研究区的分类精度较低，这主要是由于早期的研究多以植被和森林为实验区，且多使用 NN 分类器(Colditz et al.,

2006; Yu et al., 2006; Gao, 2008; Mallinis et al., 2008），从而分类精度普遍不高。而近年来，更多的理论和方法研究开始关注对农业区域的研究（Duro et al., 2012a; Ma et al., 2015; O'Connell et al., 2015），同时，RF 和 SVM 等优秀的机器学习分类器应用于面向对象的影像分类过程（Peña et al., 2014; Qian et al., 2015; Li et al., 2016），从而使得农业用地和湿地研究区的精度相对较高。而城市区域由于其地物特征复杂，相对于一致性较高的农业用地等类型，天然地存在分类困难（Myint et al., 2011），所以尽管相关研究较多（Xu and Li, 2010; Aguilar et al., 2013; Du et al., 2015），且频繁地使用先进的分类方法，其分类精度仍然不及农业用地等一致性较高的土地覆盖类型。

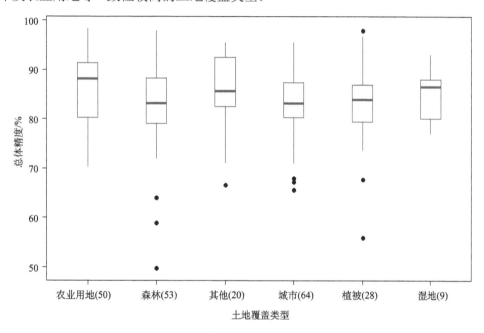

图 12.11　总体分类精度与研究区土地覆盖类型的关系

12.4　面向对象监督分类方法的问题与发展前景

根据前面的分析发现，萃取分析和系统的综述对于挖掘面向对象的监督遥感影像分类的研究领域、范围、地理分布、历史情况是非常有用的，同时其对分析各种不确定性因素与分类精度的交互效应也是有用的。下面我们将对上述的萃取分析结果进行深入的讨论，并针对面向对象的监督分类流程中的重要步骤的相关方法研究进行详细的综述，并阐述我们对面向对象的监督分类将来发展方向的预测和期望。

12.4.1　分类方法的发展

萃取分析的结果指示监督分类器严重影响着面向对象的监督分类的表现（见 12.3.5 节分析）。这里进一步总结了被频繁引用的文献，从而发现哪种分类器受到更多的关注（表 12.3），同时也是对当前面向对象的监督分类研究中重要的研究成果的一个总结。结果发现，最受关注的分类器仍然是传统的 NN 和 DT 分类器，这主要是由于面向对象的监督分类大多使用 eCognition 软件，而该软件中唯一的监督分类器，即 NN 分类器，同时鉴于 eCognition 在规则构建方面的独特优势，DT 决策树一直受到广大研究人员的喜爱。另外，自 2011 年开始，RF 和 SVM 分类器也受到了重视，这缘于他们的优秀的分类表现 (Duro et al., 2012a; Li et al., 2016)。

表 12.3　监督分类文献引用率排名 (截至 2016 年 4 月 15 日)

排序	年均引用率/次	使用的分类器	发表情况
1	41	NN	Myint 等 (2011)
2	27	NN	Yu 等 (2006)
3	22	RF, SVM, DT	Duro 等 (2012a)
4	19	NN	Laliberte 等 (2004)
5	18	DT	Peña-Barragán 等 (2011)
6	17	RF	Stumpf 和 Kerle (2011)
7	15	DT, NN	Mallinis 等 (2008)
8	14	NN	Wang 等 (2004)
9	14	DT	Ke 等 (2010)
10	13	DT	Qi 等 (2012)
11	12	NN	Gao 等 (2006)
12	11	DT	Laliberte 和 Rango (2009)
13	11	LDA, DT	Pu 和 Landry (2012)
14	10	NN	Cleve 等 (2008)

　　值得注意的是，虽然近年来监督分类器在 OBIA 中的应用受到了广泛重视，但是受分割尺度等其他因素的影响，哪一种监督分类器更适用于面向对象的监督分类，很多研究的结论并不一致 (Maxwell et al., 2015; Li et al., 2016)，例如 Laliberte 等 (2006) 和 Mallinis 等 (2008) 发现 DT 分类器的分类精度优于 KNN 算法。相反，Tehrany 等 (2014) 则认为 KNN 算法普遍表现为土地覆盖制图效果更好。直到最近，Li 等 (2016) 联合分割尺度、特征、混合对象等一系列 OBIA 中的不确定性因素，系统地分析了各种常用的监督分类器在不同条件下的表现，认为 RF 分类器总体上是最适合 OBIA 的监督分类器，同时他也承认不同的分类器在不同的条件下都各有优势，例如 DT 分类器能够更好地处理冗余特征，而其他部分分类器可能更适用于特征选择 (Li et al., 2016)。

　　另外，虽然最近深度学习算法发展迅速，但是少有相关研究关注和发展深度学习技术在面向对象的监督分类中的应用。深度学习作为近年来发展的优秀分类技术，Längkvis 等 (2016) 率先将卷积神经网络应用于他们的面向对象的分类框架中。我们认为未来的研究有必要将其引入面向对象的监督分类中，并深入探讨其与 OBIA 中各种不确定性因素的交互效应，希望能够进一步促进面向对象的监督分类技术的发展。除此之外，对于面向对象的影像分类，二型模糊技术 (type-2 fuzzy techniques) 也许是另一个机会，因为模糊规则分类在面向对象的影像分类中的发展已经进入瓶颈期 (图 12.8)。相对于一型模糊技术，二型模糊技术是一个更软的分类器，其能更加好地表达不确定性问题（Fisher，2010），从而有望最大限度地克服面向对象的监督分类中凸显出的各种不确定性的影响（Li et al., 2016）。

12.4.2　采样方法的发展

在统计的 254 个研究案例中，明确交代了采样方法的研究仅有 88 个，其中使用传统的简单随机采样方法的研究为 45 个，采用分层随机采样方法的为 37 个，另外 6 个为采用其他采样方法，包括自己提出的新方法等。简单随机采样和分层随机采样作为常用的采样方法，虽然被广泛地应用于面向对象的监督遥感分类应用中，但是针对面向对象的分类采样过程，还缺乏相关的理论研究，例如怎样能够体现不同大小训练样本对象的差异，纯净对象的训练样本怎样才能更好地代表对应的相同类别的混合对象，混合对象怎样表达对应的相同类别的纯净对象。然而，少有相关研究关注训练样本对象的优化问题，仅 Dronova 等（2012）尝试利用光谱指数进行训练样本对象的半自动选择，以及 Pérez-Ortiz 等（2016）尝试从采样角度提出一种基于聚类的无人机遥感作物制图算法。而在面向对象的影像分类中，采样方法无疑是十分重要的一步，特别地，分割对象的大小不同，也会进一步导致面向对象的分类过程中采样的困难和特殊性（Corcoran et al., 2015），所以看起来也有必要设计适用于面向对象的监督分类的采样方法。

一般地，监督分类前，针对分割对象的采样过程，由于存在混合对象，需要确定哪些分割对象能够被选中，即分割对象的多少面积比例落在对应的参考对象中时，才将该分割对象标签为对应的参考对象的类型，Verbeeck 等（2012）和 Ma 等（2015）都将这个比例设置为 60%，从而确定哪些对象能够作为确定地物类型的候选样本对象。所以我们认为混合对象也为面向对象的监督分类提供了设计新的采样方案的机会和思路。由于混合对象对于面向对象的分类，就像混合像素对于基于像素的分类（pixel-based classification）一样，而在基于像素的分类中，已有很多针对混合像素（mixed pixels）设计的采样方案，并评估联合混合像素的采样方案对分类结果的影响（Samat et al., 2016）。而对于面向对象的监督分类，更多的研究还是专注了评估训练样本尺寸、常用采样方法的影响（Zhen et al., 2013, Ma et al., 2015），缺乏利用先进的采样方案的设计研究。

尽管 Rougier 等（2016）率先联合主动学习和分层随机采样策略实现了面向对象的城市植被分类，但是他们并没有评估该方法在不同尺度、不同处理单元等不确定性条件下的响应。所以在面向对象的监督分类中，我们也号召学者结合混合对象的特点，利用当前在采样层次中比较先进的主动学习（active learning）（Tuia et al., 2011; Stumpf et al., 2014）和半监督学习（semi-supervised learning）（Bioucas-Dias et al., 2013）技术，开展训练样本对象的优化研究，以期解决采样过程中样本对象数量少（特别是粗糙分割尺度下），以及相同类别对象的混合对象和纯净对象之间的差异，可能造成的分类精度降低问题。同时，解决同一场景中不同地物的分割对象面积不同所导致的采样训练的偏见。

12.4.3　分割尺度优化

由前面的萃取分析的研究结果可知（见 12.3.3 节），当前的面向对象的监督分类研究中，超过 80%的研究都采用了多尺度分割算法，所以这里我们不过多介绍分割方法，而是更关注分割尺度的优化，因为多尺度分割算法十分复杂，且对用户要求较高，尺度、形状、精致度等变量是其主要参数，这些参数都由用户自定义(Witharana and Civco, 2014)。很多研究已经证明尺度参数更重要，因为它控制着分割后的对象的尺寸大小，能够对后续分类产生直接的影响(Smith, 2010; Kim et al., 2011; Myint et al., 2011; Hussain et al., 2013; Drăguţ et al., 2014)。因此，尺度问题已经成为当前 OBIA 中的突出问题，特别是针对多尺度分割方法开展的 OBIA 研究。Arbiol 等(2006)也指出语义显著的区域往往存在不同的尺度，使得求取合适的分割尺度、获取优化的分割结果相当重要，然而很多具体的地物提取应用研究都依靠反复实验，根据经验决定分割尺度参数(Laliberte and Rango, 2009)，显然这是不可取的一种方式(Johnson and Xie, 2011)，所以不少学者提出了确定最优尺度参数的方法(Zhang et al., 2008; Kim et al., 2008; Drăguţ et al., 2010; Johnson and Xie, 2011; Martha et al., 2011; Drăguţ and Eisank, 2012; Chen et al., 2012; Drăguţ et al., 2014)。

比较成功的尺度优化研究成果包括 Drăguţ 等(2010)利用局部方差(local variance, LV)，联合不同尺度的 LV 和 LV 变化率(rates of change of LV, ROC-LV)，确定合适的分割尺度，并公开了优化尺度参数的工具集(estimate scale parameter, ESP)，然而该方法仅能处理单个波段影像，所以 Drăguţ 等(2014)改进了该方法，使其能够同时处理 30 个波段影像，开发了工具集 ESP2，该工具已经成功应用于 eCognition 软件中。Ming 等(2013)也在 Drăguţ 等(2010)基础上提出了修正平均局部方差的方法，实现了多波段影像的最优分割尺度参数获取。Martha 等(2011)利用空间自相关和分段分析构建目标函数，从而实现基于地理对象的滑坡检测。Johnson 和 Xie(2011)发展了一种基于加权方差和 Moran's I 测度的分割尺度优化方法。Witharana 和 Civco(2014)提出了一种利用欧几里得距离度量分割对象与参考对象间差异的方法(euclidean distance 2, ED2)，确定各地物类别的优化分割尺度，并取得了较好的效果。该方法同时考虑了分割对象与参考对象的几何分布以及距离差异。最近，Yang 等(2014)提出了一种利用光谱角的非监督多波段选择优化尺度的方法。表 12.4 总结了具有代表性的几种分割尺度优化方法，主要分为监督和非监督两大类，并介绍各自的优点和缺点，读者可根据需要选择使用。

表 12.4　分割尺度优化方法的代表性研究成果

	评估指标	方法	优点和缺点	代表文献
监督	拟合方程	根据参考对象的平均面积，代入拟合方程计算不同地物优化尺度	优点：获取不同地物的最优分割结果。缺点：需要人工解译不同地物参考对象，首先反推判别方程	Ma 等(2015)
	欧几里得距离	利用参考对象与实际对象的 ED 测度，优化分割对象	优点：直接对比，方法可解释性强。缺点：需要人工解译不同地物参考对象	Witharana 和 Civco(2014)

续表

	评估指标	方法	优点和缺点	代表文献
非监督	加权方差+方差变化率 (rate of change, 简称 ROC)	利用两指标的变化趋势, 判断候选优化尺度	优点: 有可用插件(ESP/ESP2), 嵌入 eCognition 软件。缺点: 仅能获得多个候选的单个优化尺度; ROC 无明确几何意义	Drăguţ 等 (2010, 2014)
	归一化[加权方差+莫兰指数(Moran's I)], 邻近对象异质性指标	利用邻近对象间的归一化异质性指标判断是否对象合并	优点: 重新定义分割对象, 获取不同地物最佳分割结果。缺点: 合并/分解阈值选择困难; 测试结果不稳定, 区域限制大	Johnson 和 Xie(2011)
	加权方差+Moran's I	利用两指标的变化趋势判断优化尺度	优点: 指标具有几何意义。缺点: 仅能获取单个优化尺度	Espindola 等(2006)

12.4.4　特征选择方法的研究

　　随着监督分类在 OBIA 领域的深入应用, 特征选择也逐渐受到关注, 表 12.5 总结了面向对象的监督分类中关于特征选择方法的应用研究。根据特征选择的结果的不同, 主要分为特征重要性评估方法、特征子集评估方法以及其他特征选择方法。用特征重要性评估方法[例如 GINI(Laliberte and Rango, 2009; Cánovas-García and Alonso-Sarría, 2015)、RF(Novack et al., 2011)、卡方检验(Peña-Barragán et al., 2011)、SVM-RFE(Stumpf and Kerle, 2011; Schultz et al., 2015)]能获得特征的重要性排序, 而用特征子集评估方法[例如封装(Duro et al., 2012b; Li et al., 2015)、CFS(Ma et al., 2015)]能够直接得到优化特征子集, 从而使得分类精度最高。

表 12.5　特征选择方法在 OBIA 中的应用

	方法	特点	应用及代表文献
特征重要性评估方法	RF	容易与 RF 分类器适应, 保证特征选择的分类精度; 能够生成特征排序	城市土地利用分类(Novack et al., 2011); 农业区域土地利用分类(O'Connell et al., 2015); 森林生境类型分类(Räsänen et al., 2013)
	GINI	特征选择效率较高,能够产生特征排序和分类规则; 容易与决策树分类器结合	牧场土地覆盖类型分类,与 DT 分类器结合(Laliberte and Rango, 2009); 比较多种特征选择方法,认为 GINI 指标最好(Cánovas-García and Alonso-Sarria, 2015)
	SVM/RF-RFE	产生特征排序结果,同时获取最好的分类精度,一般与 SVM 和 RF 分类器结合	滑坡识别(Stumpf and Kerle, 2011)和农业用地类型分类(Schultz et al., 2015),与 RF 分类器结合
	Relief-F	产生特征排序,独立于分类模型,难以确定最优子集	城市土地利用分类,与 RF、SVM、DT 分类器结合(Novack et al., 2011)
	卡方检验	能够产生特征排序和分类规则	Peña-Barragán 等(2011)利用卡方检验指标划分决策树,实现农业区域分类制图
	信息增益率	能够产生特征排序和分类规则;难以确定最优子集	Vieira 等(2012)利用信息增益率指标划分决策树,实现甘蔗地覆盖分类制图; Pérez-Ortiz 等(2016)用信息增益率筛选前 10 个特征用于杂草制图

续表

	方法	特点	应用及代表文献
特征子集评估方法	CFS	直接产生特征子集，独立于分类模型；计算速度快	农业用地类型分类，与 RF 分类器结合(Ma et al., 2015)
	封装(RF/SVM)	容易与分类器适应；多采用基于点的交叉验证，容易过度拟合以适应分类器；耗时；一般与 RF 和 SVM 分类器结合	农业景观分类，与RF分类器结合(Duro et al., 2012b)；用 RF 和 SVM 分类器识别滑坡(Li et al., 2015a)
其他	Jeffries-Matusita (JM)距离	能够产生类别间的分类距离；一般用于规则分类或 NN 分类器	利用模糊规则对牧区土地覆盖进行分类(Kim et al., 2011)；比较多种特征选择方法，认为 JM 指标最好(Laliberte et al., 2012)
	FSO	集成于 eCognition,使用方便；黑箱操作，没有特征重要性排序；一般用于 NN 分类器	利用最邻近分类器对红树林分类(Son et al., 2015)；比较多种特征选择方法(Laliberte et al., 2012)；Evans 等(2014)利用该方法优化特征，进而采用 NN 分类器实现湿地制图
	GA	黑箱操作，没有特征排序结果；一般用于 ANN 分类器	联合神经网络进行森林制图(Van Coillie et al., 2007)

考虑到特征选择能够降低分类复杂性或改进分类精度，以上研究都或多或少地认为特征选择能够改进面向对象的遥感影像分类过程，然而并不是所有的研究都保证特征选择能提高分类的精度，这主要是由面向对象的影像分类过程中的不确定性导致的，例如分割尺度的不确定性、分类器的多样性。此外，对丁其他高维数据(例如高光谱数据)的研究表明，特征选择对不同监督分类方法具有很大的不确定性(Pal and Foody, 2010; Ma et al., 2015)。对于 SVM 分类器，一些研究认为 SVM 分类器对数据的维数并不敏感(Melgani and Bruzzone, 2004; Pal and Mather, 2006)，即数据维数的增加或减少不会影响 SVM 分类器的分类精度，而 Weston 等(2000)发现维数减少能够改进 SVM 分类器的分类精度。因此，在基于 SVM 分类器的分类过程中，特征选择仍然存在一定的不确定。相似地，RF 分类器存在相同的问题，它被广泛地应用于面向对象的遥感影像分类(Stumpf and Kerle, 2011; Puissant et al., 2014)中，例如，Duro 等(2012a)发现使用了特征选择的 RF 分类器能够改进农业区域的制图精度，而 Ma 等(2015)认为 RF 分类器是一种更加稳定的面向对象的遥感影像分类方法，因为它在特征选择或全特征的情况下，获取的分类精度间不存在统计显著性差异。因此，在面向对象的遥感影像分类过程中，由于输入数据的多样性或面向对象的分类过程(例如不同分类器)带来的一系列不确定性问题，特征选择仍然存在很大的研究空间，这在我们前面的章节中已有相关介绍和研究。

早期的一些研究仅仅简单说明将特征维数限制在几个以内，例如 Leon 和 Woodroffe(2011)将特征维数限制在 6 个以内，以避免过拟合和潜在的精度降低现象，但他们却从不定量地给出原因。特别是最近的研究，证明对于 RF 或 DT 分类器，增加的特征并不会导致分类精度降低(Li et al., 2016)。Ghosh 和 Joshi(2014)使用 RF-RFE 特征排序，其测试包含 10 个特征，能够达到与全局特征可比的精度；Guan 等(2013)发现对于大部分分割尺度而言，最好的分类精度出现在使用 10 个特征时。Wieland 和 Pittore(2014)认为特征排序对不同的机器学习分类器达到较高且稳定的精度的特征个数有所差异，但是总体上讲，他们的实验表明一般在小于 30 个特征的情况下，都能达到较高的分类精度。总体来看，OBIA 中不宜采用太多的特征，应尽量将使用的特征控制在 30 个以内，这可能是由于 OBIA 中的大部分特征都属于二次衍生特征，具有较高的相关性。同时，也说明 OBIA 中没有必要计算太多特征，这样既避免了大的计算负担，同时也能保证分类精度，然而由于不同特征选择方法对不同的机器学习分类器的表现并不相同，具体在 OBIA 的实际应用中采用何种特征选择方法仍然有进一步探索的空间。

12.4.5　对象标签和精度评估

另外，我们也想重点讨论面向对象的监督分类中对分割对象进行标签的相关研究，因为它本质上关系到获取的训练样本是否正确，但是不幸的是，截至目前，很少有进行这方面探索的研究，甚至很多监督分类的研究没有明确交代标签过程，而我们认为，交代标签过程对于面向对象的监督分类是十分必要的。Li 等（2016）已经明确地证明了精度表现能够获益于一致性对象，这意味着当使用基于面积的精度评估方法进行精度评估时，越多的纯净对象作为训练样本或测试样本，分类精度会越高。在当前的研究中，更多的还是直接利用分割对象中占比大的类别对该分割对象进行标签（Verbeeck et al., 2012; Ma et al., 2015），最近 Pérez-Ortiz 等（2016）也提出一种基于聚类的训练样本优化方法。

标签不仅影响采样过程，还与精度评估过程密切相关，影响分类精度表现的评估。这主要由两方面原因导致：①解译图层的对象不能与分割对象完全重合。②分割对象存在混合地物类型。在面向对象的高分遥感影像分类中，由于基于点的精度评估方式（将单个分割对象看作独立的点）简单直接，学者更倾向于直接将对象看作单个点，即该对象分类要么正确，要么错误，例如 Laliberte 和 Rango（2009）将分割对象看作独立的点，在 WEKA 软件中使用了十折交叉验证方法，然而其分类精度随着尺度的增大而增大，这实际上在粗糙尺度上是不合理的，因为混合对象的增加会降低分类精度。随着 OBIA 技术体系的发展，因为基于点的评估方法逐渐表现出它的弊端（Zhan et al., 2005; Recio et al., 2013; Goodin et al., 2015），OBIA 的精度评价方法逐渐成为新兴的研究领域（Blaschke, 2010; Radoux et al., 2011; Whiteside et al., 2014; Radoux and Bogaert, 2014）。

基于面积的验证方法本质上是根据分割对象的范围和空间分布评估分类精度（Freire et al., 2014）进行研究。在面向对象的精度评估方法使用和研究中，Liu 和 Xia（2010）率先发现尺度增大、精度减小的趋势。至此，引发了学术界对 OBIA 精度评估方式的思考。Stehman 和 Wickham（2011）评估了像素、区域、多边形的采样方式对精度评估的影响。MacLean 和 Congalton（2012）指出了 OBIA 精度评估相对于基于像素的方法产生的问题，即精度评估单元不再是规则的像素单元，每个对象都是大小不一的地理对象。Whiteside 等（2014）系统地提出基于面积的精度评估方法，并对该方法建立了模型，这是目前为止对 OBIA 中的精度评估具有实践意义的一套理论体系。Radoux 和 Bogaert（2014）也提出了通过参考图层对不同分割对象进行标签的一些规则，例如对于城市或农用地，参考多边形与分割对象的重叠率只需大于 25%，自然植被或水体需要大于 75%，这是目前对 OBIA 精度评估理论研究较深的文献。我们认为，对于面向对象分类的精度评价的研究，首先应当关注对对象标签问题的研究，因为它不仅能够优化训练样本对象，还能促进精度评估方法的发展。

12.5　面向对象监督分类的不确定性

基于前述的萃取分析和综述，我们总结了面向对象的监督分类的主要不确定性影响的来源(图 12.12)，能够发现，面向对象的分类的不确定性主要来自各阶段能够使用的技术方法的多样性，这在本章前面的研究中已经进行了详细的综述(见 12.4 节)，已经在很多方面对其进行了深入的研究，例如 Hao 等(2015)和 Li 等(2016)开展的分类器不确定性研究。所以这里不再涉及方法的不确定性描述，而旨在进一步研究蕴含于不同方法阶段的参数的不确定性影响，例如空间尺度、分割参数和数据源。

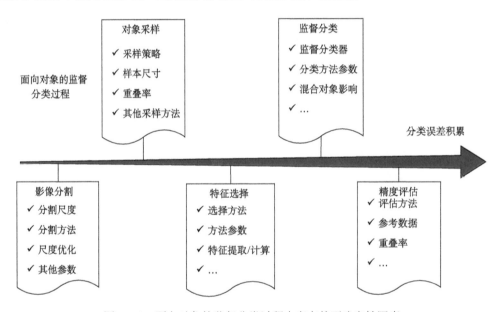

图 12.12　面向对象的监督分类过程中存在的不确定性因素

从尺度角度来讲，尺度不确定性能够被分为两类：一是空间分辨率的不同导致的分类不确定性；二是分割尺度参数的不同导致的分割对象的不同。对于不同空间分辨率，Powers 等(2012)通过重采样的方法比较了对不同空间分辨率的影像使用 OBIA 分类的表现(5m、10m、15m、20m、25m、30m)，他们发现在 10m 的空间分辨率下能够得到较好的分类表现。而根据我们对已发表的各种监督分类研究案例的统计，OBIA 分类研究更倾向于应用于 0~2m 的高空间分辨率影像中(图 12.3)，然而这仅是根据前人的研究经验进行的总结。另外，通过对不同传感器的分类精度进行统计分析(图 12.5)，并不能发现在 OBIA 中存在较好的分类精度与空间分辨率的关系，所以看起来我们还并不知道怎样将这项技术应用于高空间分辨率影像中，或者它在何种情况下不适用于低空间分辨率影像，由此，我们认为有必要进行相关的定量评估。而关于分割尺度的不确定性研究已经相当多，我们也在 12.4.3 节详细介绍了关于相关尺度优化的研究，所以这里不再重复描述。

从数据源的角度，包括与获取的影像相关的各种要素的影响，例如传感器、地物覆盖类型，以及时相等信息。Löw 等(2015)利用 SVM 分类器对农业区域进行分类，他们评估了影像获取频率和时间对分类的不确定性影响，发现相对于单景影像，多时相数据集能够降低农作物的分类不确定性。Qi 等(2015)证明不同季节或时期的 PolSAR 数据的分类精度也有很大差异，波动范围为 79.26%～85.61%。

以上的评估分析大部分是通过总体分类精度来反映不同因素导致的不确定性，这也是我们非常推荐的一种不确定性评估指标，因为面向对象的监督分类最终目的是获取更好的分类精度。另外，不确定性概念实际上也广泛应用于遥感数据处理和质量评估中(Foody and Atkinson, 2002; Loosvelt et al., 2012; Olofsson et al., 2013; Löw et al., 2015)，因为遥感数据的获取、处理、分析、转换等过程中，都会产生不同程度和类型的不确定性。所以 OBIA 作为新兴的遥感影像处理范式(Blaschke et al., 2014)，我们也期望研究人员开展面向对象的遥感影像分类过程的不确定性研究。

12.6　本　章　小　结

在面向对象的监督分类高速发展的大背景下，本章集成分析了前人的研究成果，根据筛选的高度相关的 173 篇科学文献，利用与面向对象的监督分类典型相关的字段信息构建数据库，进而将其作为萃取分析的基础数据。最终从更广泛的角度得到一些有用的知识和信息：

(1)高分遥感影像是频繁被使用的数据源，用于面向对象的监督分类，使用的主要集中于 0～2m，此外，Landsat 系列的遥感影像由于易于获得等，也常在面向对象的监督分类中被使用；

(2)研究区范围的面积与使用的空间分辨率存在正相关关系，在所调查的研究中，大部分研究区的面积都小于 300hm^2(95.6%)，这看起来需要在未来的研究中探索更大范围的研究区，从而验证面向对象的监督分类技术在大区域应用中的适用性；

(3)对于分割算法，更多的研究倾向于选择多尺度分割技术，最佳的分割尺度与影像的空间分辨率存在负相关关系；

(4)一般地，UAV 等高分遥感影像有利于获得更高的分类总体精度。但是，也有一些例外，例如在分析的研究案例中，Pléiades 影像由于多应用在城区，从而分类精度过低，因此，有必要进一步使用更加广泛的遥感影像或地物类型对面向对象的监督分类技术进行验证；

(5)使用基于面积的精度评估方法，获得的分类精度与训练样本尺寸存在很强的正相关关系，而使用基于点的精度评估方法，获得的分类精度极其不稳定；

(6)模糊规则分类技术在面向对象的分类中陷入瓶颈，而面向对象的监督分类技术看起来已经进入发展的黄金时期。为了更好地解决其中的关键问题，我们强烈地鼓励研究者，更多地报道使用面向对象的监督分类技术开展的研究成果，并对面向对象的监督分类在不同阶段的优化过程进行思考；

(7)RF 在面向对象的监督分类中的表现最好，近几年其在面向对象的监督分类中受到了高度关注，SVM 和 MLC 表现最差，NN 看起来并不适合在面向对象的监督分类中更多地使用，建议减少对 NN 的使用，尽管过去其在面向对象的监督分类过程中被使用最多；

（8）分类的总体精度与分类类型数量存在负相关关系；

（9）对于研究区覆盖类型，发现面向对象的监督分类更有适用于农业用地的土地覆盖制图，另外，有必要探索适用于城市区域的面向对象的监督分类方法。

参 考 文 献

Aguilar M A, Saldaña M M, Aguilar F J. 2013. GeoEye-1 and WorldView-2 pan-sharpened imagery for object-based classification in urban environments. International Journal of Remote Sensing, 34: 2583-2606

Arbiol R, Zhang Y, Palà V. 2006. Advanced classification techniques: A review. Enschede: ISPRS Commission VII Mid-term Symposium Remote Sensing: From Pixels to Processes: 292-296

Arvor D, Durieux L, Andres S, et al. 2013. Advances in Geographic Object-Based Image Analysis with ontologies: A review of main contributions and limitations from a remote sensing perspective. ISPRS Journal of Photogrammetry and Remote Sensing, 82: 125-137

Borra-Serrano I, Peña J, Torres-Sánchez J, et al. 2015. Spatial quality evaluation of resampled unmanned aerial vehicle-imagery for weed mapping. Sensors, 15(8): 19688-19708

Bioucas-Dias J M, Plaza A, Camps-Valls G, et al. 2013. Hyperspectral remote sensing data analysis and future challenges. IEEE Geoscience and Remote Sensing Magazine, 1: 6-36

Belward A S, Skøien J O. 2015. Who launched what, when and why: trends in global land-cover observation capacity from civilian earth observation satellites. ISPRS Journal of Photogrammetry and Remote Sensing, 3: 115-128

Blaschke T, Hay G J, Kelly M, et al. 2014. Geographic object-based image analysis—towards a new paradigm. ISPRS Journal of Photogrammetry and Remote Sensing, 87: 180-191

Blaschke T. 2010. Object based image analysis for remote sensing. ISPRS Journal of Photogrammetry and Remote Sensing, 65: 2-16

Costa H, Carrao H, Bacso F, et al. 2014. Combining per-pixel and object-based classifications for mapping land cover over large areas. International Journal of Remote Sensing, 35(2): 738-753

Chirici G, Mura M, McInerney D, et al. 2016. A meta-analysis and review of the literature on the k-Nearest Neighbors technique for forestry applications that use remotely sensed data. Remote Sensing of Environment, 176: 282-294

Corcoran J, Knight J, Pelletier K, et al. 2015. The effects of point or polygon based training data on Random Forest classification accuracy of wetlands. Remote Sensing, 7(4): 4002-4025

Cleve C, Kelly M, Kearns F R, et al. 2008. Classification of the wildland–urban interface: A comparison of pixel- and object-based classifications using high-resolution aerial photography. Computers, Environment and Urban Systems, 32: 317-326

Charoenjit K, Zuddas P, Allemand P, et al. 2015. Estimation of biomass and carbon stock in Para rubber plantations using object-based classification from Thaichote satellite data in Eastern Thailand. Journal of Applied Remote Sensing, 9: 096072

Chen J, Li J, Pan D, et al. 2012. Edge-Guided multiscale segmentation of satellite multispectral imagery. IEEE Transactions on Geoscience and Remote Sensing, 50(11): 4513-4520

Colditz R R, Wehrmann T, Bachmann M, et al. 2006. Influence of image fusion approaches on classification accuracy – A case study. International Journal of Remote Sensing, 27: 3311-3335

Cánovas-García F, Alonso-Sarría F. 2015. Optimal combination of classification algorithms and feature ranking methods for object-based classification of submeter resolution Z/I-Imaging DMC imagery. Remote Sensing, 7: 4651-4677

Dronova I, Gong P, Wang L. 2011. Object-based analysis and change detection of major wetland cover types and their classification uncertainty during the low water period at Poyang Lake, China. Remote Sensing of Environment, 115(12): 3220-3236.

Dronova I, Gong P, Clinton N E, et al. 2012. Landscape analysis of wetland plant functional types: The effects of image segmentation scale, vegetation classes and classification methods. Remote Sensing of Environment, 127: 357-369

Duro D C, Franklin S E, Dube M G. 2012a. A comparison of pixel-based and object-based image analysis with selected machine learning algorithms for the classification of agricultural landscapes using SPOT-5 HRG imagery. Remote Sensing of Environment, 118(15): 259-272

Duro D C, Franklin S E, Dube M G. 2012b. Multi-scale object-based image analysis and feature selection of multi-sensor earth observation imagery using random forests. International Journal of Remote Sensing, 33(14): 4502-4526

Dronova I. 2015. Object-based image analysis in wetland research: A review. Remote Sensing, 7(5): 6380-6413

Du S, Zhang F, Zhang X. 2015. Semantic classification of urban buildings combining VHR image and GIS data: An improved random forest approach. ISPRS Journal of Photogrammetry and Remote Sensing, 105: 107-119

Drăguţ L, Tiede D, Levick S. 2010. ESP: A tool to estimate scale parameters for multiresolution image segmentation of remotely sensed data. International Journal of Geographical Information Science, 24(6): 859-871

Drăguţ L, Csillik O, Eisank C, et al. 2014. Automated parameterisation for multi-scale image segmentation on multiple layers. ISPRS Journal of Photogrammetry and Remote Sensing Official Publication of the International Society for Photogrammetry and Remote Sensing, 88: 119-127

Drăguţ L, Eisank C. 2012. Automated object-based classification of topography from SRTM data. Geomorphology, 141-142(1): 21-33

Đurić N, Pehani P, Oštir K. 2014. Application of in-segment multiple sampling in object-based classification. Remote Sensing, 6(12): 12138-12165

Espindola G M, Camara G, Reis I A, et al. 2006. Parameter selection for region-growing image segmentation algorithms using spatial autocorrelation. International Journal of Remote Sensing, 27: 3035-3040

Evans T L, Costa M, Tomas W M, et al. 2014. Large-scale habitat mapping of the Brazilian Pantanal wetland: A synthetic aperture radar approach. Remote Sensing of Environment, 155: 89-108

Fernandes M R, Aguiar F C, Silva J M N, et al. 2014. Optimal attributes for the object based detection of giant reed in riparian habitats: A comparative study between Airborne High Spatial Resolution and WorldView-2 imagery. International Journal of Applied Earth Observation and Geoinformation, 32: 79-91

Fisher P F. 2010. Remote sensing of land cover classes as type 2 fuzzy sets. Remote Sensing of Environment, 114(2): 309-321

Foody G M, Atkinson P M. 2002. Uncertainty in Remote Sensing and GIS. Chichester: JohnWiley & Sons Ltd

Freire S, Santos T, Navarro A, et al. 2014. Introducing mapping standards in the quality assessment of buildings extracted from very high resolution satellite imagery. ISPRS Journal of Photogrammetry and Remote Sensing, 90: 1-9

Gao J. 2008. Mapping of land degradation from ASTER data: A comparison of object-based and pixel-based methods. Giscience and Remote Sensing, 45: 149-166

Gao Y, Mas J F, Maathuis B H P, et al. 2006. Comparison of pixel-based and object-oriented image classification approaches - a case study in a coal fire area, Wuda, Inner Mongolia, China. International Journal of Remote Sensing, 27: 4039-4055

Guan H, Li J, Chapman M, et al. 2013. Integration of orthoimagery and lidar data for object-based urban thematic mapping using random forests. International Journal of Remote Sensing, 34: 5166-5186

Goodin D G, Anibas K L, Bezymennyi M. 2015. Mapping land cover and land use from object-based classification: An example from a complex agricultural landscape. International Journal of Remote Sensing, 36(18): 4702-4723

Ghosh A, Joshi P K. 2014. A comparison of selected classification algorithms for mapping bamboo patches in lower Gangetic plains using very high resolution WorldView 2 imagery. International Journal of Applied Earth Observation and Geoinformation, 26: 298-311

Hay G J, Blaschke T. 2010. Special issue: geographic object-based image analysis(GEOBIA). Photogrammetric Engineering and Remote Sensing, 76: 121-122

Hao P, Wang L, Niu Z. 2015. Comparison of hybrid classifiers for crop classification using normalized difference vegetation index time series: A case study for major crops in North Xinjiang, China. PloS One, 10: e0137748

Hay G J, Castilla G. 2008. Geographic Object-Based Image Analysis(GEOBIA): A new name for a new discipline. In: Blaschke T, Lang S, Hay G J. Object-Based Image Analysis: Spatial Concepts for Knowledge-Driven Remote Sensing Applications. Berlin: Springer: 75-89

Hussain M, Chen D, Cheng A, et al. 2013. Change detection from remotely sensed images: From pixel-based to object-based approaches. ISPRS Journal of Photogrammetry and Remote Sensing, 80: 91-106

Han J, Kamber M, Pei J. 2011. Data Mining: Concepts and Techniques. 3rd ed. Burlington: Morgan Kaufmann

Johnson B, Xie Z. 2011. Unsupervised image segmentation evaluation and refinement using a multi-scale approach. ISPRS Journal of Photogrammetry and Remote Sensing, 66(4): 473-483

Ke Y, Quackenbush L J, Im J. 2010. Synergistic use of QuickBird multispectral imagery and LIDAR data for object-based forest species classification. Remote Sensing of Environment, 114: 1141-1154

Khatami R, Mountrakis G, Stehman S V. 2016. A meta-analysis of remote sensing research on supervised pixel-based land-cover image classification processes: General guidelines for practitioners and future research. Remote Sensing of Environment, 177: 89-100

Kim M, Madden M, Warner T. 2008. Estimation of optimal image object size for the segmentation of forest stands with multispectral IKONOS imagery. In: Blaschke T, Lang S, Hay G J. Object-Based Image Analysis: Spatial Concepts for Knowledge-Driven Remote Sensing Applications. Berlin: Springer: 291-307

Kim M, Warner T A, Madden M, et al. 2011. Multi-scale GEOBIA with very high spatial resolution digital aerial imagery: scale, texture and image objects. International Journal of Remote Sensing, 32: 2825-2850

Kim H O, Yeom J M. 2014. Effect of red-edge and texture features for object-based paddy rice crop classification using RapidEye multi-spectral satellite image data. International Journal of Remote Sensing, 35: 7046-7068

Laliberte A S, Koppa J S, Fredrickson E L, et al. 2006. Comparison of Nearest Neighbor and Rule-based Decision Tree Classification in an Object-Oriented Environment. Denver: IEEE International Geoscience and Remote Sensing Symposium Proceedings

Längkvist M, Kiselev A, Alirezaie M, et al. 2016. Classification and segmentation of satellite orthoimagery using convolutional neural networks. Remote Sensing, 8: 329

Laliberte A S, Rango A. 2009. Texture and scale in object-based analysis of subdecimeter resolution Unmanned Aerial Vehicle (UAV) imagery. IEEE Transactions on Geoscience and Remote Sensing, 47 (3) : 761-770

Leon J, Woodroffe C D. 2011. Improving the synoptic mapping of coral reef geomorphology using object-based image analysis. International Journal of Geographical Information Science, 25 (6) : 949-969

Löw F, Knöfel P, Conrad C. 2015. Analysis of uncertainty in multi-temporal object-based classification. ISPRS Journal of Photogrammetry and Remote Sensing, 105: 91-106

Loosvelt L, Peters J, Skriver H, et al. 2012. Random Forests as a tool for estimating uncertainty at pixel-level in SAR image classification. International Journal of Applied Earth Observation and Geoinformation, 19: 173-184

Li X, Cheng X, Chen W, et al. 2015a. Identification of forested landslides using LiDar data, object-based image analysis, and machine learning algorithms. Remote Sensing, 7:9705-9726

Li M, Bijker W, Stein A. 2015b. Use of Binary Partition Tree and energy minimization for object-based classification of urban land cover. ISPRS Journal of Photogrammetry and Remote Sensing, 102: 48-61

Li M, Ma L, Blaschke T, et al. 2016. A systematic comparison of different object-based classification techniques using high spatial resolution imagery in agricultural environments. International Journal of Applied Earth Observation and Geoinformation, 49: 87-98

Liu D, Xia F. 2010. Assessing object-based classification: Advantages and limitations. Remote Sensing Letters, 1(4): 187-194

Liu Y X, Li M C, Mao L, et al. 2006. Review of remotely sensed imagery classification patterns based on object-oriented image analysis. Chinese Geographical Science, 16 (3) : 282-288

Laliberte A S, Rango A, Havstad K M, et al. 2004. Object-oriented image analysis for mapping shrub encroachment from 1937 to 2003 in southern New Mexico. Remote Sensing of Environment, 93: 198-210

Laliberte A S, Browning D M, Rango A. 2012. A comparison of three feature selection methods for object-based classification of sub-decimeter resolution UltraCam-L imagery. International Journal of Applied Earth Observation and Geoinformation, 15: 70-78

Langner A, Hirata Y, Saito H, et al. 2014. Spectral normalization of SPOT 4 data to adjust for changing leaf phenology within seasonal forests in Cambodia. Remote Sensing of Environment, 143: 122-130

Maxwell A E, Warner T A, Strager M P, et al. 2015. Assessing machine-learning algorithms and image- and lidar-derived variables for GEOBIA classification of mining and mine reclamation. International Journal of Remote Sensing, 36 (4) : 954-978

Martha T R, Kerle N, Van Westen C J, et al. 2011. Segment optimization and data-driven thresholding for knowledge-based landslide detection by object-based image analysis. IEEE Transactions on Geoscience and Remote Sensing, 49: 4928-4943

Mohler R L, Goodin D G. 2012. Identifying a suitable combination of classification technique and bandwidth (s) for burned area mapping in tallgrass prairie with MODIS imagery. International Journal of Applied Earth Observation and Geoinformation, 14 (1) : 103-111

MacLean M G, Congalton R G. 2012. Map Accuracy Assessment Issues when Using An Object-Oriented Approach. California: ASPRS 2012 Annual Conference Sacramento: 19-23

Myint S W, Gober P, Brazel A, et al. 2011. Per-pixel vs. object-based classification of urban land cover extraction using high spatial resolution imagery. Remote Sensing of Environment, 115: 1145-1161

Ma L, Cheng L, Li M, et al. 2015. Training set size, scale, and features in Geographic Object-Based Image Analysis of very high resolution unmanned aerial vehicle imagery. ISPRS Journal of Photogrammetry and Remote Sensing, 102: 14-27

Moher D, Liberati A, Tetzlaff J, et al. 2009. Preferred reporting items for systematic reviews and meta-analyses: The PRISMA statement. Annals of Internal Medicine, 151: 264-269

Montereale Gavazzi G, Madricardo F, Janowski L, et al. 2016. Evaluation of seabed mapping methods for fine-scale classification of extremely shallow benthic habitats – Application to the Venice Lagoon, Italy. Estuarine Coastal and Shelf Science, 170: 45-60

Ma L, Cheng L, Han W Q, et al. 2014. Cultivated land information extraction from high-resolution unmanned aerial vehicle imagery data. Journal of Applied Remote Sensing, 8(1): 83673

Mallinis G, Koutsias N, Tsakiri-Strati M, et al. 2008. Object-based classification using Quickbird imagery for delineating forest vegetation polygons in a Mediterranean test site. ISPRS Journal of Photogrammetry and Remote Sensing, 63(2): 237-250

Melgani F, Bruzzone L. 2004. Classification of hyperspectral remote sensing images with support vector machines. IEEE Transactions on Geoscience and Remote Sensing, 42: 1778-1790

Ming D, Du J, Zhang X, et al. 2013. Modified average local variance for pixel-level scale selection of multiband remote sensing images and its scale effect on image classification accuracy. Journal of Applied Remote Sensing, 7: 73565

Novack T, Esch T, Kux H, et al. 2011. Machine learning comparison between WorldView-2 and QuickBird-2-simulated imagery regarding object-based urban land cover classification. Remote Sensing, 3(12): 2263-2282

Olofsson P, Stehman S V, Woodcock C E, et al. 2013. Making better use of accuracy data in land change studies: Estimating accuracy and area and quantifying uncertainty using stratified estimation. Remote Sensing of Environment, 129: 122-131

O'Connell J, Bradter U, Benton T G. 2015. Wide-area mapping of small-scale features in agricultural landscapes using airborne remote sensing. ISPRS Journal of Photogrammetry and Remote Sensing, 109: 165-177

Peña J, Gutiérrez P, Hervásmartínez C, et al. 2014. Object-based image classification of summer crops with machine learning methods. Remote Sensing, 6: 5019-5041

Powers R P, Hay G J, Chen G. 2012. How wetland type and area differ through scale: A GEOBIA case study in Alberta's Boreal Plains. Remote Sensing of Environment, 117: 135-145

Puissant A, Rougier S, Stumpf A. 2014. Object-oriented mapping of urban trees using Random Forest classifiers. International Journal of Applied Earth Observation and Geoinformation, 26: 235-245

Peña-Barragán J M, Ngugi M K, Plant R E, et al. 2011. Object-based crop identification using multiple vegetation indices, textural features and crop phenology. Remote Sensing of Environment, 115(6): 1301-1316

Pereira Júnior A C, Oliveira S L, Pereira J M, et al. 2014. Modelling firefrequency in a cerrado savanna protected area. PLoS ONE，9(7)：e102380

Pérez-Ortiz M, Peña J M, Gutiérrez P A, et al. 2016. Selecting patterns and features for between- and within-crop-row weed mapping using UAV-imagery. Expert Systems with Applications, 47: 85-94

Pal M, Mather P M. 2006. Some issues in classification of DAIS hyperspectral data. International Journal of Remote Sensing, 27: 2895-2916

Pu R, Landry S. 2012. A comparative analysis of high spatial resolution IKONOS and WorldView-2 imagery for mapping urban tree species. Remote Sensing of Environment, 124: 516-533

Pal M, Foody G M. 2010. Feature selection for classification of hyperspectral data by SVM . IEEE Transactions on Geoscience and Remote Sensing, 48(5): 2297-2307

Qi Z, Yeh A G, Li X, et al. 2015. Monthly short-term detection of land development using RADARSAT-2 polarimetric SAR imagery. Remote Sensing of Environment, 164: 179-196

Qi Z, Yeh A G, Li X, et al. 2012. A novel algorithm for land use and land cover classification using RADARSAT-2 polarimetric SAR data. Remote Sensing of Environment, 118: 21-39

Qian Y, Zhou W, Yan J, et al. 2015. Comparing machine learning classifiers for object-based land cover classification using very high resolution imagery. Remote Sensing, 7: 153-168

Räsänen A, Rusanen A, Kuitunen M, et al. 2013. What makes segmentation good. A case study in boreal forest habitat mapping. International Journal of Remote Sensing, 34: 8603-8627

Radoux J, Bogaert P, Fasbender D, et al. 2011. Thematic accuracy assessment of geographic object-based image classification. International Journal of Geographical Information Science, 25: 895-911

Radoux J, Bogaert P. 2014. Accounting for the area of polygon sampling units for the prediction of primary accuracy assessment indices. Remote Sensing of Environment, 142: 9-19

Recio M R, Mathieu R, Hall G B, et al, 2013. Landscape resource mapping for wildlife research using very high resolution satellite imagery. Methods in Ecology and Evolution, 4: 982-992

Rougier S, Puissant A, Stumpf A, et al. 2016. Comparison of sampling strategies for object-based classification of urban vegetation from very high resolution satellite images. International Journal of Applied Earth Observation and Geoinformation, 51: 60-73

Stumpf A, Kerle N. 2011. Object-oriented mapping of landslides using Random Forests. Remote Sensing of Environment, 115(10): 2564-2577

Stumpf A, Lachiche N, Malet J P, et al. 2014. Active learning in the spatial domain for remote sensing image classification. IEEE Transactions on Geoscience and Remote Sensing, 52: 2492-2507

Samat A, Li J, Liu S, et al. 2016. Improved hyperspectral image classification by active learning using pre-designed mixed pixels. Pattern Recognition, 51: 43-58

Smith A. 2010. Image segmentation scale parameter optimization and land cover classification using the Random Forest algorithm. Journal of Spatial Science, 55(1): 69-79

Schultz B, Immitzer M, Formaggio A, et al. 2015. Self-guided segmentation and classification of multi-temporal Landsat 8 images for crop type mapping in Southeastern Brazil. Remote Sensing, 7: 14482-14508

Son N, Chen C, Chang N, et al. 2015. Mangrove mapping and change detection in Ca Mau Peninsula, Vietnam, using Landsat data and object-based image analysis. IEEE Journal of Selected Topics in Applied Earth Observations and Remote Sensing, 8: 503-510

Stehman S V, Wickham J D. 2011. Pixels, blocks of pixels, and polygons: Choosing a spatial unit for thematic accuracy assessment. Remote Sensing of Environment, 115(12): 3044-3055

Seto K C, Fragkias M, Gueneralp B, et al. 2011. A meta-analysis of global urban land expansion. PloS One, 6(8): e237778

Tehrany M S, Pradhan B, Jebuv M N. 2014. A comparative assessment between object and pixel-based classification approaches for land use/land cover mapping using SPOT 5 imagery. Geocarto International, 29(4): 351-369

Tuia D, Volpi M, Copa L, et al. 2011. A survey of active learning algorithms for supervised remote sensing image classification. IEEE Journal of Selected Topics in Signal Processing, 5: 606-617

Verbeeck K, Hermy M, van Orshoven J. 2012. External geo-information in the segmentation of VHR imagery improves the detection of imperviousness in urban neighborhoods. International Journal of Applied Earth

Observation and Geoinformation, 18: 428-435

Vieira M A, Formaggio A R, Rennó C D, et al. 2012. Object Based Image Analysis and Data Mining applied to a remotely sensed Landsat time-series to map sugarcane over large areas. Remote Sensing of Environment, 123: 553-562

Van Coillie F, Verbeke L, De Wulf R R. 2007. Feature selection by genetic algorithms in object-based classification of IKONOS imagery for forest mapping in Flanders, Belgium. Remote Sensing of Environment, 110(4): 476-487

Ventura D, Bruno M, Jona Lasinio G, et al. 2016. A low-cost drone based application for identifying and mapping of coastal fish nursery grounds. Estuarine, Coastal and Shelf Science, 171: 85-98

Walter V. 2004. Object-based classification of remote sensing data for change detection. ISPRS Journal of Photogrammetry and Remote Sensing, 58(3): 225-238

Whiteside T G, Maier S W, Boggs G S. 2014. Area-based and location-based validation of classified image objects. International Journal of Applied Earth Observation and Geoinformation, 28: 117-130

Wang L, Sousa W P, Gong P. 2004. Integration of object-based and pixel-based classification for mapping mangroves with IKONOS imagery. International Journal of Remote Sensing, 25: 5655-5668

Witharana C, Civco D L. 2014. Optimizing multi-resolution segmentation scale using empirical methods: Exploring the sensitivity of the supervised discrepancy measure Euclidean distance 2(ED2). ISPRS Journal of Photogrammetry and Remote Sensing, 87: 108-121

Weston J, Mukherjee S, Chapelle O, et al. 2000. Feature selection for SVMs. Advances in Neural Information Processing Systems, 13: 668-674

Wieland M, Pittore M. 2014. Performance evaluation of machine learning algorithms for urban pattern recognition from multi-spectral satellite images. Remote Sensing, 6: 2912-2939

Xu H, Li P. 2010. Urban land cover classification from very high resolution imagery using spectral and invariant moment shape information. Canadian Journal of Remote Sensing, 36: 248-260

Yu Q, Gong P, Clinton N, et al. 2006. Object-based detailed vegetation classification with airborne high spatial resolution remote sensing imagery. Photogrammetric Engineering and Remote Sensing, 72: 799-811

Yang J, Li P J, He Y H. 2014. A multi-band approach to unsupervised scale parameter selection for multi-scale image segmentation. ISPRS Journal of Photogrammetry and Remote Sensing, 94: 13-24

Zhang C. 2015. Applying data fusion techniques for benthic habitat mapping and monitoring in a coral reef ecosystem. ISPRS Journal of Photogrammetry and Remote Sensing, 104: 213-223

Zhen Z, Quackenbush L J, Stehman S V, et al. 2013. Impact of training and validation sample selection on classification accuracy and accuracy assessment when using reference polygons in object-based classification. International Journal of Remote Sensing, 34(19): 6914-6930

Zhang H, Fritts J, Goldman S. 2008. Image segmentation evaluation: a survey of unsupervised methods. Computer Vision and Image Understanding, 110(2): 260-280

Zolkos S G, Goetz S J, Dubayah R. 2013. A meta-analysis of terrestrial aboveground biomass estimation using lidar remote sensing. Remote Sensing of Environment, 128: 289-298

Zhan Q, Molenaar M, Tempfli K, et al. 2005. Quality assessment for geo-spatial objects derived from remotely sensed data. International Journal of Remote Sensing, 26(14): 2953-2974